圖解系列

圖解

五南圖書出版公司 印行

小麥製粉與麵食加工實務

李明清、施柱甫
徐能振、楊書瑩
盧榮錦、顏文俊／編著

閱讀文字

理解內容

觀看圖表

圖解讓
小麥製粉
與麵食加工
更簡單

序言

　　食品加工可以追溯至史前時代，當時已有粗糙的加工方法，例如：發酵、日晒乾燥、鹽漬來保存食物，以及各種加熱烹飪方法（烘烤、煙燻、蒸炊），麵食加工自古以來就是食品加工業的主軸。

　　工業革命前已有食品加工業，例如：餡料派餅生產。現代化的食物加工在19至20世紀初因滿足軍事需要而發展。1809年，法國發明了氣密式食物保存法，為1810年罐頭被發明奠定基礎。而巴士德滅菌法則為紅酒、啤酒及牛奶提供了保存方法。到了20世紀間，二戰、太空競賽和消費主義都令食物加工得以發展，例如噴霧乾燥、真空乾燥、濃縮果汁、冷凍乾燥、代糖、食用色素及人工防腐劑等。20世紀中後期亦有即食湯、軍用口糧、速食麵等發明。西歐和北美於20世紀後期在食物加工上急速發展，創造了急速冷凍飯盒和濃縮果汁等產品。

　　麵食加工始於古埃及時代，麵粉係由小麥磨製而成，也是麵食加工產品的基礎。臺灣麵粉廠所研磨之小麥原料，幾乎全部由國外進口，最主要的來源是美國，其次是澳洲及加拿大。

　　小麥種植因品種、季節、地域、氣候等因素，影響小麥品質，不同品質之小麥可研磨出各種不同特性之麵粉，供應給各種不同需求之烘焙製品所使用。臺灣的麵粉工業經過長期以來的發展，採用一級美國小麥，由於美國是世界的糧倉，小麥的分級制度行之多年又極有規律，因此臺灣的麵粉工廠不必花太多的時間研究小麥的品質。反觀大陸麵粉廠，則其小麥未經分級，每批都有不同的品質特性，要研磨出可控管的麵粉品質，那才是一種技術挑戰。

　　許多天天接觸麵粉的麵食加工業者，慣用某品牌的麵粉製造產品，祖傳數代不變。加工業者應了解各種烘焙原料的特性，區分麵粉的差別，了解麵粉規格，如：水分、蛋白質、灰分、麵筋、破損澱粉含量等，對產品的影響因素。才能將原料特性發揮到淋漓盡致。

　　子曰：「工欲善其事，必先利其器。」用在麵食加工業再貼切不過。本書由小麥品種、小麥加工、小麥與麵粉危害管制、麵粉理化分析、二次加工實驗談起，讓麵食加工業者了解中西式麵食加工、冷凍調理食品與預拌粉加工的奧祕。

盧榮錦

序言

　　目前臺灣小麥與稻米的人年均量相當，大約為54公斤／人／年，是民生主要糧食，但是大家對麵粉並不十分了解。早期麵粉市場並沒有標示規格，為配合烘焙師傅與其他麵食加工業者區別不同麵粉的用途，以麵粉袋上的文字顏色做區隔，例如：特高筋麵粉用黃色、高筋麵粉用紅色、中筋麵粉用紫色、綠色，以及低筋麵粉用藍色。國家標準CNS 550麵粉類別與品質標準，依照粗蛋白質含量多寡，將麵粉分成高筋麵粉、中筋麵粉，以及低筋麵粉3種，並規範水分含量及灰分含量。

　　麵食加工業者與消費者僅知道麵粉有高、中、低筋之分，至於麵食與麵粉規格的相關性，大多數人無法理解。同時也不了解小麥磨粉之後，如何配粉？如何利用不同蛋白質含量小麥，調配出各種不同用途的麵粉。

　　由於經濟、社會不斷朝向多元化方向發展，各種麵粉之需求也愈來愈多樣化，現在依據用途可區分為特高筋麵粉、洗筋麵粉、高筋麵粉、中筋麵粉、低筋麵粉、全麥麵粉（含麩皮與胚芽）及各種專用麵粉等，與早期分類方式已有顯著差異。

　　影響麵粉加工特性的因素，包括：麵粉之麵筋性質、澱粉性質、吸水特性以及顏色等。因此，穀物學家用於育種的各式分析儀器與數據，也被運用於麵粉廠配粉與加工業者作為麵粉採購與品質驗收之依據。

　　專用粉的發展趨勢更已日益普遍化，即為配合麵食產品之加工需求，製造如：烏龍麵、通心麵、拉麵、披薩、蛋糕、各式點心、水餃皮或冷凍麵糰等不同產品所需要的特殊麵粉，同時依據麵糰不同筋性、拉力、吸水率等特性，經由精密計算及專業調配製成，與以往使用單一麥種或配麥方式磨粉之加工方式比較，其精緻程度不可同日而語。

　　有了好的原料，還要有合理的製程，才能將麵食產品做得更臻完美。麵食加工業是傳統產業，如何將傳產進一步標準化與自動化，首先就是要了解原料規格與製程管控的搭配，之後才能再自動化與無人工廠化。本書邀請產學界資深專業人士共同撰文，針對小麥、磨粉、麵粉分析、實驗室加工評估、中西式麵食加工、冷凍麵食產品等單元，做出兼具理論與實務的參考書籍，分享讀者。

楊書瑩

作者簡介 （依姓氏筆畫排序）

李明清

現職

TQF食品產業專家智庫小組

學歷

國立臺灣大學化工系學士

經歷

味全食品工業股份公司 台北廠總廠長

純青實業公司顧問

施柱甫

現職

TQF食品產業專家智庫小組

學歷

中國文化大學農學研究所碩士

經歷

味全食品工業股份有限公司 中央研究所副所長

嘉年華（天津）國際有限公司 技術本部主管

康師傅控股公司 方便食品事業群研發中心協理

徐能振

現職

TQF食品產業專家智庫小組

學歷

國立中興大學食品科學系學士

經歷

義美食品公司龍潭廠區總廠長

楊書瑩

現職

TQF食品產業專家智庫小組

學歷

國立海洋大學食品科學研究所碩士

經歷

中華穀類技術研究所研究組研究員

美國小麥協會技術主任

盧榮錦

學歷

中興大學食品化工系學士

國立臺灣大學農化研究所碩士

經歷

美國小麥協會處長

中華穀類技術研究所董事長

臺灣區麵粉公會顧問

TQF食品產業專家智庫小組

顏文俊

現職

TQF食品產業專家智庫小組

宜蘭大學食科系兼任教授

學歷

中興大學食品化工系學士

國立臺灣大學農化研究所碩士

經歷

掬水軒公司廠長

旺旺集團技術副總監

中華穀類技術研究所研發組長

第一章　小麥　1

1.1　認識小麥　2
1.2　進口小麥　4
1.3　臺灣小麥　6
1.4　小麥運輸　8
1.5　小麥育種　10

第二章　小麥加工　13

2.1　小麥清潔　14
2.2　色選機　16
2.3　潤麥　18
2.4　磨粉流程（一）：剪切滾輪研磨　20
2.5　磨粉流程（二）：平篩分離粉料　22
2.6　磨粉流程（三）：清粉機　24
2.7　磨粉流程（四）：平面滾輪研磨　26
2.8　磨粉流程（五）：殺蟲機　28

第三章　麵粉粉路區分與集粉　31

3.1　出粉率　32
3.2　麵粉類別　34
3.3　麵粉熟成　36
3.4　麵粉改良劑　38

第四章　小麥與麵粉危害管制　41

4.1　小麥危害管制　42
4.2　麵粉廠危害管制　44
4.3　如何降低麵粉中微生物　46
4.4　麵粉保存　48

第五章　麵粉物理分析　51

5.1　溼麵筋　52
5.2　麵糰攪拌分析儀　54
5.3　麵糰拉力分析儀　56
5.4　麵粉連續式糊化黏度分析儀／RVA分析儀　58
5.5　降落指數分析儀　60
5.6　吹泡儀　62
5.7　色彩分析儀　64

第六章　麵粉化學分析　67

6.1　水分　68
6.2　粗蛋白質　70
6.3　灰分　72
6.4　破損澱粉　74
6.5　溶劑保留力測定　76

第七章　麵粉二次加工實驗室設備　79

7.1　麵糰及麵糊攪拌機　80
7.2　發酵與發酵箱　82
7.3　整型及麵帶設備　84
7.4　烤箱　86
7.5　蒸炊設備　88
7.6　成品體積測量　90
7.7　組織物性分析儀　92

第八章　中式麵食加工　95

8.1　麵條的故事　96
8.2　麵條製程概述　98
8.3　冷藏生鮮麵　100
8.4　乾麵條　102
8.5　麵線　104
8.6　速食麵　106
8.7　鍋燒麵　108
8.8　油炸台南意麵　110
8.9　包子　112
8.10　刈包　114
8.11　麵筋　116
8.12　中秋月餅　118
8.13　鳳梨酥　120

第九章　中式老麵產品　123

9.1　白饅頭　124
9.2　山東饅頭　126
9.3　火燒槓子頭　128
9.4　羊角饅頭　130
9.5　核桃或紅豆餡夾心繼光餅　132
9.6　烙核桃夾心厚大餅　134
9.7　烙豆標（酒釀餅）　136

第十章　西式麵食加工　139

10.1　麵糰發酵　140
10.2　酸老麵麵包　142
10.3　歐式長棍麵包　144
10.4　台式歐包　146

10.5 甜麵包 148

10.6 全麥／多穀物麵包 150

10.7 墨西哥捲餅 152

10.8 長崎蛋糕（蜂蜜蛋糕） 154

10.9 蘇打餅乾 156

10.10 薄脆餅乾 158

10.11 韌性餅乾 160

10.12 威化餅乾 162

10.13 義式通心麵 164

10.14 蛋捲 166

10.15 泡芙 168

第十一章　餅乾品管　171

11.1 餅乾定義與特色 172

11.2 餅乾分類 174

11.3 餅乾製程與設備 182

11.4 原材料品管 184

11.5 製程品管 188

11.6 成品品管 190

11.7 餅乾包裝標示與營養標示 192

11.8 餅乾工業市場與發展趨勢 194

11.9 餅乾製作注意事項 196

第十二章　冷凍麵食產品　199

12.1 冷凍麵糰發展與應用 200

12.2 冷凍麵包麵糰概論 202

12.3 冷凍麵食工廠設備介紹 204

12.4 冷凍麵條（一） 212

12.5 冷凍麵條（二） 214

12.6 冷凍豆沙包 216

12.7　冷凍中式餅皮　218

12.8　冷凍水餃　220

12.9　冷凍蛋黃酥　222

12.10 冷凍 / 冷藏披薩　224

12.11 冷凍素食春捲　226

第十三章　預拌粉　229

13.1　預拌粉定義與市場簡介　230

13.2　預拌粉製造　232

13.3　預拌粉分類（一）：營養強化型預拌粉　234

13.4　預拌粉分類（二）：穀類預拌粉　236

13.5　預拌粉分類（三）：甜點類烘焙預拌粉　238

附表　食品添加物使用範圍及限量　241

參考文獻References　329

第1章
小麥

1.1　認識小麥

1.2　進口小麥

1.3　臺灣小麥

1.4　小麥運輸

1.5　小麥育種

1.1 認識小麥

楊書瑩

小麥的分類與類型

　　小麥在植物學的分類上是屬於禾本科（Gramineae）中的小麥屬（Triticum），被廣泛種植於世界各地的禾本科植物，最早起源於中東的新月沃土地區（Fertile Crescent），後來廣傳至歐洲與中亞地區。小麥是三大穀物（稻米、小麥和玉米）之一，產量幾乎全作爲食用，僅有六分之一作爲飼料使用。

　　小麥屬於溫帶作物，主要產地分布於北緯 30 度至 60 度；南緯 27 度至 40 度之間。由於小麥品種、種植地區、土壤性質、施肥步驟、氣候條件、日照時間、栽培方法的不同，小麥的品質有所不同。依商業化分類，以小麥顆粒硬度不同，區分爲「軟」麥與「硬」麥；硬麥蛋白質含量較高而軟麥蛋白質含量較低。依照種植時間不同，區分爲「春」麥（春季播種）與「冬」麥（秋季播種）。依照麩皮顏色不同，區分爲「紅」麥〔氧化酵素（Polyphenol Oxidase）較多〕與「白」麥（氧化酵素較少）。

　　小麥種類非常多，最常見的有 3 種，包括：普通小麥（Triticum aestivum），占全球小麥產量的 80%，也被稱作麵包小麥。另一種爲密穗小麥（Triticum compactum），小麥穀物顆粒呈密集輪生狀，主要用於蛋糕與餅乾等糕點。第三種爲硬質杜蘭麥（Triticum durum），通常磨成粗顆粒麵粉，製作義大利麵、蒸粗麥丸子（couscous）。

構造

　　依據植物學理值而言，小麥主要結構，包括：麩皮（占整顆小麥重量的15%）、胚乳（占 82%）與胚芽（占 3%）三個部分。

　　麩皮是穀粒的外層，還可細分成：外表皮、內果皮、下皮組織、種皮、管狀細胞及珠心組織等部分，富含纖維質，維生素 B 群以及其他礦物質。

　　糊粉層介於麩皮與胚乳之間，是穀粒中營養成分最高的部位，與麩皮相連，通常會在磨粉過程中被當成麩皮被去除。

　　胚乳是整顆小麥的營養來源，並含有蛋白質和碳水化合物，麵粉廠儘可能提取最大量胚乳部分，以生產我們所食用的白麵粉。通常小麥磨粉出粉率約爲整顆小麥 72% 左右，其他部分作爲飼料之用。麵粉廠如果能提升磨粉技術，使麵粉出粉率增加，也是增加麵粉廠利潤的方法之一。

　　穀物的胚芽富含蛋白質（25.2%）與油脂（10%），經發芽之後可形成新的植物體。胚芽通常是麵粉廠磨粉後的副產品，精緻胚芽僅占整顆小麥 1% 以下，亦可直接食用。小麥胚芽含優質的植物脂肪酸，84% 是對人體有益的不飽和脂肪酸，特別是其中的亞油酸等是人體必需脂肪酸之一，其含量占整顆小麥胚芽油脂的 10% 以上。

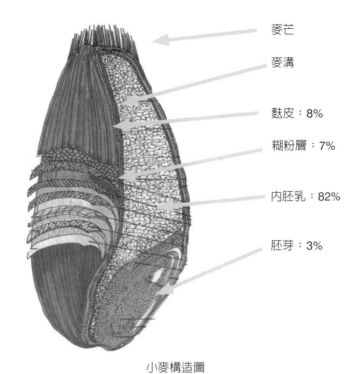

麥芒

麥溝

麩皮：8%

糊粉層：7%

內胚乳：82%

胚芽：3%

小麥構造圖

　　小麥經研磨製成麵粉，供人類食用。約有 80% 以上的麵粉用於烘焙產品，是麵包、蛋糕、餅乾，以及墨西哥薄餅與中東扁麵包等烘焙麵食品中的重要成分。麵粉除了在大多數烘焙食品中都是必不可少的，也是肉醬、調味料、義大利麵、中式麵食的關鍵成分。

　　由於臺灣所使用的小麥都仰賴進口，近年來每年小麥進口量都在 100 萬公噸以上，以進口美國小麥為主，占進口小麥總量 80% 以上。

1.2 進口小麥　　　　　　　　　　　　　　　　　楊書瑩

　　全球小麥供應國家分爲傳統供應國，包括：美國、加拿大、澳洲、阿根廷、歐盟27國；與非傳統供應國，包括：俄羅斯、烏克蘭、哈薩克、中國、印度。世界各地小麥品種、種植與收成期所示各不相同（如表格所示），再加上各地區每年氣候與地理環境的變異，使每年收成小麥性質也不盡相同。

　　由於臺灣所使用的小麥都仰賴進口，主要來自美國、澳洲與加拿大。而各國小麥的品質特性與對臺灣麵食產品的適用性差異也非常大，因此臺灣麵粉廠採購小麥時，也會就其磨粉需要性、產區與產量供應穩定度、食品衛生安全考量以及成本作爲採購考量因素。

　　美國小麥分爲六大類，目前臺灣採購第1～4項。約占整體採購量80%以上。
1. 硬紅春麥（Hard Red Spring Wheat）
2. 硬紅冬麥（Hard Red Winter Wheat）
3. 軟白麥（Soft White Wheat）
4. 硬白麥（Hard White Wheat）
5. 軟紅冬麥（Soft Red Winter Wheat）
6. 杜蘭麥（Durum Wheat）

　　澳洲小麥分爲六大類，目前臺灣採購第1～4項。約占整體採購量10～20%。
1. 澳洲優質硬麥（Australian Prime Hard Wheat）
2. 澳洲硬麥（Australian Hard Wheat）
3. 澳洲白麥（Australian Premium White Wheat）
4. 澳洲標準白麥（Australian Standard White Wheat）
5. 澳洲軟白麥（Australian Soft White Wheat）
6. 澳洲杜蘭麥（Australian Durum）

　　加拿大小麥分爲七大類，目前臺灣採購第1項。約占整體採購量5%以下。
1. 加拿大西部紅春麥（CWRS）
2. 加拿大西部紅冬麥（CWRW）
3. 杜蘭麥（CWAD）
4. 平原紅春麥（CPSR）
5. 平原白春麥（CPSW）
6. 西部硬白春麥（CWHWS）
7. 西部特強麥（CWES）

　　依照小麥蛋白質含量不同又可區分爲高筋小麥（蛋白質 14.0% 以上），約占全年總進口量 50%，包括：美國硬紅春麥、澳洲優質硬麥、加西硬紅春麥。中筋小麥（蛋白質 11.0～13.5%），約占全年總進口量 42%，包括：美國硬紅冬麥、美國硬白麥、澳洲硬麥。低筋小麥（蛋白質 11.0% 以下），約占全年總進口量 8%，多爲美國軟白麥。

全球小麥產量統計

　　依據美國農業部（USDA）報告，2020/21 年全球小麥產量達 7.7 億噸。

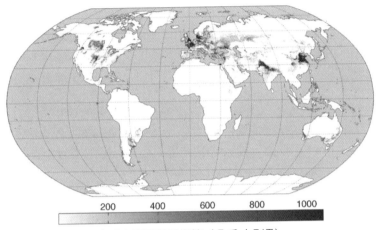

全球小麥產量平均值（公斤／公頃）

資料來源：維基百科

世界各地小麥收成期

月	產　　區
1	阿根廷、南澳、智利、烏拉圭
2	上埃及、南印度
3	埃及、印度、利比亞
4	南埃及、印度、伊朗、墨西哥、敘利亞
5	阿爾及利亞、摩洛哥、中亞、南亞、突尼西亞、美國南部
6	中國中部、法國南部、希臘、義大利、葡萄牙、西班牙、土耳其、美國中部
7	澳洲、保加利亞、中國北方、法國、德國南部、匈牙利、日本、羅馬尼亞、俄羅斯南部、美國中部
8	比利時、英國、加拿大南部、丹麥、德國、荷蘭、波蘭、俄羅斯中部、美國北部
9	加拿大、瑞典、俄羅斯北部、美國北部
10	加拿大北部、俄羅斯北部、北歐北部
11	阿根廷北部、巴西
12	南部非洲、阿根廷、澳洲中部

1.3 臺灣小麥

楊書瑩

　　臺灣小麥可溯源先民渡海拓墾時期，日治大正八年（1919 年）臺灣總督府在台中、彰化、雲林、嘉義、台南沿海一帶推廣種植麥作，各縣市種植面積從 300 甲到 5,000 甲不等。戰後，臺灣出現短期糧食不足，政府鼓勵農民廣泛種植雜糧農作，小麥爲重要作物。臺灣受氣候環境之限制，僅能在冬季裡種植春播性高的春小麥，又受耕作輪作限制、經濟價值及競爭作物等影響，歷年來均無法自給自足，需仰賴大量進口。

　　臺灣小麥年總生產量在光復前大約爲 1,000 公噸以下，1958 年至 1962 年期間爲臺灣歷年來生產量最高時期，但其年產量僅 4 萬公噸左右，其栽培面積爲 25,208 公頃。1964 年以後，由於小麥大量的進口，導致本省小麥栽培面積急遽減少，現今僅有行政院農委會輔導之臺灣小麥以契作爲主，主要契作區域分布於：台中大雅、台南學甲、苗栗苑裡、花蓮玉里以及嘉義東石。除了留作小麥種原外，可磨粉與直接食用。

　　臺灣小麥栽種期爲秋冬季，即 10 月中下旬至 11 月播種，翌年 3 月收成。此期間中南部日照充足，只要土壤灌排水良好的耕地均可栽培。以表土較深的坋質壤土爲最適宜，pH 值則爲 6～7。種植方法以稻草覆蓋法（不耕地或耕地法）。臺灣小麥生長天數約 120 天。

　　臺灣栽植小麥品種多屬於硬質小麥。臺灣小麥育種約始於 1921 年，原始栽種品種爲中國華南「在來赤」小麥，日治時期前半期推廣品種爲自日本引進之「新珍子」、「琦玉」等品種，於 1938 年至 1945 年間進行雜交育種工作，育成「台中 1 號」至「台中 32 號」等 31 個品種推廣。臺灣光復後，台中區農業改良場繼續致力於小麥之品種改良工作，先後育成「台中 33 號」、「台中選 1 號」及「台中選 2 號」等優良品種。脫殼之小麥可利用日晒法晒乾或循環式乾燥機乾燥，但溫度不可高於 40℃，避免種子熱死，影響發芽率，小麥貯藏水分含量低於 12% 以下較佳。

　　前段提到臺灣栽種小麥爲春麥，春麥生育初期適宜溫度爲 15℃ 至 20℃，抽穗後以 17℃ 至 18℃，成熟期前 1 個半月至 2 個月則以 20℃ 至 23℃ 最適合。生育初期需適量的雨水，灌漿期及成熟期則需要乾燥氣候。臺灣小麥以春麥多種，但臺灣中南部冬季溫度仍偏高且較潮溼，小麥爲忌溼及忌浸水的作物，因此播種後的田間排水管理，非常重要。

　　排水不良環境下，影響小麥發芽及生長，整個生育期麥田內不宜有積水狀態，所以灌溉時切勿積水，如遇降雨量多時，需要立即排水。土壤太溼，易使小麥根部養分吸收及光合作用受阻，影響生育以致葉片黃化，若再遇高溫，則易發生蚜蟲危害及誘發白粉病與銹病等。除此之外，麥田的施肥、除草與病蟲害防治，也必須依照種植區域之環境狀況做適度調整。

臺灣小麥主要契作區域分布

苗栗苑裡

台中大雅

嘉義東石

台南學甲

花蓮玉里

　　依據行政院農糧署報告，目前臺灣小麥主要契作區域分布於：台中大雅、台南學甲、苗栗苑裡、花蓮玉里以及嘉義東石。主要品種，包括：台中29號、台中31號、台中33號、台中選1號、台中選2號以及台中34號。

　　臺灣小麥之單位面積產量約為每公頃2.5公噸，略低於傳統供應國（美國）之3.3公噸。歷年國產小麥產量（如下表一、表二），已由2002年至2009年的262噸至364噸，逐年增加種植面積，2020年產量達5,666噸。

表一　2020年至2009年國產小麥產量

年	2002	2003	2004	2005	2006	2007	2008	2009
生產量 公噸	262	264	238	196	271	296	292	364

表二　2010年至2020年國產小麥產量

年	2010	2011	2012	2013	2014	2015	2016	2017	2018	2019	2020
生產量 公噸	5,178	4,034	6,859	4,127	6,811	7,335	3,638	5,379	6,096	4,831	5,666

1.4 小麥運輸

楊書瑩

依據 2014 年維基百科資料，全球小麥的種植面積超過其他糧食作物達到 2.204 億公頃，美國農業部預估 2021 年全球小麥產量為 7.73 億噸，供應全球 89 個國家／地區的 25 億人食用。每年全球小麥貿易量約為 500 億美元。大多數傳統小麥供應國家，如：美國、加拿大、澳洲、阿根廷、歐盟 27 國等國，他們的麥田面積非常廣闊，通常都在 1,000 公頃以上，有些家族型農場場主擁有上萬公頃麥田，因此麥田遠離市區、公路與工業區等具有環境汙染問題地區。右圖為小麥從農場至餐桌的途徑，穀物出口需制訂控管方案，才能確保穀物品質保證以及交易雙方的公平原則。

小麥收成之後，麥農會將小麥送至農場穀倉或鄉村穀倉貯藏，或者直接送到當地麵粉廠。農場穀倉或鄉村穀倉以及當地麵粉廠則會檢測小麥水分、蛋白質含量、容重（小麥顆粒飽滿度，以公斤／百升或英鎊／英斗表示）與總不良率（夾雜物以及缺損不良小麥比率），按照等級分別進行驗收。水分含量太高（12% 以上），貯藏過程穀物易發霉；蛋白質含量、容重以及總不良率與等級及價格有關。

出口小麥則較為複雜，通常單一麥田難以應付國外需求，因此麥農將小麥送至當地農場穀倉或較大的鄉村穀倉，再由鄉村穀倉轉送至出口穀倉，最後才經由陸路或海運輸送至海外穀倉或國外的麵粉廠。為確保小麥品質，小麥出口國都會建造現代化的穀倉設備與標準化的倉儲管理標準作業流程，保證小麥由農場穀倉至鄉村穀倉及港口穀倉，與裝船運輸，符合出口國認證規範。其過程如下：

1. 穀物運送至農場穀倉或鄉村穀倉，或再轉送至出口穀倉過程，都要經過上述裝載查驗。因此無論當地駐地試驗室或國家級檢驗機構，需要有相同的監控標準與評等精確度，確保檢驗結果的一致性。
2. 出口的穀物按照合約要求，確認及抽樣檢測裝貨規格（等級）、數量、品質（水分、蛋白質含量、蟲害、異味以及其他因素等）、農藥或重金屬殘留等其他相關細節後，由相關單位出具認證書以及動植物衛生檢疫局出具植物檢疫證明。
3. 散裝船艙或貨櫃裝載前，也需要澈底清潔與消毒，避免穀物受到汙染而產生危害。
4. 小麥在海運途中，還需適度燻蒸，以避免發生蟲害問題。
5. 國外客訴處理程序。出口小麥必須由具有公信力的第三方單位，適量取樣並保存樣品，以供交易雙方發生採購糾紛時，作為比對之用。

臺灣所採購小麥，通常利用海運以巴拿馬型散裝船（承載量 5～8 萬噸）或貨櫃（裝載量 20 噸）裝載方式送達台中港及高雄港。散裝船小麥送達港口後，先放入港口麥倉，期間由公證公司取樣送驗後，麵粉廠依照採購合約的數量，

至港口麥倉提取小麥，由卡車送至麵粉廠內；若麵粉廠位於港口，則享有地利之便，可直接以輸送管線將小麥輸入麵粉廠麥倉。貨櫃小麥則由卡車直接送抵麵粉廠麥倉。麵粉廠磨粉之前，還要經過小型磨粉試驗並確認小麥品質後，再進入磨粉流程；等待麵粉熟成之後，再包裝送至麵食加工廠。

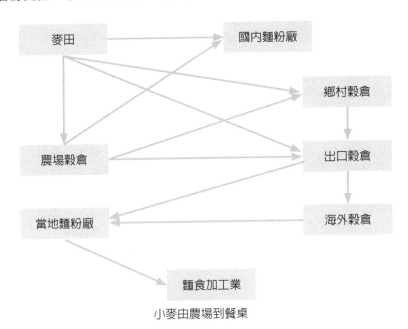

小麥由農場到餐桌

小麥採購合約對批量品質差異的要求

　　合約中可規定的散裝船或貨櫃的各子批量裝載要求，以免造成品質差異。以小麥蛋白質含量為例，說明如下：
1. 不限制蛋白質含量，價格最低。
2. 平均值：達到平均值（例如：蛋白質含量12%），沒有上下限的限制，因此實際批量小麥蛋白質含量之差異最大。
3. 標準偏差值：設定誤差值，儘量縮小批次差異。
4. 絕對值：不可大於／不可小於設定值，因為很難達成，所以價格最高。

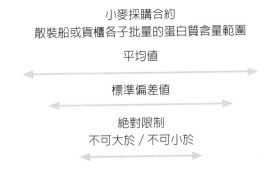

小麥採購合約
散裝船或貨櫃各子批量的蛋白質含量範圍

1.5 小麥育種

楊書瑩、盧榮錦

　　由於氣候變遷、病害與蟲害、國家政策與法令、小麥國際市場價格波動、生產成本增加、麥田取得困難而成本愈來愈高、設備與技術愈來愈貴等因素，造成麥農資金投入愈來愈大，而投資報酬率愈來愈低。因此各小麥供應國家對小麥育種研究，從來不曾間斷。在國外不僅小麥育種十分受到重視，其他農產品的種子，也受到農業法的保護。

　　在全球小麥市場中，傳統供應國與非傳統供應國之間日益激烈競爭，如何讓小麥具有市場優勢？其實小麥競爭優勢來自於各個國家產（麥農、私人育種公司）、官（農業相關單位）、學（穀物育種專家、植病專家、穀物化學專家）三者，在小麥育種、行銷與市場共同經營努力的成果。被新培育出的小麥品種，要能適用於各式烘焙或非烘焙麵食產品。育種的目標除了考慮小麥蛋白質含量、冬麥和春麥種植區域，更要能滿足麥農、麵粉廠買家與麵食加工業三者需求。

　　麥農對育種品質標的要求是，能耐旱耐寒環境適應性強、少病蟲害、單位面積產量大且品質穩定具有市場競爭性的高單價小麥，可提高收入。對於碾磨小麥的麵粉廠而言，希望價格、供應量與品質平穩，將小麥胚乳磨碎而成的不同類型的麵粉，依據麥種、蛋白質含量與灰分含量不同可調配出許多種麵粉（例如：麵包麵粉、多用途麵粉、蛋糕粉、糕點粉、全麥麵粉），能提高麵粉出粉率，或增加麵包麵粉的吸水率，以利於烘焙業者，並增加麵粉銷售。至於麵食加工業者則希望麵粉加工操作性佳、麵包麵粉的烤焙彈性好以及產品的口感、顏色與香味能被消費者接受，擴大市場行銷。

　　無論小麥的傳統供應國或非傳統供應國，都致力於小麥育種的研究，以使其穀物具全球市場上競爭力。將兩個不同品種的小麥，所產生出的小麥新株，稱作 F1。傳統小麥育種方法（如右表所述），期間經過許多次農場評估、定期觀察小麥生長狀態與病蟲害問題、評估單位面積小麥產量以及麵粉品質分析實驗等，至少育種 12 年（F1 至 F12），可獲得一株新品種。現代化小麥育種方法，則利用育種新科技，如：基因標示（marker assisted selection）、基因型分析實驗（genotyping lab）、雙單倍體實驗（double haploid lab）等方法，以人工授粉方式篩選出適合的品種，並利用生長環境控制設備（溫室植栽設備），可大幅縮短育種時間。育種成功之後的新品種小麥，還需經過大量種植，產生足夠的種子，才能成為商品化的麥種。

　　由於近年小麥價格高昂，需求無限，市場看好。許多大型的小麥農場向種子公司採購經過認證的種子來種植，因為經過認證的種子，可以減少種植時發芽率低的直接損失，以及收成後品質不均的間接損失，藉以達到產量增加與品質穩定的效果。

　　通常種子公司有自營的農場來培育種子，從農場土質檢查、農場衛生管理、農場種植履歷、種子貯存以及種子基因均一性試驗等過程，確保認證種子的種植過程與品質無虞。

　　傳統小麥育種方法，至少育種 12 年，可獲得一株新品種。育種過程如下表所述。但以新的生物科技方法育種，可大幅縮短育種時間。

育 種 階 段	篩 選 基 礎
F1～F3 ↓	小麥生長狀況評估
F4～F5 ↓	小麥生長狀況評估 蛋白質含量
F6 ↓	小麥生長狀況評估 蛋白質含量 小型磨粉試驗、麵糰攪拌分析實驗、麵包實驗
F7～F8 ↓	小麥生長狀況評估蛋白質含量 小型磨粉試驗、麵糰攪拌分析實驗、麵包實驗 評估單位面積小麥產量
F9～F10 ↓ 農場實驗階段	實驗型磨粉機試驗 增加麵粉品質分析實驗項目
F11～F12	實驗型磨粉機試驗 增加麵粉品質分析實驗項目 不同（5～8個）區域農場種植試驗

現代化小麥育種新科技

　　近年穀物科學家已經利用生物科技技術，分析出小麥的基因圖譜，縮短小麥育種時間。並結合更精準的穀物分析技術，使小麥育種工作能更快速達到顧客的要求。

　　有別於傳統小麥種植方式，綠色種植以節約能源為前提；整地不翻土可減少土壤水分與養分流失；機械化播種；使用極少量農藥與適量肥料。同時作農場紀錄與建立農產履歷，包括記錄氣候與溫度、小麥種植情況、病蟲害狀況與小麥生長情況。配合大學教授與專家經常訪視農場，作田野調查，並提供種植技術與輔導。

　　利用傳統小麥育種技術，產生一株成功的品種至少需要 12 年之久；現代化小麥育種（非基因改造）則結合育種專家、植病專家與穀物專家，藉由基因圖譜，大幅縮短育種時間。育種品質目標，如：小麥抗病性與耐蟲害性、小麥的環境適應性、小麥品質、小麥磨粉品質、麵粉的特性、麵糰的特性與加工產品品質等，都可以運用育種新科技（基因標示與基因型分析實驗），改良小麥品種。

　　使用經過認證小麥，可使小麥生長均一且品質穩定。美國麥農採用認證小麥種子種植者，平均為 30%，有些州達 91%。

✚ 知識補充站

　　根據科羅拉多大學推廣中心的報告，小麥種子只占總生產成本的一小部分，但小麥品種是影響種植最關鍵因素之一。因此麥農願意選購認證的種子以收種高品質小麥。未經過認證的種子包含較高風險，其中可能雜質較多、種子發芽率不良或不一致、抗病性差以及有雜草種子與植物病蟲害等問題。反之，經過認證的種子具有的優勢為：種子經過徹底清潔過程可確保種植者獲得他們選擇的品種的全部遺傳優勢，可提高產量、品質和小麥容重；此外種子純度和種子發芽率也是通過認證的。

　　1. 種子純度

　　種子純淨度越高，夾雜物質越少。受污染的種子會增加生產成本並降低收種的數量和品質。麥農選購認證的種子，可確保已經去除雜草種子，從而降低除草劑使用與成本。

　　2. 種子發芽

　　研究證明，發芽率高的種子會產生更有活力的幼苗。研究人員透過發芽測試，在實驗室中篩選出具有更高產量、更健康的品種。

　　3. 信譽良好的種子來源

　　許多種子認證單位（如AgriPro Associates）都會進行嚴格的測試，以確保小麥品種的種子純度和發芽率，並確保認證品種小麥種子，符合認證標準。

第2章
小麥加工

2.1　小麥清潔

2.2　色選機

2.3　潤麥

2.4　磨粉流程（一）：剪切滾輪研磨

2.5　磨粉流程（二）：平篩分離粉料

2.6　磨粉流程（三）：清粉機

2.7　磨粉流程（四）：平面滾輪研磨

2.8　磨粉流程（五）：殺蟲機

2.1 小麥清潔

楊書瑩

小麥磨粉過程十分複雜，右圖為小麥磨粉簡易流程。磨粉的目的為去除麩皮與胚芽後，取得內胚乳部分，再經過平面滾輪碾壓，即為麵食加工業者所用之白麵粉。

小麥磨粉要先從小麥清潔工作開始，小麥進入麵粉廠麥倉時，就進入管理程序，在臺灣多以卡車由港口送入麵粉廠麥倉，卸麥時利用吸塵設備儘量減少粉塵汙染，並嚴禁煙火以免發生塵暴。有些麵粉廠還會在入倉前先去除夾雜物（精選），並取樣分析；完成原料驗收，並了解小麥品質與夾雜物檢測（是否與合約要求相符）。小麥入麥倉後的環境溫度影響穀物保存，溫度愈高穀物愈容易受到霉害（產生黴菌毒素），也愈容易長蟲；相對溼度愈高愈容易長霉與長蟲。因此良好小麥品質、良好小麥儲存，是生產良好品質麵粉的必要條件。

在歐美國家的麵粉廠非常注重控制與降低小麥和麵粉的細菌處理步驟，因為他們以麵包為主食，許多麵包坊更以自家培養酸老麵麵包為其烘焙商品特色，如果麵粉中的生菌數太高，會影響酸老糰發酵的品質。因此麵粉廠為滿足麵包坊業者需求，會先從降低小麥中細菌含量與防止細菌入侵的麵粉等方式，降低麵粉中的生菌數。降低麵粉中的生菌數處理步驟，首先就是小麥清潔。

早期麵粉廠以水洗方式來清潔小麥，不但會製造大量廢水，同時也無法將夾雜物與受汙染小麥完全排除；因此，目前麵粉廠會利用不同設備技術，在磨粉前將小麥精選處理，以降低麵粉生菌數含量。

1. 小麥基本清潔設備：利用風力分離、比重分離與磁鐵分離等機械操作，將去除粗與細的雜質、草籽、其他摻混的大麥、蕎麥、小石子、金屬屑、麥梗、灰塵等。目的為清潔小麥的麩皮，並避免夾雜物進入磨粉系統以維持麵粉的清潔度，降低麵粉生菌數以及避免石子、金屬等硬物破壞磨粉設備。

2. 利用比重分離不良小麥設備：重量較輕小麥可視為被汙染受損小麥，去除受到黴菌汙染或蟲蝕的小麥，可降低麵粉中生菌數含量與長蟲的機會。

3. 色彩／光學選別分離設備：利用光學原理分辨穀物顏色，並去除發霉、變色與病害小麥以及其他顏色種子。

4. 刮麩皮設備：輕微刮除小麥麩皮，汙染嚴重小麥經處理後，可降低麵粉毒素殘留量0.2ppm（20ppb），減少生菌數含量10^2至10^5。

現代化麵粉廠朝向擴大產能，降低成本的生產方式來進行磨粉工程。為確保小麥貯存品質與衛生安全，除了現代化小麥倉儲設備與清潔小麥管控外，為確保原料與產品品質穩定，還包括其他相關工作：磨粉流程管控、麵粉倉與配粉設備、麵粉分析、二次加工產品實驗、麵粉廠危害管制、研究開發與技術服務、麵粉運輸等，之後將一一討論。

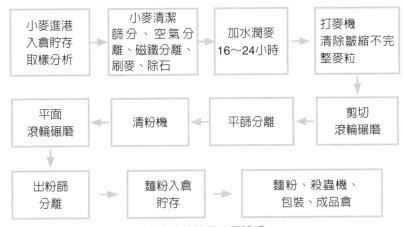

小麥磨粉簡易流程說明

小麥入倉管理：減少粉塵與去除夾雜物

麵粉小博士解說

1. 空氣在磨粉上運用，包括：冷卻（粉料與機械）、水分蒸發、清粉、空氣分離、粉料輸送、混合與配粉、麵粉氧化以及粉塵收集。

2. 現代化麵粉廠先將空氣過濾淨化及乾燥後，供麵粉廠使用，更能有效降低麵粉中生菌數含量以及集塵的作用。

2.2 色選機

楊書瑩

前段提到色彩／光學選別分離設備，利用光學原理分辨穀物顏色，並自動分揀出異色顆粒，如發霉、變色與病害小麥以及其他顏色種子。與人工挑選相比，不但省工、省時、效率高、加工成本低，同時提高被選產品的品質與經濟效益。色選機最早使用於白米精選，現在除了廣泛運於穀物、食品、顏料化工等行業外，對於分選難度較大的再生塑膠顆粒、一般塑料顆粒、玉米、各種豆類、礦石、辣椒、蒜、瓜子類、葡萄乾、種子、中藥、小米、蝦皮、丁香魚及其他特殊物料之分選，效果都十分顯著。

色選分離設備原理如下頁圖所示。未被選精選的穀物從頂部的進料口進入色選分離設備，通過振動器裝置的振動，將穀物輸送至入料槽下滑，進入分選室內的觀察區，並穿過背景板和訊號處理器間的通道。透過光源照射下，根據光的強弱及顏色變化，經照相機將產生影像傳至訊號處理器，利用壓縮空氣吹出異色顆粒至不良品槽桶中，而正常的穀物被輸送至精選成品槽桶。

早期色選機是利用黑白相機鏡頭，分辨出顏色深淺來精選白米，解析度較低，約為 2048 像素，目前市面上已經不再出售。之後彩色色選機利用彩色攝影原理，根據人眼的感光原理混合紅、綠及藍色（三原色）光形成所謂的「彩色」分選出異色穀物，最大解析度可達 5400 像素。目前紅外線色選機則是利用彩色相機鏡頭搭配紅外線鏡頭，不但能分選出異色穀物，同時還能分離出外觀正常但內部受損之穀粒。紅外線於 1,800 年被人類發現，其波長介乎微波與可見光之間的電磁波，其波長在 760 奈米至 1 毫米之間，波長比紅光長的非可見光，對應頻率約是在 430THz 到 300GHz 的範圍內。因為室溫下物體所發出的熱輻射多都在此波段，當小麥發黴或長蟲時，溫度會高於正常小麥，因此非常容易發現小麥穀粒是否有蟲體或發黴。

在麵粉廠色選機設備可裝置於預潤麥倉與刮麩皮設備前，由於目前一台色選機設備的處理量有限（約為 20 噸／小時），略低於麵粉廠磨麥量（500～1,000 噸／日）；而進入色選機設備小麥，最好先經過小麥基本清潔設備精選，使其夾雜物含量低於 5%，較能符合色選設備性能。再則色選機設備屬於精密儀器，其裝置環境也必須是低粉塵的空調空間，較不會影響色選機的運作與判讀。此外色選機設備的照相鏡頭，也必須定時清潔保養，以免小麥中的粉塵遮蔽鏡頭，影響機器設備的功能。

前段提到，麵粉廠會利用不同設備技術，在磨粉前將小麥精選處理，以降低麵粉生菌數含量。其中色彩／光學選別分離設備與刮麩皮設備，更具降低麵粉中黴菌毒素殘留量最有效的步驟。許多歐美、日本以及臺灣麵粉廠，都已經採用此設備，以達到食品衛生安全的要求。

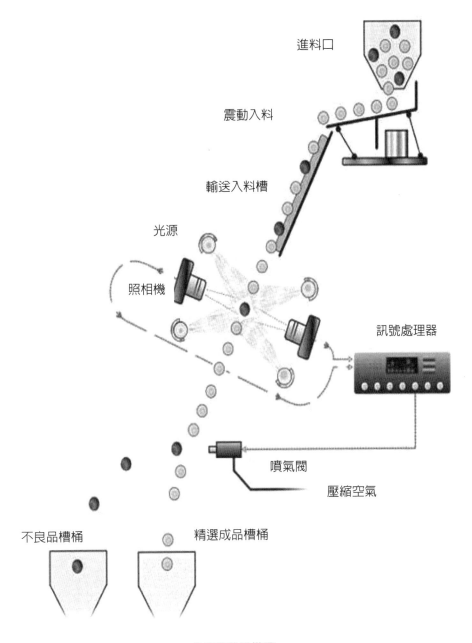

進料口

震動入料

輸送入料槽

光源

照相機

訊號處理器

噴氣閥

壓縮空氣

不良品槽桶　　　　精選成品槽桶

色選分離設備圖

2.3 潤麥

楊書瑩

清潔精選後的小麥，經過「潤麥」再進行磨粉。潤麥之前，必須先進行幾項試驗，包括：小麥水分、小麥顆粒測重（千粒重）、硬度、整體不良率、其他類型的損傷和顆粒大小和性狀的一致性，以決定潤麥時的加水量和潤麥次數。小麥顆粒測重（千粒重）影響小麥的麵粉出率，測重＜73kg/hl 出粉率較低，73～76kg/hl 出粉率可提升；在 76 至 81 kg/hl 之間，出粉率相對平穩，超過81kg/hl 則達到極限；除非麵粉廠的磨粉機專門設計用於研磨這類型小麥。

如果小麥在未潤麥情況下碾磨，麩皮會變脆，並在碾磨過程中變成小碎片，使麵粉灰分含量增加，並出現許多細麩皮，使麵粉白度與麵糰顏色穩定度降低。潤麥不完全使碾磨壓力增加，造成麵粉破損澱粉含量高，麵糰會發黏，降低烘焙產品之品質。

潤麥目的，包括以下幾點：

1. 使麩皮變韌，但在研磨過程中不會過多地留在大顆粒中，避免產生小麩皮顆粒並使胚乳更有效地與麩皮分離。破碎的小塊麩皮汙染了乾淨的白色胚乳，生產出灰分含量高的麵粉。因此，小麥潤麥技術可提供高出粉率和低灰分含量。
2. 強化胚芽，使其更容易與胚乳分離。胚芽富含脂肪。麵粉中的胚芽會氧化而產生油耗味，縮短麵粉的保存期限。
3. 賦予胚乳最佳的硬度，最大限度地減少研磨過程中的能源消耗，實現最佳磨粉條件。如果小麥相對於其最佳碾磨條件更溼或更乾，則磨粉系統會失去最佳平衡狀態，因而導致麵粉出粉降低和麵粉特性不均勻的情況。
4. 保持適當的胚乳硬度，使破損澱粉含量與麵粉顆粒度（粒徑）維持最佳平衡分布。
5. 維持最適量胚乳刮剝率，以利清粉機篩分，達到物料平衡。使研磨階段的胚乳，分流進入適當粉道，平衡研磨系統。
6. 確保成品中正確的水分含量。乾麵粉也會降低烘焙質量；麵筋形成需要更長的時間才能形成完全水合。麵筋形成不完整的麵包麵糰，造成堅硬、乾燥、易老化的產品。

潤麥水分含量，一般來說，第一道磨粉滾輪前的最佳小麥水分含量在 15% 至17% 之間，同時胚乳的水分分布也必須控制。例如，如果麩皮的水分含量約為14%，而胚乳的水分含量為 17%，可能會導致麵粉顏色變深。另一方面，如果內胚乳水分含量為 14.5%，麩皮為 18.5%，則會影響麵粉產量和磨粉機的平衡。

最佳潤麥水分，因小麥硬度而異，硬麥水分為 16.0～17.0%，半硬麥 15.5～16.0%，軟麥 14.5～15.0%。由於研磨過程中水分流失，因此磨粉師必須監控，通過控制調節過程中添加的水量來補償。磨粉環境的溫度和相對溼度、磨粉過程中產生的熱量也是影響水分損失量的因素之一。但磨製全麥（粒）麵粉時，通常不需要潤麥。

　　專業磨粉師都知道小麥清潔和潤麥階段對於擁有平衡磨機的磨粉系統很重要，它負責獲得最高的出粉率和最佳的麵粉品質。控制潤麥時間是現代化麵粉廠的目標，可通過產生高頻振動降低水表面張力來增加水滲透率。降低水表面張力可提高水分分散在穀物上的效率和水滲透到穀粒中的效率。

　　軟麥與硬麥在不同潤麥時間下，水分分布狀況：

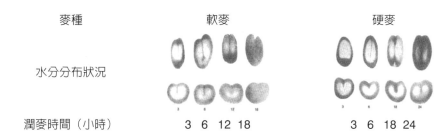

麥種	軟麥	硬麥
水分分布狀況		
潤麥時間（小時）	3　6　12　18	3　6　18　24

磨粉試驗：統粉灰分與潤麥時間

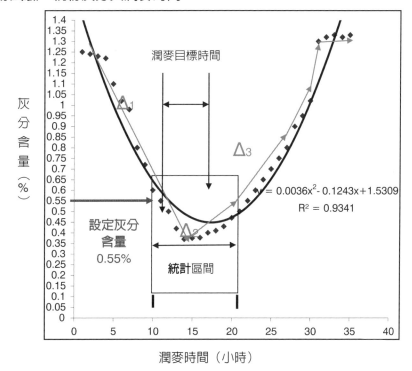

　　由上述實驗結果，可得到下列結論：

1. 磨粉之最適潤麥時間是14至20小時。
2. 磨粉之可容許潤麥時間是12至24小時。
3. 過度潤麥優於潤麥不足。

2.4 磨粉流程（一）：剪切滾輪研磨　　楊書瑩

　　小麥清潔和潤麥是磨粉過程前處理中最重要的一環，剪切系統則是磨粉系統中最重要的設備。一對剪切滾輪具兩個磨輥（如圖一所示），磨輥以不同速度運轉（如圖二所示），將小麥麩皮切開並釋出胚乳。麵粉廠剪切滾輪數目各異，也影響出粉率，每通過一次剪切滾輪，都會生成一定數量的破碎麩皮。

　　剪切系統是磨粉過程的開始，其作用為剪開小麥麩皮，將胚乳從麩皮上儘可能刮掉，同時儘可能地保留大片的麩皮。同時刮掉麩皮上附著的胚乳，儘可能保留完整麩皮，細麩太多不易由麵粉中分離。同時，必須避免過度粉碎胚乳，因為粒徑愈大，就愈容易進行純化並得到較精白的麵粉。通過剪切滾輪的胚乳，可被區分成中顆粒粉粒，與非常細的顆粒的碎麵粉。碎麵粉質量較差，並不適合製作麵包，因此降低碎麵粉和細麩的生成十分重要。

　　有學者認為剪切滾輪的配置與小麥硬度有關，銳對銳適用於韌性大的軟麥、銳對鈍適用於韌性中等的軟麥、鈍對銳適用於硬度中等的硬麥，以及鈍對鈍適用於硬度大的硬麥。但是一般以麵粉廠仍多採用鈍對鈍的轉動組合，因為對小麥破壞壓力相對緩和。

　　每道剪切滾輪的齒溝數目都不相同；近年來小麥價格上漲幅度大，許多麵粉廠的老闆都希望提高出粉率，因此將剪切滾輪數目由 4 道增加至 5 道，希望將出粉率由 72% 至 74% 增加至 76% 以上。增加剪切滾輪數目，同時要改變每道剪切滾輪的齒數，在美國麵粉廠有規則可循，三道剪切滾輪的齒數分別為 16 齒、20 齒、24 齒；四道剪切滾輪的齒數分別為 12 齒、16 齒、20 齒、24 齒；五道剪切滾輪的齒數分別為 12 齒、14 齒、16 齒、20 齒、24 齒。

　　兩支剪切滾輪的轉速也不相同；如果滾輪轉速相同，對於小麥只有擠壓的作用，而沒有剪切的作用，因此通常兩支滾輪的轉速比為 2.5：1 或 2：1。一般而言直徑 9 吋的剪切滾輪，其標準轉速分為為 500RPM 與 200RPM。現代化的磨粉廠為增加磨粉功率，會將滾輪速度調整加快，所磨出來的麵粉較細。每個麵粉廠對於剪切滾輪數目、齒數、配置與刮剝率都不盡相同（說明如下），因此不同麵粉廠所磨出的麵粉的品質也不盡相同。

剪切滾輪數目	剪切滾輪的齒數	剪切滾輪配置	刮剝率 %
第一道 1BK	12	鈍對鈍	28～32
第二道 2BK	14	鈍對鈍 / 鈍對銳	50～55
第三道 3BK	16	鈍對鈍 / 鈍對銳	55～60
第四道 4BK	20	鈍對鈍	--
第五道 5BK	24	鈍對鈍	--

　　剪切滾輪長度也是有標準可循，以每24小時磨100公斤小麥／毫米（mm）為單位。第一道為5.4至7.2mm、第二道為6.6至8.4mm、第三道為4.8至6.6mm，以及第四道為4.2至5.4mm。以上是一般通則，麵粉廠依照所採購硬麥或軟麥不同而各有差異。

圖一　剪切滾輪：表面有齒溝

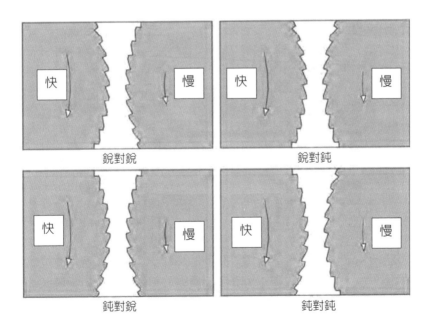

圖二　剪切滾輪4種配置

2.5 磨粉流程（二）：平篩分離粉料

楊書瑩

　　平篩是麵粉廠主要的篩分設備，常用於小麥顆粒物料的分級、篩選。它的主要特點是篩分面積大，結構緊湊。相同的單位篩分面積情況下，高方篩（如右圖所示）具有體積最小，占有空間最少以及分級的種類多等優點，是麵粉加工過程中的關鍵設備。

平篩的歷史

　　追溯麵粉平篩的發展過程，至少已有 300 多年的歷史。

　　早期的平篩是手搖式，採用簡單的木框結構，並且在篩分的過程中，人的手要不斷地接觸篩網表面，達到清理和攪動的作用；篩網大部分採用蘆葦、馬毛、亞麻線、亞麻纖維和棉線等材料做成，篩孔較大。大約在 1820 年，開始使用篩布做篩網，直到 1835 年才逐漸推廣使用。這時候的手篩逐漸被手搖的旋轉輪代替，然後又以風力和水力作為動力的旋轉輪加工方法，篩子上、下搖動，進行篩分。這些篩網為單層篩面。大約在 1888 年，發明有迴旋運動的多層篩組，避免了早期篩子的過度振動，它是第一個真正地利用反作用力及機械驅動的平衡系統。整個篩子是從房頂懸吊起來，地面上設置驅動軸，是第一個機械動力驅動篩。這種類型的篩子在歐洲大約經過 20 至 30 年的發展，然後傳到美國，並逐漸演變成自由旋轉驅動的結構，只是當時運轉速度較慢。

平篩設計的改善和發展

　　平篩由篩箱、驅動機構、篩體懸吊裝置和進料口、出料口的軟連接料筒組成。

　　早期的平篩篩框比較長，也有料流運動通道和機械式的篩網清理刷。那個時候所使用的清理刷，主要是用於清理加工豆類和穀物類的篩網。直到 1900 年，才用平方篩代替了長方形篩。在那之後，平方篩就成為了基本篩型，一直到現在。因為平方篩的框架結構可以達到最大的柔性，占用最少的地面空間，產量也是最高的。

　　多年以來驅動系統和平衡系統已經做了許多改善，原先採用地板上的動力驅動或群體的線軸式複雜系統，使用皮帶、滑輪和油封，給環境帶來了許多汙染。現在，平篩中部自含驅動系統，大大改善了衛生、安全、維修條件，能耗也已降低。目前，國外使用符合 FDA 標準的潤滑油（食品級潤滑油）來潤滑軸承，並且採用新的潤滑方法，可以使傳動軸壽命增加。

　　懸吊裝置，早期使用蘆葦或者纖維類型的柳桿支撐，在某些地方還要增加一道纜索，作為安全裝置；目前，已經不用木質的吊桿，而使用強度高、柔韌性好的高分子合成材料桿，壽命長，運動軌跡較好。

　　篩體的結構設計也有許多改進，原先全部使用木質篩框，缺點是麵粉沾黏、易吸潮、易漏粉和繁殖細菌，衛生條件差；目前使用了比較理想的合成材料做篩網，表面光滑、耐磨，與麵粉接觸的所有構件全是由不鏽鋼或合成材料

做成，主要是爲了防止與食品接觸的表面被磨損，達到不黏粉，防止昆蟲和容易清理的目的。特別是在美國，許多篩框和支撐使用不鏽鋼代替木材，外表面採用達到美學要求的保護材料，更平滑，減少了篩箱中的螺栓緊固件，以減少粉塵的沉積。爲了進一步保證食品衛生，裝置了隔離門。目前高方篩所有的牆板和門都是由高等級的隔絕材料製成，目的是防止冷凝，保證產品中微生物和黴菌的數量較少。

傳統平篩大多是使用螺栓、棘輪或者手輪鎖緊篩倉，目前是利用頂部施壓，使用一個曲柄連杆，把篩格堆積起來，形成一個完整的篩分單元。某些產品是用氣缸系統代替，這使得移動篩格的技術既快，又安全，在過去的 10 多年，篩網主要是用圖釘、小釘和 U 形釘固定在木製的篩框上。篩網及附件的固定，完全依靠人的能力、經驗和注意力，所以製造的品質不高。而一個關鍵的問題是篩網要有合適的張力，而人工很難掌握，所以做起來困難很大，不合格率較高，並且使用圖釘和 U 形釘會造成潛在的不安全、不衛生。目前，利用機械張緊架和氣動張緊機構，已經可以通過張力感測器準確、合適地拉緊篩網。篩網製作技術已成熟，膠黏劑黏貼穩定性好，效率較高。

目前篩網品質已得到有效改善。主要的出發點是成本和數量考量，檢查的標準是絲綢篩網、合成篩網和金屬篩網篩孔的一致性。除了成本低之外，化纖合成篩網和好的編織線篩網在孔的一致性和耐用性上超過了絲綢篩網，所以目前大部分設備均使用合成篩網。

平篩經過上百年的變化和發展，爲了改善麵粉加工的品質和滿足市場的要求，麵粉廠加工設備不斷更新。篩分設備不斷改進與引入新技術，都爲麵粉加工業帶來了明顯的效益。臺灣麵粉廠不斷地引進國外新的設計與技術，進行設備優化，使設備具有實用、易於維修、安全衛生、汙染少的設計。

麵粉廠業者也重視食品衛生安全，再篩分流程更爲重要。當麵粉從麵粉廠輸送到倉庫，或者從倉庫到包裝系統，麵粉出廠前都要重新篩分，其目的爲檢查麵粉潛在汙染，以提高麵粉品質和安全性。

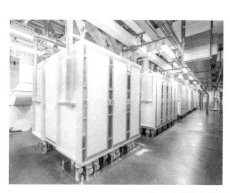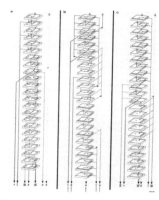

高方篩及內部篩框設計

2.6 磨粉流程（三）：清粉機

楊書瑩

麵粉廠設備繁多、操作步驟複雜、管道錯綜複雜，磨粉過程主要任務就是利用研磨、篩分和清粉等步驟，來生產不同等級的麵粉。清粉是製粉流程中一個比較重要的步驟，清粉機（如右圖所示）是關鍵磨粉主要設備之一，其作用為純化及分級物料，並平衡物料流量。

清粉機可將從磨粉機研磨後的粗顆粒物料中分離出純淨和較純的胚乳顆粒的機械。由裝有雙路 2 層篩面的篩體或裝有 2 或 3 層篩面的雙篩體，配以風道、風室等所構成，每層篩面由 4 個配有不同篩網的篩格串聯而成。篩體由 4 個大小不同的橡膠彈簧支撐，並由偏心振動電機驅動。氣流從篩體由下往上穿過 2 層或 3 層篩面，進入篩體上部的 32 個風室，風量大小由兩個風室接口調節。振動、篩網和氣流的綜合作用可使進入清粉機的物料鬆散並按比重、粒形、表面性狀和空氣動力學特性大體分為 3 層，較輕的麩皮被吸走，帶皮胚乳作為篩上物篩出，送到磨粉機再次循環碾磨去除顆粒胚乳所黏附麩皮；純淨的和較純的胚乳顆粒作為篩下物再進入磨粉機，進一步研磨成麵粉。

在同質化競爭激烈的麵粉市場中，無論哪家麵粉廠都想把自己的麵粉品質做到極致。從前麵粉可添加增白劑時，掩蓋麵粉顏色穩定度、磨粉設備及技術優劣不易發現；但增白劑禁用後，麵粉業主不得不更加關注小麥品質、磨粉設備及技術，以確保自家麵粉品質更具有競爭性。

麵粉品質的內因取決於小麥品質，品質佳的小麥能有限度地提高小麥出粉率，並提高優質麵粉比例以及提高麵粉品質；再則就是磨粉設備和磨粉操作管理。無論是打算建造、或正在興建以及要改善製程的麵粉企業，為了達到高出粉率以及優質麵粉出粉率的目標，愈來愈重視磨粉設備。相對來講，清粉機購置成本不高、維護和使用成本較低，且清粉機能夠發揮提高麵粉品質和優質麵粉出粉率的作用。因此，清粉機愈來愈受到麵粉企業的青睞，目前磨粉行業的新趨勢，都在考量增加清粉機數量和擴大使用範圍。

各種物料經過不同工序的磨粉機研磨後，經剪切滾輪、反覆篩分及研磨、篩分分級後獲得混合物料，這些篩後混合物含有不同比重不同比例的純胚乳粒、帶有麩皮胚乳粒和細麩屑，其顆粒大小和品質仍是不均勻的，差異性較大，如果將這些混合物料直接進行細磨，物料中的碎麩皮屑被平面滾輪壓碎後不容易分離，既影響麵粉色澤與顏色穩定度，使麵粉灰分增加，也降低優質粉出粉率。

因此這些未經純化物料在研磨前很有必要採用清粉機精選，將上述混合物中的各種組分按純度和細微性分離，精選分離後的物料分別送往不同的研磨系統進行研磨，以獲得粉色佳、灰分低的優質麵粉。

清粉機設置於高方篩與磨粉機之間，是前中路高方篩與前中路磨粉機的橋梁，其對篩後物料進行提純與分級的同時，也是對物料進行重新分配與組合。

　　清粉機物料去向調節範圍和調節幅度比較大，在不影響同質合併的原則下，通過調節物料流向，可以緩解磨粉過程中物料不平衡的問題。

　　清粉機主要由入料口、篩體、出料口、傳動、風量調節及照明設備等裝置構成。餵料口固定於篩體上，隨篩體一起振動，入料口和固定於機架上的進料筒連結。通過餵料調節板的上下移動可調節入料門開啓大小，進而控制物料流量，使物料沿篩網表面均勻分布。清粉機的機架中有兩個結構相同的篩體，每個篩體中有 3 個篩網，每層篩面有 4 個篩格，篩格寬度有多種規格，篩格內面裝有篩面清理刷（如下圖）。清粉機通過振動電機傳動，清粉機的風量調節機構由吸風室、吸風道和總風管三部分組成，清粉機的吸風道有變截面、旋流式和倒梯形 3 種形式。被清粉的物料由碎麩皮屑、帶麩皮胚乳和胚乳等物質混合而成，清粉機是利用混合物料的懸浮速度與細微性不同，利用篩分、振動拋擲和風選的聯合作用，將不同比例、不同細微性、不同懸浮速度的混合物料進行分離開來，分級和提純物料。懸浮速度小的麩屑和細微性大的物料留在篩網上形成篩上物；懸浮速度大且細微性小的胚乳粒穿過篩網成為篩下物。

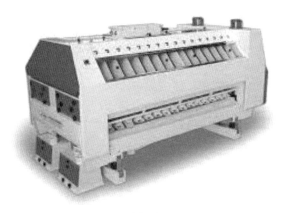

清粉機

清粉機篩網與篩面清理刷

2.7 磨粉流程（四）：平面滾輪研磨 楊書瑩

在早期的美國，麵粉廠使用緊密排列並高速轉動的石磨來磨麵粉，將整顆小麥直接磨成全麥麵粉。後來因為客戶喜歡沒有麩皮與胚芽的白麵粉，使世界各地的麵粉廠開始嘗試精白麵粉研磨法，利用滾筒式磨粉機在磨粉過程中將麩皮與胚芽分離，只取得小麥白色內胚乳部分，品質較佳的麵粉。

鋼鐵鑄造的滾輪磨粉機發明後，完全取代石磨磨粉，商用石磨麵粉幾乎從所有發達國家的麵粉加工領域消失。直到 2017 年，為了生產全麥麵粉，石磨機才重返商用磨粉生產。

小麥顆粒通過剪切滾輪與清粉機和平篩機，將胚乳粒、麩皮以及沾有麩皮的胚乳篩分後，去除麩皮的粗顆粒麥粒經由平面滾輪反覆研磨成細粉狀。滾筒式磨粉機利用一對相對轉動的圓筒滾輪所組成，有的麵粉廠則採用兩對圓筒滾輪所組成的碾磨機，更能節省空間與安裝費用。磨粉機中的所有滾輪，都有一個慢轉滾輪與一個快轉滾輪，滾輪以相反的方向轉動，兩支滾輪的轉速比為 2：1 或 1.5：1，調整一對圓筒滾輪間的間隙，可以控制碾出麵粉顆粒的粗細。磨粉是製粉的核心技術所在，日式的研磨技術，從小麥的最外層至最核心層，可以分離出 100 道以上的粉流。粉流篩分的愈細愈精緻，麵粉粒徑愈小，配粉的利用性也愈廣。

利用平篩機由上到下的篩網孔徑由大到小，將不同的顆粒大小粉粒，加以研磨與分類，根據所需粉粒徑，加工特性，將碾磨、過篩和清粉這三步驟，反覆進行研磨，再經過配粉就是市售麵粉。

麵粉廠通常至少有 5 個滾輪系統（如右圖所示），包括：剪切滾輪（B1、B2）、平面滾輪（C1、C2 及 C3），產生粗顆粒粉料與中顆粒粉料、次級粉和麩皮等副產品。

小麥通過剪切滾輪系統，剪切系統將麥粒麩皮壓平並切開，使內胚乳破碎成大顆粒粉料。儘管這裡生產了一些麵粉，但剪切滾輪系統的目的不是生產大量麵粉，而是最大限度地將麩皮與內胚乳分離。由於剪切滾輪系統為碾磨過程的開始階段，因此此階段的操作品質會影響每個後續步驟，從而決定麵粉的產量和麵粉的品質。如果滾輪間隙過於細小，部分麩皮可能會被切碎或磨成更細的麩皮，在後續步驟中無法與內胚乳分離。

在平面滾輪系統中，滾輪進一步壓平內胚乳，並將麩皮和胚芽分離。平面滾輪是光滑的，有時也噴砂處理，將大顆粒碎麥磨成粗顆粒粉料與中顆粒粉料。大多數優質麵粉由中顆粒粉料生產。

粉料在平面滾輪系統與清粉機之間反覆研磨與篩分，粉料經振動與氣流輸送有助於材料的篩分和分離。每組平面滾輪都有固定的「粉流」。通過平面滾輪系統後，將麩皮、胚芽以及次級粉分離，這些副產品不會出現在麵粉中。麵粉

廠篩分系統與管路輸送十分複雜，不是具有專業知識且有經驗的磨粉師很難完全掌控。不同品種和地區的小麥，所含蛋白質、澱粉等成分含量不同，且同一種小麥由外層至內層礦物質和蛋白質含量也各不相同。

　　正式配粉前，麵粉還需再經過篩或是金屬檢測等過程，確保麵粉品質無誤再進行配粉，以確保麵粉品質。

　　最後麵粉廠會根據小麥特性，將各種粉道按照不同規格，混合成 4～6 種基本麵粉，然後在包裝前加入維生素 C、改良劑與營養強化劑等，將麵粉粉道按照配方混合為麵粉。因此除了常見的高中低筋麵粉之外，市場上也有許多專用麵粉，為各家麵粉廠創造產品特色做出市場區分的關鍵。「專用粉」是針對不同二次加工產品，配成不同用途的麵粉供消費者，例如：吐司專用粉、法式長棍專用粉與蛋糕專用粉。

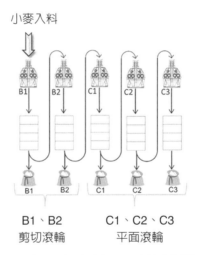

小麥磨粉剪切滾輪與平面滾輪之配置

滾輪磨粉機外觀

2.8 磨粉流程（五）：殺蟲機 楊書瑩

　　長久以來防治蟲害問題，是麵粉廠維護食品衛生安全非常重視的一環。麵粉廠透過小麥倉清潔與薰蒸，以及磨粉場所與設備清潔，把蟲害降至最低。但是除蟲的過程並不能完全將蟲卵殺死，而且蟲卵大小與麵粉顆粒相近，也無法利用粉篩清除；因此利用殺蟲機將少量殘留的蟲卵破壞，目前廣被歐、美、日以及臺灣麵粉廠採用，是最安全無虞的殺蟲方法，由於使用物理方法破壞蟲卵，完全無藥劑殘留。它還兼具高速攪拌機的功能，在包裝前將微量營養素和其他添加劑與麵粉混合。

　　殺蟲機的原理為，利用離心力和抽吸來清潔全穀物；麵粉經過非常高速地離心衝擊作用，將蟲卵破壞，從而延長麵粉的保存期限。

　　殺蟲機在過去 60 年中，已被用於各種穀粉與麵粉的防蟲計畫。在技術和機器設計方面的不斷改進，使這種設備比以往更具經濟規模，每小時麵粉處理量可達 2,500 英斗，有效殺滅率近乎 100%。

　　殺蟲機的轉速與小麥的水分含量會影響殺蟲機的破碎率，如下圖所示。

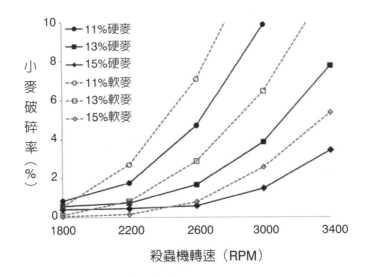

　　穀物專家利用水分含量 11%、13%、15% 的硬麥與軟麥各 500 公克，分別以轉速 1,800RPM、2,200RPM、2,600RPM、3,000RPM 以及 3,400RPM，放入殺蟲機中 5 分鐘，進行破碎率實驗。結果發現：

　　硬麥（實線）水分含量 11% 之破碎率最高；水分含量 13% 之破碎率次之；水分含量 15% 之破碎率最低。

　　軟麥（虛線）水分含量 11% 之破碎率最高；水分含量 13% 之破碎率最低；水分含量 15% 之破碎率次之。

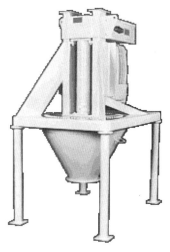

殺蟲機外觀

殺蟲機撞針式轉盤

麵粉小博士解說

1. 殺蟲機是保障麵粉不受蟲類汙染的最後防線，但是提高麵粉的衛生安全，還是需要由小麥倉儲管理做起。
2. 麵粉廠的殺蟲機也需要定期保養，才能發揮最好的殺蟲效果。
3. 雖然殺蟲機有效殺滅率近乎100%，麵粉仍有長蟲的疑慮。

第3章
麵粉粉路區分與集粉

3.1　出粉率

3.2　麵粉類別

3.3　麵粉熟成

3.4　麵粉改良劑

3.1 出粉率

楊書瑩

　　磨粉的目的爲去除麩皮與胚芽後，取得內胚乳部分，再經過平面滾輪碾壓，即爲麵食加工業者所用之白麵粉。

　　麵粉的品質因小麥種類、小麥品質、配麥與配粉的比例、磨粉設備等而異，其中影響麵粉品質最重要的因素就是小麥種類。不同種類小麥所磨得之麵粉具有不同的規格及品質，對麵食產品影響很大。不同專用麵粉除了有不同的配方之外，最重要的是麵粉特性不同，影響麵食產品的品質，例如，蛋白質含量高的硬麥適合於發酵類的製品；而蛋白質含量低的軟麥則適合於西點、蛋糕、餅乾類等產品。此外，澱粉組成對產品品質亦有相當的影響，澱粉影響麵食產品的口感；而麵筋組成不同時，會造成麵糰攪拌時間、麵糰性質之改變而影響產品品質。因此，選擇適當性質的小麥，與適當的出粉率，調配不同規格的專用麵粉是麵粉廠非常重要的課題。

　　小麥碾磨後產出麵粉的百分比稱作出粉率或提取率，平均爲 70～75%，如下表所示。出粉率較高的麵粉中含有更多的麩皮、胚芽和胚乳外層。全麥麵粉出粉率爲 100%，統粉爲 72% 左右，其餘爲粉頭與麩皮。粉心粉出粉率約爲60% 左右，其餘爲次級粉。

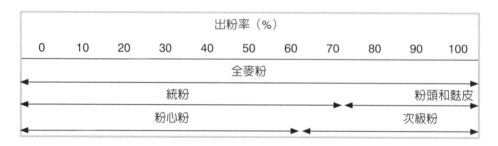

　　麵粉出粉率與麵粉特性有關，以蛋白質含量 14.5% 之高筋小麥磨粉，麵粉出粉率影響麵粉規格，如右上表所示。出粉率愈高，麵粉水分、蛋白質、灰分含量愈高，出粉率偏高者，麵糰攪拌分析儀之吸水率與溼麵筋含量較高者，較爲適合製作麵包麵粉，同時麵包麵粉也不需要 L 值（白度）高者。

　　而出粉率低至 65% 者，因蛋白質含量較低，按照國家標準（CNS）麵粉類別與品質規格爲中筋麵粉。中筋粉心麵粉水分、蛋白質、灰分含量較出粉率高者爲低，但溼麵筋含量與 L 值（白度）較高。以高筋小麥磨製中筋麵粉，最適合製作中式麵食的麵條、水餃與饅頭專用粉。產品外觀顏色亮白，口感柔軟而具彈性。

　　若以蛋白質含量 9.0% 之低筋小麥磨粉，麵粉出粉率與麵粉規格，如右下表所示。出粉率較高者，麵粉水分、蛋白質、灰分含量愈高，但溼麵筋含量偏低，低筋小麥磨粉出粉率愈低，麵筋值愈低，更適合做戚風蛋糕或海綿蛋糕，出粉率較高者，適合做餅乾以及重奶油蛋糕或巧克力蛋糕。

以蛋白質 14.5% 高筋小麥磨粉：

麵粉規格	出粉率（%）			
	65	70	75	80
水分（%）	13.50	13.79	13.85	13.92
蛋白質（%）	11.05	12.80	13.50	13.85
灰分（%）	0.36	0.45	0.55	0.79
破損澱粉（%）	6.4	6.0	5.2	5.2
粗脂肪（%）	1.08	1.10	1.16	1.20
溼麵筋（%）	34.6	34.2	34.8	35.8
沉降值（秒）	370	365	351	340
麵糰攪拌分析儀				
吸水率（%）	61.5	61.0	61.5	62.7
穩定時間（分鐘）	8.5	8.4	6.0	4.8
色差值				
L值	93.08	92.10	91.09	89.57

以蛋白質 9.0% 低筋小麥磨粉：

麵粉規格	出粉率（%）	
	60	70
水分（%）	13.50	13.79
蛋白質（%）	6.8	7.8
灰分（%）	0.34	0.46
破損澱粉（%）	5.2	4.1
溼麵筋（%）	20.3	25
沉降值（秒）	370	365
麵糰攪拌分析儀		
吸水率（%）	52.6	56.0
擴展時間（分鐘）	1.2	2.3
色差值		
L值	93.13	92.10

3.2 麵粉類別

楊書瑩

各式品種小麥磨粉原則與使用趨勢

不同品種、地區或季節所生產的小麥，其性質差異非常大，適用產品都不相同，麵粉廠在採購小麥時，依照小麥蛋白質含量不同，可區分為高筋小麥（蛋白質 14.0% 以上），約占全年總進口量 50%，包括：美國硬紅春麥、澳洲優質硬麥、加西硬紅春麥（蛋白質較高者）；中筋小麥（蛋白質 11.0～13.0%），約占全年總進口量 42%，包括：美國硬紅冬麥、美國硬白麥、加西硬紅春麥（蛋白質較低者）、澳洲硬麥；低筋小麥（蛋白質 11.0% 以下），約占全年總進口量 8%，多為美國軟白麥。

麵粉廠磨粉前，先測定小麥的蛋白質含量與硬度，作為調整潤麥時間與磨粉滾輪間隙的依據，再進行磨粉與配粉，以獲得品質較佳而穩定的麵粉。小麥種類與適用產品，如下列表格所述。

麥粒硬度	小麥種類	性質與適用性
硬質小麥 蛋白質含量：14.0%以上	美國硬紅春麥（DNS） 加西硬紅春麥（CWRS） 澳洲優質硬麥（APH）	麥粒顆粒硬度最高 蛋白質高，磨製高筋麵粉與中筋麵粉
中硬度小麥 蛋白質含量：11.0～13.0%	澳洲優質硬麥（APH） 加西硬紅春麥（CWRS） 美國硬紅冬麥（HRW） 美國硬白麥（HW） 澳洲硬麥（AH、ASWN、APW）	麥粒顆粒硬度較硬質小麥低，磨製高筋麵粉與中筋麵粉
軟質小麥 蛋白質含量：11.0%以下	美國軟白麥（SW/WW）	麥粒顆粒硬度最軟，澱粉質高，磨製低筋麵粉

CNS國家標準的麵粉分級

早期麵粉市場並沒有標示規格，以麵粉袋上的文字顏色做用途區隔，例如：特高筋麵粉用黃色、高筋麵粉用紅色、中筋麵粉用紫色、綠色，以及低筋麵粉用藍色。

國家標準 CNS 550 麵粉類別與品質標準，將麵粉分成高筋麵粉、中筋麵粉與低筋麵粉 3 種，並規範水分含量、粗蛋白質含量及灰分含量 3 種規格如下表格所示。

CNS 550國家標準麵粉類別與品質規格項目

品質規格項目 ＼ 類別	高筋麵粉	中筋麵粉	低筋麵粉
水分	14.0% 以下		13.5%以下
粗蛋白質（以乾基計算）	13.5%以上	11%～13.5%	7.5%～11%
灰分	0.80%以下	0.65%以下	0.60%以下

臺灣麵粉廠的麵粉產品

由於經濟、社會不斷朝向多元化方向發展，各種麵粉之需求也愈來愈多樣化，現在依據用途可區分為特高筋麵粉、洗筋麵粉、高筋麵粉、中筋麵粉、低筋麵粉、全麥麵粉（含麩皮與胚芽）及專用麵粉等，與早期分類方式已有顯著差異。麵粉使用總量比率以製作麵條之用量最多，約占 34%，其次依序為麵包類約占 26%，傳統式（中式）麵食約占 20%，麵筋類約占 6%，西點糕餅類及餅乾類則約各占 6%，飼料用（魚蝦飼料等）僅約占 2%。

臺灣麵粉廠磨粉設備中，通常收集高筋與中筋小麥粉道，合成 4～6 種（F1～F6）基本粉，低筋軟麥粉道則合成 4 種（F1～F4）基本粉。

中高筋麥粉道之 F1、F2 為粉心麵粉，蛋白質低、灰分低、水分低、彈性好、筋性強、吸水高；F3、F4 為外緣麵粉，蛋白質高、灰分高、水分高、延展性佳。

低筋麥粉道之 F1、F2 為粉心麵粉，蛋白質低、灰分低、水分低、筋性弱，更適合做戚風蛋糕或海綿蛋糕。

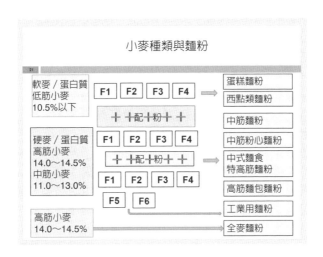

現代配粉技術是依產品特性，將硬麥與軟麥的基礎粉，單一或多種基礎粉，按照不同的比例混合，調配各種不同特性的專用麵粉。至於粉道選取與調配比例，就是各家麵粉廠的專屬配方，因為各家麵粉廠的設備與磨粉條件都不一樣，各家麵粉廠的配方也不盡相同。

麵粉小博士解說

1. 麵粉廠以空氣將麵粉於管路中輸送，從潤麥→磨粉→配粉→包裝，都是自動化的一貫作業。
2. 配粉之前，需經過嚴謹的麵粉分析，再進行配粉，才能確保麵粉品質穩定。

3.3 麵粉熟成

楊書瑩

麵粉熟成原理

有些食物經過熟成後，滋味會變得更豐富多層次，例如：肉類經過適當的熟成，蛋白酵素會開始分泌並分解蛋白質，提升肉品的嫩度、風味及多汁性；蔬果類經擺放短時間讓其成熟，可增加甜度與口感，風味變得更完美。麵粉碾磨後，也需要一段時間的熟成，以改善麵粉的物理性質和烘焙性質。

整顆小麥在未經碾磨前，是完整穀粒，有著穩定的分子結構，組織排列次序呈現安定狀態，但經碾磨與篩粉等磨粉程序後，完整顆粒改變成細碎粉末，劇烈的變化使得分子結構暫時呈現沒有秩序的現象，所以剛磨製出來的新粉是無法拿來使用的。經過一段時間、麵粉接觸空氣中氧氣成分，逐漸氧化適應環境後，使麵粉的分子結構變得安定，這個過程就是麵粉的熟成。

麵粉熟成起源

小麥磨粉與麵粉自然熟成的歷史可溯至數千年之久；以化學方法熟成麵粉可追溯到 19 世紀初期，由 Pillsbury 公司率先開發以化學方法（添加劑）熟成麵粉。

過程

麵粉熟成，通常稱為未漂白麵粉，由於胚乳中存在類胡蘿蔔素色素，通常烘焙用麵包麵粉，需要經過熟成。因為熟成作用可增加麵筋強度，同時胚乳中的類胡蘿蔔素色素經氧化作用後，顏色通常比新鮮麵粉淺，呈奶油色。

熟成過的麵粉製作的麵糰，才具有自然的延展性、操作容易也較不黏手，烘焙出的麵包體積足夠而且內部組織也會良好；除了上述改善麵粉的物理性質與烘焙性質的作用外，還能夠氧化麵粉中的植物色素（葉黃素），藉此自然漂白麵粉、改良麵粉的顏色。麵粉經儲存，利用空氣中之氧氣，氧化麵粉之植物色素（主要為葉黃素），可以使麵粉自然漂白，改良麵粉的顏色。利用空氣中之氧氣，氧化含有還原性之硫氫鍵，使麵粉適度的熟成，可以改善麵粉之物理性質及烘焙性質，使麵粉在加工過程，麵糰不致於太黏，同時麵包成品體積較大、內部組織良好等效果。

商業化生產

麵粉熟成非常容易。小麥研磨後，讓麵粉自然氧化，直到達到所需的物理特性。但麵粉自然老化熟成是一項昂貴的工作。因為無論是袋裝或散裝，都需要非常大的空間。因此，麵粉生產商廠經常採用化學熟成方法。臺灣麵粉廠使用維生素 C 作為麵粉熟成劑。因為不會對人類健康構成危險，但基於目前消費者對潔淨標章（clean label）的流行，應謹慎看待麵粉熟成劑使用。

應用

　麵粉的熟成時間通常在 14 天以上，而且儲藏的環境管理也相當重要，乾淨、通風、溫度與溼度等因素，都會影響到麵粉的品質，有時還要提防蟲害與鼠害等有害汙染，也因此粉倉與麵粉倉庫需要嚴格控管，才能提供優質而衛生的麵粉，讓加工業者與消費者大家安心享用各式麵食。

　新磨的麵粉製作麵包和蛋糕的特性會隨著麵粉熟成而改善，並達到相對恆定的值。當麵粉熟成後，氧化會重組麵粉中的蛋白質，而澱粉保持相當一致。因此麵筋形成更強的鍵結，從而使麵糰更有彈性。氧化也會自然地漂白麵粉，形成較淺顏色的麵粉。

　麵包麵粉經過熟成後，麵包體積明顯增加並趨於穩定。

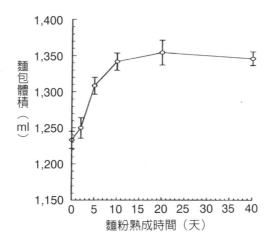

　蛋糕麵粉經過熟成後，蛋糕體積與組織明顯改善。

	未經熟成麵粉	麵粉熟成50天
蛋糕體積 （ml）	286.4	294.7
比容積 （ml/g）	4.41	4.58
彈性 （%）	0.88	0.94

3.4 麵粉改良劑

楊書瑩

食品添加物法規

依據食品衛生管理法第18條第一項規定訂定之，「食品添加物」係指食品之製造、加工、調配、包裝、運送、貯存等過程中以著色、調味、防腐、漂白、乳化、增加香味、安定品質、促進發酵、增加稠度、增加營養、防止氧化或其他用途而添加或接觸於食品之物質。

食品添加物是為某種使用目的所刻意添加，與其他食品中可能存在或殘留之有害物質如重金屬、細菌毒素、放射線或農藥等因汙染或其他原因進入食品中，其來源與性質完全不同。

政府特別定義食品添加物，並依功能分成十七類（已有700積極管制，凡是表上未列的均不准使用（正面表列）。對其品質純度制定「食品添加物規格標準」，納入食品衛生法中管理之。

添加麵粉改良劑的目的

麵粉改良劑屬於食品添加物使用範圍之第七類「品質改良用、釀造用及食品製造用劑」。小麥因品種、氣候、生長區域、生長季節條件以及施肥狀況，而影響麵粉品質，麵粉添加改良劑的目的為：保持麵粉品質穩定，並改善或提升麵糰加工特性。添加種類，包括：麵粉增白劑、氧化／還原劑以及酵素型添加劑。

合法麵粉改良劑種類

1. 增白劑

(1) 過氧化苯甲醯（Benzoyl Peroxide），添加用量：60ppm。實際使用狀況不多，多使用於中式麵條與饅頭等中筋麵粉。麵粉包裝袋上都有明顯標示。

(2) 偶氮二甲醯胺（Azodicarbonamide），添加用量：45ppm。臺灣麵粉廠沒有使用。

2. 抗氧化劑。

(1) 抗壞血酸（Ascorbic Acid，維生素 C，Vitamin C），添加用量：可使用於各類食品，1.3g/kg 以下。麵粉中用量約為 200 ppm。

(2) 用途：加速麵粉中蛋白水解酶氧化。新磨好的麵粉中含蛋白水解酶，影響麵糰操作性與麵包體積。

(3) 麵粉熟成：15～20 天，使麵粉中酵素被氧化。

3. 小麥麵筋，活性麵筋（vital wheat gluten）

(1) 添加用量：視實際需要適量使用。

(2) 用途：增加麵粉筋性。

4. **小麥澱粉，澄粉（wheat starch）**
   (1) 添加用量：視實際需要適量使用。
   (2) 用途：低筋麵粉，降低麵粉筋性。
5. **酵素製劑，酶（enzyme product）**
   (1) 添加用量：視實際需要適量使用。
   (2) 用途：可於各類食品中視實際需要適量使用。限於食品製造或加工（包括：麵包、麵條、包子、饅頭、蛋糕等麵食加工廠），必須時使用。

酵素以大約 10ppm 的比例添加到麵粉中。

麵食加工業者將配方水添加至麵粉時，酵素會啓動活性，從而改善麵糰的加工特性，並增加麵糰操作穩定性和發酵耐受性以及保存期限。

澱粉分解酶通常用於將麵粉中的澱粉分解成糖；然後酵母發酵糖會產生二氧化碳，促進麵糰發酵。

酵素名稱與作用機制

酵素名稱	作用機制
澱粉酶： Amylases, Amyloglucosidase	澱粉分解
纖維酵素： Hemicellulases, Pentosanases, Xylanases	非澱粉多醣類分解
蛋白質分解酵素： Proteases, Glutathione	蛋白質分解
蛋白質聚合酵素： Glucose Oxidases, Transglutaminases	蛋白質聯結
脂質分解酵素： Lipases, Phospholipase	脂質分解

麵粉小博士解說

1. **優質小麥才有優質麵粉**
   錯誤的認知：消費者認為，麵粉廠購買較便宜、品質較低的小麥，再利用添加物轉化為優質麵粉。
2. **小麥中蛋白質，影響烘焙產品品質。**
   小麥類型以及配粉決定麵粉蛋白質含量，而非由研磨過程中的添加劑決定。
3. **臺灣禁用之麵粉添加劑及處理方式。**
   溴酸鉀，二氧化氯、氯氣處理。

第4章
小麥與麵粉危害管制

4.1　小麥危害管制

4.2　麵粉廠危害管制

4.3　如何降低麵粉中微生物

4.4　麵粉保存

4.1 小麥危害管制

楊書瑩

　　小麥自產地運送至麵粉廠後，將小麥貯藏在麥倉中，磨粉之前，再經過篩分、空氣分離、磁鐵分離、刷麥與除石等小麥清潔步驟後，再進行潤麥、磨粉，都是完全自動化生產。但為什麼生物危害會出現在麵粉廠內？因為麵粉廠提供無脊椎動物（害蟲：蠅類、蟑螂、蛾、蟎）以及脊椎動物（鼠、鳥類）等危害生物，良好（食物、空氣、水以及溫暖）棲息環境。麵粉廠可能由於衛生條件差而存在有害物種，而造成傳播病原體與分泌異味物質生產惡臭。同時，穀物在貯藏過程會因日夜溫差過大（超過 10℃ 以上），而產生「凝露」現象，造成穀物產生黴害，不但造成穀物發霉損害（如下圖所示），也會產生對人體有害的嘔吐毒素（黃麴毒素）。小麥安全儲存水分含量為 12% 以下。

　　下圖左是正常無汙染小麥，下圖右是嘔吐毒素汙染小麥。黴菌不但造成麩皮受損，也侵蝕部分糊粉層（介於麩皮與內胚乳部位），黴菌的菌絲甚至穿透內胚乳，破壞內胚乳組織，形成孔洞。受黴菌汙染小麥，其生菌數含量也會增加。

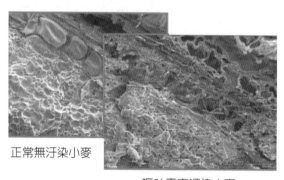

正常無汙染小麥

嘔吐毒素汙染小麥

正常　　受損　　嚴重受損

穀倉清潔標準作業流程

　　穀倉清潔是小麥危害管制非常重要的步驟，目前麵粉廠都會定期（3～4 次／年）安排環境清潔公司進廠做穀倉消毒工作。

1. 卸麥（清空）後，移除任何遺留的穀物（竭盡所能）。使用鐵鍬、螺旋式推動輸送帶、真空吸穀機系統。
2. 刷除收集倉內壁任何穀物或灰塵。
3. 使用真空吸塵器，收集灰塵。使用空氣噴槍會造成塵土飛揚，擴大汙染面積，許多工廠已不再採用空氣噴槍做清潔工作。
4. 使用殺菌劑和殺蟲劑（特別是在地板上），保持乾燥。
5. 翻倉與穀倉薰蒸作業。
6. 避免小麥長時間貯藏。

穀倉中物理隔絕方式

把細網（0.2mm）放在所有穀倉設備的通風口，如下圖所示，避免蟲類與鼠類進入。

穀倉通風設備

目的在使穀物降溫，如果穀物存放超過 3 個月，穀物的溫度勿超過28～30℃。並防止穀物結塊於穀倉壁上。新型的穀倉中設置感溫電纜設備，包括：溫度感應電纜、電纜懸掛系統與電腦顯示器；當穀倉內溫度升高時，電腦就啓動通風設備。

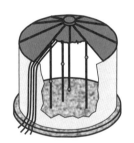
溫度感應電纜

通風設備

降低溫度可減緩昆蟲的活動，環境溫度對昆蟲的影響，如下表所示。臺灣氣候常年溫暖潮溼，穀倉的清潔維護與危害管控更加重要。

溫度（℃）	影響
>50	數分鐘內死亡
>35	減少活動
25～32	最佳狀況
19～25	近似最佳狀況
5～15.5	數天內死亡
−17.7	數分鐘內死亡

4.2 麵粉廠危害管制

楊書瑩

　　目前小麥與稻米的人年均分別是 54 公斤／人／年與 45 公斤／人／年。可見麵食已經成為臺灣人的主食。因此許多與麵粉相關的衛生法規也不斷被制訂與修正，以符合目前的飲食衛生要求。

　　一般食品工廠都有設置一般作業區、管制作業區（準清潔作業區與清潔作業區）與非食品處理區（包括：品管檢驗室、辦公室、更衣及洗手消毒室、廁所等）之分；臺灣優良食品發展協會（TQF）也針對麵粉工廠建立麵粉工廠專則。在國外或國內麵粉廠都以電腦自動化控制，由小麥進倉、清潔、潤麥、磨粉、配粉與包裝，都是一貫作業；而對麵粉廠的危害管控，則採用病蟲害整合管理（IPM）。

病蟲害整合管理（IPM，integrated pest management）

　　病蟲害整合管理，integrated pest management，簡稱為 IPM，基本原則包括：
1. IPM 計畫因地而異。
2. IPM 需要理解蟲害及其與環境的關係。
3. 使用一種以上的方法來管理蟲害防治的最低接受度或閾值，而非趕盡殺絕。
4. 儘量採用非化學製劑之防治方法。
5. 當藥劑之應用已無可避免時，宜慎選藥劑，將其對有益生物、人類及環境之影響降至最低。採用成本效益分析，制定蟲害管理決策。
6. 制定所有蟲害與處理計畫，並建立評估表格（如下）。
   (1) 檢查：觀察、穀物進廠及出廠檢查、確定蟲害的來源和衛生管控。
   (2) 設置陷阱：和其他設備。
   (3) 觀察危害生物活動情形：密度和蟲害的分布。
   (4) 評定：實施控制策略和評估影響／效益。

生物危害	化學藥品	監測方法	防治成本	評定效果
A 例如： 穀蠹、蟑螂、蛾等	依照危害不同，使用藥劑而異	設陷阱 觀察	合約	蟲體數量 評估
B 例如：老鼠				
C 例如：鳥類				

TQF麵粉工廠專則

目的

本規範為麵粉工廠在製造、包裝及儲運等過程中，有關人員、建築、設施、設備之設置以及衛生、製程及品質等管理均符合良好條件之專業指引，並藉適當運用危害分析重點管制（HACCP）系統之原則，以防範在不衛生條件、可能引起汙染或品質劣化之環境下作業，並減少作業錯誤發生及建立健全的品保體系，以確保麵粉之安全衛生及穩定產品品質。

適用範圍

本規範適用於從事產製供人類消費，並經適當包裝或散裝之麵粉製造工廠。

麵粉工廠各作業場所之清潔度區分

廠房設施（原則上依製程順序排列）	清潔度區分	
• 原料倉庫（穀倉） • 材料倉庫	一般作業區	
• 小麥精選場 • 磨粉場 • 業務用麵粉包裝室 • 內包裝材料之準備室 • 緩衝室	準清潔作業區	管制作業區
• 零售用麵粉包裝室	清潔作業區	
• 麩皮包裝室 • 成品倉庫	一般作業區	
• 品管（檢驗）室 • 辦公室（註） • 更衣及洗手消毒室 • 廁所 • 其他	非食品處理區	

註：
1. 各作業場所清潔度區分得依實際條件提升。
2. 辦公室不得設置於管制作業區內（但生產管理與品管場所不在此限，唯需有適當之管制措施）。

4.3 如何降低麵粉中微生物

楊書瑩

　　降低麵粉中的微生物，先由降低小麥生菌數開始。小麥清潔與小麥危害管控的目的，就是減少小麥因汙染而造成微生物增加的有效方法。小麥精選時，利用紅外線色選機除去霉害的變色小麥，對於降低小麥生菌數效果非常好。在磨粉的生產過程中，也可以掌握數個危害因子，降低麵粉中的微生物。

磨粉過程中降低微生物

1. 刷麥機

　　麵粉廠最基本的小麥清潔工作，清除小麥麩皮表面的灰塵。

2. 強力刮皮機

　　刮除小麥部分麩皮，可以將小麥中微生物再降低 10^2 至 10^3。

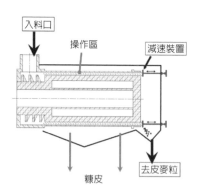

入料口
操作區
減速裝置
糠皮
去皮麥粒

3. 潤麥水質

　　麵粉廠目前會將潤麥用水過濾，以符合飲用水標準。

麵粉貯藏衛生

　　冷凝水、蟲害／鼠害與物理汙染物是麵粉貯藏時，最常發生的危害因素。麵粉廠倉庫可以溫度控制冷凝水，以及物理隔絕方式防止危害生物進入散裝粉倉以及包裝麵粉倉庫。同時爲避免灰塵堆積在麵粉廠或倉庫，棧板堆放不超過 6

層，不回收使用藥物飼料袋或包裝袋，經常檢查是否有受損袋，以及堆疊的麵粉袋應至少離牆壁 30 厘米，以避免：老鼠、溼氣（水分），避免汙染。

避免危害進入！

包裝和運輸

包裝麵粉以及散裝麵粉儲藏桶，應貯藏於清潔，乾燥的區域，避免麵粉結塊、發霉，以及良好換氣與空氣流通。

運輸麵粉時，也必須有良好的衛生措施，卡車／軌道車裝載前的檢查，以及散裝車裝載前的清洗與消毒。

TQF麵粉檢驗項目及標準

早期並沒有規範麵粉生菌數與蟲體等檢查項目，但食安也要與時俱進，以下是 TQF 麵粉檢驗項目及標準。

臺灣優良食品驗證方案產品檢驗項目規格及標準　　　　TQF-PST-001

類別	驗證範圍	檢驗類別	檢驗項目	規定標準	檢驗必要性[1]	備註說明
22.麵粉		微生物	總生菌數（cfu/g） 大腸桿菌（MPN/g） 仙人掌桿菌（cfu/g） 黴菌（cfu/g）	依廠商自主規定 依廠商自主規定 100以下 依廠商自主規定	△ △ ✓ △	總生菌數建議10^4以下 大腸桿菌建議為陰性 黴菌建議為10^3以下
		化學分析	黃麴毒素（ppb） 赭麴毒素A(ppb) 水分（%） 二氧化硫（g/kg） 苯甲酸（mg/Kg） 偶氮二甲醯胺（mg/Kg）	10以下 5以下 14以下 13.5以下 不得檢出 60以下 45以下	✓ ✓ △ △ ✓ ✓ ✓	適用於高筋、中筋 適用於低筋
			順丁烯二酸及順丁烯二酸酐	不得檢出	✓	
		物理分析	蟲體	不得檢出	△	

註：
1. 檢驗項目分為：✓表示為「衛生安全標準」、△表示為「品質規格」。必要時得增加「關注項目」，由驗證機構依實務需求做專業決定。
2. 衛生標準與品質規格為進行現場評核、新增產品及追蹤管理作業之依據。
3. 衛生法規或是國家標準有更新時，廠方應符合更新之規範。
4. 同一使用範圍之食品添加物混合使用時，每一種食品添加物之使用量除以其用量標準所得之數值（即使用量／用量標準）總和不得大於1。
5. 本表僅列目前臺灣優良食品產品驗證檢驗項目規格及標準已驗證之類別及其驗證範圍，未含括該驗證範圍內之所有產品。
6. 產品標示有宣稱者，廠方應檢附相關資料或檢驗報告。
7. 依廠商自主規定：該項無衛生法規及國家標準者，從廠商自訂之產品規格或廠內管制基準。

4.4 麵粉保存

楊書瑩

　　小麥磨粉是一項高產量、低利潤的行業。臺灣麵粉廠競爭很激烈，過去幾年，已經有幾次合併和收購，導致麵粉廠數量減少，但規模更大。以前麵粉廠只出售袋裝麵粉，但現在不但有散裝麵粉，還有小包裝家庭用麵粉。大部分袋裝麵粉或散裝卡車麵粉賣給大型加工業者，如：大型麵包工廠、麵條工廠或其他麵食加工業者。因為不同產品需要不同規格麵粉，因此磨粉之後，並不會立即包裝，而是先儲存在散裝粉桶（倉）內，之後經過客戶需求，經過配粉再送至麵食加工廠。

　　磨粉製程需要許多大設備機具，以每天產能 500 噸，出粉率 72% 的麵粉廠而言，需要數個粉倉（按不同基礎粉規格貯存麵粉）來容納 360 噸麵粉，以及麩皮倉。因應麵粉廠大規模量產下，麵粉廠還要設置足夠的散裝麵粉倉以及包裝麵粉倉庫，容納這些等待出貨的麵粉。麵粉廠投資麥倉、粉倉與麵粉倉庫的資金，是麵粉廠的重要資本支出。

　　前段（3.3 麵粉熟成）談到麵粉需經過熟成，以穩定麵粉的操作特性與烘焙品質。但是麵粉在粉倉熟成效率非常低，因此添加麵粉改良劑，加速麵粉熟成。許多麵粉廠也利用物流倉庫，達到麵粉熟成與貯藏的雙重效益。

麵粉貯存的目的

1. 使品質良好且均一性
　　同一批麵粉品質，其化學成分及物理特性，差異性小、較相近。

2. 麵粉顏色之改良
　　麵粉一經儲存，利用空氣中之氧氣，氧化麵粉之植物色素（主要為葉黃素），可以使麵粉自然漂白，改良麵粉的顏色。

3. 使麵粉適度的熟成
　　利用空氣中之氧氣，氧化含有還原性之硫氫根，使麵粉適度的熟成，可以改善麵粉之物理性質及烘焙性質，麵粉於加工時麵糰不致於太黏、成品體積大、內部組織良好等效果。

4. 調整出貨

麵粉倉庫貯存要求
1. 乾淨：倉庫保持乾淨，不可有粉塵堆積等髒亂現象。
2. 通風：置放於棧板上，不宜接觸地面及牆壁。
3. 溫度：保持在18～24℃之間。夏天考慮使用空調。
4. 溼度：相對溼度保持在60%左右。

麵粉保存期限
1. 臺灣麵粉保存期限為3個月。
2. 國外一般（白）麵粉保存期限為9～15個月；全麥麵粉保存期限為3～9個月。

麵粉選購建議

1. 選購適合的麵粉

依據不同麵食產品種類，選購適當的麵粉，例如：

(1) 高筋麵粉：適合製作麵包、土司等。

(2) 中筋麵粉：適合製作饅頭、包子、麵條等。

(3) 低筋麵粉：適合製作蛋糕、餅乾等。

2. 外包裝完整且密封的產品

由於麵粉對異味及溼氣較為敏感，若屬無密封的陳列販售較不衛生，且較易變質，因此最好能選擇有包裝並密封之麵粉。若發現不完整或破損時，請勿購買。

3. 有廠商資訊、保存期限等標誌的產品

選購時應檢查包裝上是否有生產廠商之名字及聯絡資訊，同時可檢視是否有依政府規範標示重量、營養成分、有效期限（或製造日期及保存期限）等資訊。

4. 食品認證產品

選購麵粉廠製造或知名品牌的產品；或取得 HACCP、TQF 或 ISO 22000 生產認證廠商，其品質管理較佳，產品品質較有保障。

5. 添加物標示或無添加物的產品

過多添加物或過量的添加物的麵粉產品，會增加身體負擔。

6. 注意有效日期及價格差異懸殊的產品

若遇到價格較其他品牌低很多的產品需特別留意，有可能是品質不良或快要過期的產品。

7. 包裝袋上生產廠商是否為麵粉廠

若包裝袋上標示的公司非麵粉生產廠商，極可能是自行分裝麵粉，則麵粉品質可能較不穩定。

麵粉使用前，注意事項

1. 觀察麵粉顏色

由於麵粉中含有胡蘿蔔素，因此麵粉的正常顏色應為乳白或稍微偏黃，若是純白或灰白的顏色，極可能是有添加了漂白劑。

2. 確認麵粉的新鮮度

如果麵粉有結塊現象，表示麵粉有受潮情形。

3. 正常麵粉香味

可取一些麵粉，加入適量熱開水攪拌，其味道為淡淡的麥香味，如果麵粉貯藏不當或受細菌汙染，則有油耗味或異味。

第5章
麵粉物理分析

5.1 溼麵筋

5.2 麵糰攪拌分析儀

5.3 麵糰拉力分析儀

5.4 麵粉連續式糊化黏度分析儀／RVA分析儀

5.5 降落指數分析儀

5.6 吹泡儀

5.7 色彩分析儀

5.1 溼麵筋

楊書瑩

　　麵粉廠以及麵食加工業者經常提出一個共同的問題，麵粉中水分、蛋白質與灰分含量都符合標準，爲什麼產品做不好？因爲麵粉中麵筋性質（質與量）影響麵糰流變性；麵粉先要攪拌成麵糰才能製作麵食產品，所以麵糰操作性質要比麵粉蛋白質含量或溼麵筋含量與食品加工特性以及產品品質更有直接的關聯。因此，討論麵粉麵筋性質與麵食產品品質的相關文獻，多得不勝枚舉。測定麵粉之麵筋性質主要儀器，包括：溼麵筋／乾麵筋分析儀、麵糰物性攪拌儀（Farinograph）、拉伸儀（Extensograph）、吹泡儀（Alveograph）測定等。這些數據，可以反映出麵粉的操作特性，讓加工業者更能掌握麵粉的加工特性。

　　麵粉主要成分包括：碳水化合物、水分、蛋白質、脂類與灰分，以蛋白質含量 12% 的硬麥麵粉爲例，其各成分含量，大致如下圖所述。

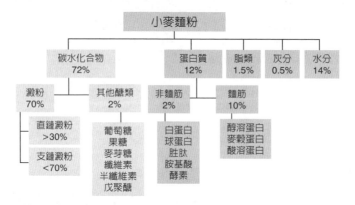

麵筋蛋白的種類與性質

分類	蛋白質的種類	%	性質說明
麵筋蛋白	醇溶蛋白（Gliadin） 麥穀蛋白（Glutenin） 酸溶蛋白（Mesonin）	36 20 17	可溶於70%酒精 可溶於稀醋酸
非麵筋蛋白	白蛋白（Albumin） 球蛋白（Globulin）	7	可溶於水中

　　醇溶蛋白（Gliadin）具有良好的延展性（extensibility），但較缺乏彈性（elasticity），如下圖所示；麥穀蛋白（Glutenin）則具有良好彈性，但延展性稍差。但兩種蛋白質相互作用下，使麵糰具有彈性與延展性，適於麵食加工。醇溶蛋白分成 α、β、γ、ω 四類，分子量 30,000～80,000；麥穀蛋白具高分子次級結構與低分子次級結構，分子量分別爲 65,000～90,000 與 30,000～60,000；非麵筋蛋白的結構，主要是分子量小於 25,000 的單一蛋白質，但也有分子量介於 60,000～70,000 者。

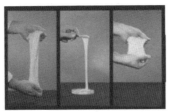

麵筋　醇溶蛋白　麥穀蛋白

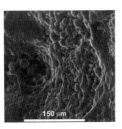

麵筋（電子顯微鏡）

麵粉之麵筋性質分析與分析測定數據之相關性說明如下：

1. 溼麵筋／乾麵筋分析試驗

　　早期麵粉廠以手工洗麵筋，但誤差非常大。現在麵粉廠都採用麵筋分析儀，可快速且準確取得數據；配合溼麵筋乾燥機，同時取得溼麵筋／乾麵筋含量。

溼麵筋的成分（%），水與固形物比例約2：1		乾麵筋的成分（%）	
水分	67.0		
蛋白質	26.4	蛋白質	80.0
澱粉	3.3	澱粉	10.0
脂肪	2.0	脂肪	6.0
灰分	1.0	灰分	3.0
纖維	0.3	纖維	1.0

2. 溼麵筋／乾麵筋分析與分析測定數據之相關性說明

測定項目 　　分析儀器	相關性說明
溼麵筋% 　　分析儀器： 　　傳統法（手洗） 　　麵筋分析儀	1. 麵筋之品質與含量。 2. 與麵糰黏彈性及延展性有關。 　　溼麵筋主要成分為醇溶蛋白，控制麵糰延展性；以及麥穀蛋白，控制麵糰彈性。 3. 麵筋質量，與麵包烤焙彈性有關。 4. 高於35%為高筋麵粉，低於23%為低筋麵粉。
乾麵筋% 　　分析儀器： 　　溼麵筋乾燥機	1. 溼麵筋經溼麵筋乾燥機，乾燥後之乾物重。高筋麵粉約為12.7%，低筋麵粉約為10.5%。 2. 麵筋保（吸）水強度。 3. 麵筋指數：麵糰中麵筋之內聚力，硬麥麵粉較高。

5.2 麵糰攪拌分析儀

楊書瑩

　　麵糰攪拌分析儀（如下圖所示）的發明可以追溯到 1928 年，當時德國 Carl Brabender 建立測量麵包粉烘焙品質的方法。麵糰攪拌分析儀是一種評估麵粉麵糰烘焙品質與操作特性的工具，記錄麵糰抗變形能力，與麵糰的麵筋性質強度。對於麵粉廠與麵包製作業者來說，藉由麵糰攪拌分析儀數據，可了解以下資訊：

1. 調整麵糰攪拌參數：吸水量、麵糰穩定時間、烘焙加水量。
2. 研究麵粉改良劑對麵糰特性的影響。
3. 建立品質控制，以校正處理小麥品質變異。
4. 利用分析數據配粉，以符合客戶對麵粉規格要求。

　　麵糰攪拌分析儀是根據攪拌麵糰時所受到阻力的原理設計。定量的麵粉中加入水，在恆定溫度下開始揉成麵糰，根據揉製麵糰過程中混合攪拌鉤所受到的阻力，由儀器自動繪出一條特定曲線，即麵糰攪拌曲線圖（Farinogram）作為分析麵糰品質的依據（如下頁表格所述）。

　　根據麵糰攪拌曲線可以對麵粉的品質做出大致的判斷：麵糰形成時間和穩定時間短，快速自 500BU 線衰退，為低筋麵粉；麵糰形成時間和穩定時間較長，衰退速度慢，屬中筋麵粉或高筋麵粉。在正常的麵糰攪拌分析儀（300 公克之攪拌缸）攪拌速度（90RPM）下，穩定時間長達 20 分鐘以上者，屬筋性強的麵粉。

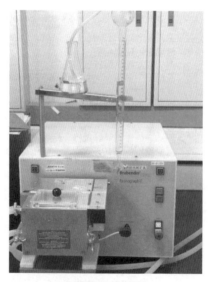

麵糰攪拌分析儀

麵糰攪拌分析儀試驗與分析測定數據之相關性說明

測定項目 　　　分析儀器	相關性說明
麵糰攪拌分析試驗 分析儀器：麵糰攪拌分析儀	
典型麵糰攪拌儀曲線	 1為低筋麵粉，攪拌耐性最低 8為高筋麵粉，攪拌耐性最高
吸水量%	麵粉吸水多寡
擴展時間（分鐘）	麵糰形成後，麵糰開始擴展之時間快慢
攪拌耐性（分鐘）	麵糰耐攪拌程度
下降（穩定）指數（V.V.） （valorimeter value）	1. 反映麵糰之麵筋擴展時間後、攪拌彈性與耐攪拌程度。 2. 麵粉筋性愈高，軟化指數愈低。 3. 添加維生素C，也會快速下降。
FQN攪拌品質 （farinograph quality number）	1. 反映麵糰攪拌彈性與耐攪拌程度。 2. 數值愈高表示麵糰愈耐攪拌。
MTI（BU）彈性指數 （mixing tolerance index）	1. 反映麵糰攪拌後軟化程度與耐攪拌程度。 2. 數值愈低表示麵糰愈耐攪拌。

5.3 麵糰拉力分析儀

楊書瑩

　　將通過麵糰攪拌分析儀測定適當吸水量的製備麵糰，擴展完成麵糰（150 公克）以麵糰拉力分析儀之滾圓機滾圓，並將麵糰放入整型機中，整型成圓柱形麵糰，並將麵糰兩端固定在承載器中，放入醒麵箱 45 分鐘。測定麵糰延展性時，將拉鉤向麵糰中間向下拉，直到拉斷爲止，抗拉阻力以曲線的形式自動記錄下來，即爲延展曲線圖。使用同一塊麵糰，經過滾圓與整型後，分別於 90 分鐘及 135 分鐘後，測定麵糰延展性（如下頁表格所述）。

　　延展曲線圖所反映之麵粉特性，最主要的指標是能量（曲線所包圍的積分面積）和延展力與距離比值。能量愈大，麵糰強度愈大。根據延展曲線可以對麵粉做出大致的判斷：麵糰抗張力小於 200BU，延伸性也小，在 155mm 以下，或延展性較大，達 270mm，屬低筋麵粉；抗張力較大，延伸距離小或延展阻力中等，延展距離小，屬於中筋麵粉；麵糰抗張力大，達 350～500BU，延展距離較大，在 200～250mm，屬於高筋麵粉，延展阻力達 700BU，而延伸距離只有 115mm 左右，屬於筋性很強的麵粉。

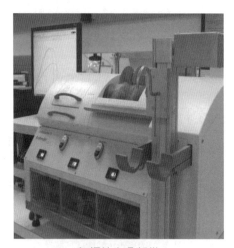

麵糰拉力分析儀

✛ 知識補充站

1. 依照麵糰攪拌分析實驗的吸水量減少2%，作爲麵糰拉升分析實驗的麵糰加水量。
2. 製備麵糰拉力分析儀的麵糰需要添加2%鹽（麵粉百分比），並先用少量水，將鹽溶解。

麵糰拉力分析試驗與分析測定數據之相關性說明

測定項目 　　分析儀器	相關性說明
麵糰拉力分析試驗 　　分析儀器：麵糰拉力分析儀	

典型麵糰拉力儀曲線

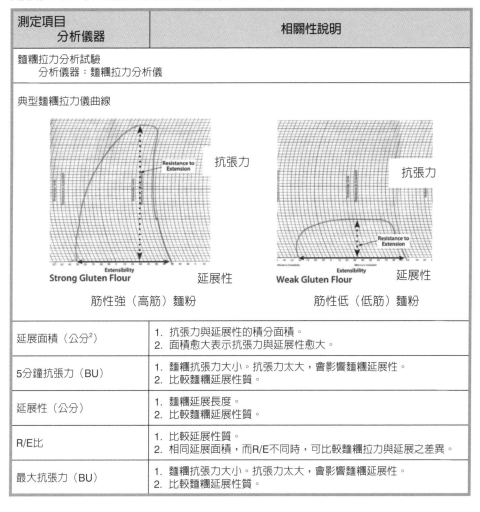

筋性強（高筋）麵粉　　　　　　　筋性低（低筋）麵粉

延展面積（公分²）	1. 抗張力與延展性的積分面積。 2. 面積愈大表示抗張力與延展性愈大。
5分鐘抗張力（BU）	1. 麵糰抗張力大小。抗張力太大，會影響麵糰延展性。 2. 比較麵糰延展性質。
延展性（公分）	1. 麵糰延展長度。 2. 比較麵糰延展性質。
R/E比	1. 比較延展性質。 2. 相同延展面積，而R/E不同時，可比較麵糰拉力與延展之差異。
最大抗張力（BU）	1. 麵糰抗張力大小。抗張力太大，會影響麵糰延展性。 2. 比較麵糰延展性質。

5.4 麵粉連續式糊化黏度分析儀／RVA分析儀

楊書瑩

麵粉的主要成分是澱粉，烘焙產品和蒸煮麵食產品之品質除了與小麥蛋白質（麵筋與非麵筋成分）的質與量有關外，也受到澱粉糊化特性和澱粉酶活性的影響。澱粉黏度與澱粉老化有關，糯質澱粉之黏度高於一般天然澱粉。

澱粉由直鏈澱粉（Amylose）和支鏈澱粉（Amylopectin）組成，是許多糧食穀物的主要成分，也是人類和家畜動物的主要能量來源。直鏈澱粉和支鏈澱粉的比例與澱粉顆粒和分子結構，影響澱粉膨潤、糊化和裂解等澱粉特性。

澱粉溶液糊化難易度取決於澱粉分子間的結合力，直鏈澱粉結合力較強，糊化所需時間較長，麵粉樣品的最高黏度與 α- 澱粉酶活性有關，最高黏度數值大，則 α- 澱粉酶活性小、最高黏度值小，則 α- 澱粉酶活性高。麵粉中如果添加過量麥芽酵素（α- 澱粉酶）時，澱粉糊化黏度會降低。

不同的儀器，可測試澱粉特性及 α- 澱粉酶活性，可使用連續式糊化黏度儀（Brabender Amyloviscograph）或快速黏度分析儀（RVA，Rapid Visco Analyzer）、降落指數分析儀（Falling Number Meter）、破損澱粉分析儀（Damaged Starch Meter）來測定。

麵粉之澱粉性質分析與分析測定數據之相關性說明如下：

1. 連續式糊化黏度分析儀

連續式糊化黏度分析儀，常被使用於研究澱粉糊化之分析。經由分析澱粉溶液於加熱過程糊化至冷卻的過程，分析其黏度變化情形，可得知麵粉之黏度特性（如下頁表格所述）。包括：尖峰黏度（peak viscosity）、尖峰黏度下之溫度（peak viscosity temperature）、95℃下的黏度則為破裂黏度（breakdown viscosity）、在95℃一段時間（20~60分鐘）加熱下，可得到澱粉之安定度、冷糊黏度（set back or cold paste viscosity）即50℃儲存下之黏度，可顯示澱粉回凝之趨勢。也可用快速黏度分析儀分析澱粉糊化黏度變化情形，兩者所測得之糊化黏度變化圖極為相似。

連續式糊化黏度分析儀

快速黏度分析儀

2. 快速黏度分析儀

快速黏度分析儀開發較晚，用於研究澱粉性質。由於其可靠性、可重複性和多功能性，經常運用於測定穀物澱粉的理化特性，尤其是糊化特性。許多新的穀物科學文獻，都以快速黏度分析儀之分析數據為依據。相對於快速黏度分析儀使用少量麵粉樣品（連續式糊化黏度分析儀需樣品 100 公克，RVA 需樣品 5 公克），即可得到數據，因此許多育種學家也採用快速黏度分析儀，研究新品種穀物（例如：小麥、大麥、大米和玉米等）的澱粉理化與功能特性。

澱粉連續糊化黏度試驗與分析測定數據之相關性說明

測定項目 　　　分析儀器	相關性說明
連續糊化黏度測定 　　分析儀器： 　　連續式糊化黏度分析儀 　　快速黏度分析儀（RVA）	
連續式糊化黏度圖	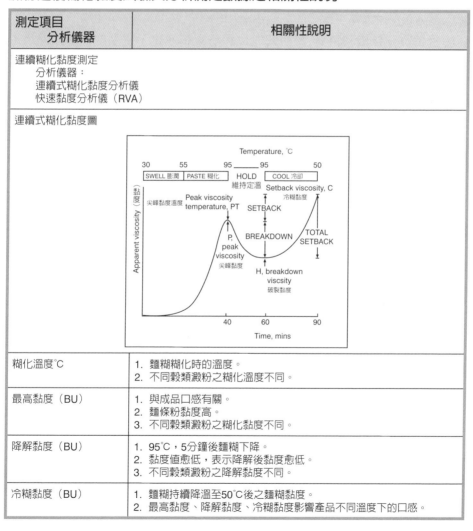
糊化溫度°C	1. 麵糊糊化時的溫度。 2. 不同穀類澱粉之糊化溫度不同。
最高黏度（BU）	1. 與成品口感有關。 2. 麵條粉黏度高。 3. 不同穀類澱粉之糊化黏度不同。
降解黏度（BU）	1. 95°C，5分鐘後麵糊下降。 2. 黏度值愈低，表示降解後黏度愈低。 3. 不同穀類澱粉之降解黏度不同。
冷糊黏度（BU）	1. 麵糊持續降溫至50°C後之麵糊黏度。 2. 最高黏度、降解黏度、冷糊黏度影響產品不同溫度下的口感。

5.5 降落指數分析儀 楊書瑩

　　降落指數（Falling Number）爲目前國際標準認可（ICC 107/1、ISO 3093-2004、AACC 56-81B）的測試方法，用於判定穀物是否發芽受損。小麥成熟最後階段或收穫前，因天氣潮溼或多雨引起發芽所致。發芽導致澱粉降解酶（α-澱粉酶）的加速產生，嚴重發芽的穀粒含有的 α- 澱粉酶量是未發芽的完好穀粒的數千倍。因此，將嚴重發芽受損，品質非常差的小麥，混入健康完好的小麥中，會導致整批小麥顯現出非常高的 α- 澱粉酶活性。自 1960 年代初推出以來，降落指數測試已成爲小麥和麵粉加工業的全球標準，用於測量小麥、杜蘭麥、黑小麥、黑麥和大麥中的 α- 澱粉酶活性。

　　降落指數分析儀利用 α- 澱粉酶能使澱粉凝膠液化，使黏度下降原理爲依據，以儀器所附攪拌器在被 α- 澱粉酶液化的熱凝膠糊化液中，下降一段特定高度所需的時間（秒）來表示。

　　根據黏度變化對應酶的含量，黏度小，降落數值低，表示酶活性強。對麵包而言，降落值（FN）不得小於 250 秒（α- 澱粉酶活性過高）；降落值（FN）在 200 ～ 300 秒，比較正常；降落值（FN）大於 300 秒，表示 α- 澱粉酶活性較低。

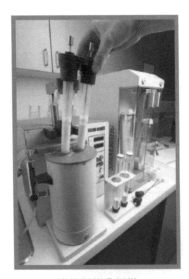

降落指數分析儀

降落指數分析儀（Falling Number Meter）用於測定小麥以及麵粉之降落指數。α- 澱粉酶之酵素活性，可對應小麥穀粒生長健康狀況與小麥新鮮度。降落指數試驗與分析測定數據之相關性說明如下。

測定項目 　　分析儀器	相關性說明
降落指數（秒） 　分析儀器： 　降落指數分析儀	1. 酵素活性。 2. 判斷芽害小麥，正常值為300秒以上。 3. 與麵粉酵素型改良劑之添加有關，過量添加麥芽酵素也會造成降落指數偏低。 4. 舊麥（陳麥，放置2～3年以上的小麥）之降落指數有時也會偏高，因為酵素已失去活性。

發芽受損的小麥對於麵包製作時的烘焙品質影響非常大，α- 澱粉酶會分解澱粉成為糖。糖可供應酵母菌發酵，產生氣體，形成良好的麵包結構和氣泡。但是過多的 α- 澱粉酶，會大量分解澱粉並限制麵糰黏彈性；由下圖可發現，麵粉樣品降落指數 62 秒組的麵包體積、組織與外觀品質，明顯低於 250 秒與 400 秒者；但以麵包體積比較，麵粉樣品降落指數 250 秒組又優於 400 秒組。

目前絕大多數大型麵包店都認為麵包麵粉的理想降落指數，為 250～280 秒之間。因此當麵粉廠製作麵包麵粉時，會添加 α- 澱粉酶，來調整麵粉的降落指數，以符合烘焙業者的需求。

62秒　　　　250秒　　　　400秒

不同降落指數麵粉，製作不帶蓋吐司麵包之差異

5.6 吹泡儀

楊書瑩

吹泡儀的測定原理是以吹泡方式使麵糰變形，根據麵糰變形所用比功、抗拉伸阻力和延伸高度來測定麵糰的性質。先在攪麵器中製備麵糰，將麵糰擠壓成麵片，再切成圓形，靜置 20 分鐘後將圓麵片置於金屬底板上，四周以金屬環釦夾住，然後自麵片下面底板中間的孔洞，吹入空氣，麵糰被吹成一個氣泡，直至破裂為止。氣泡中的壓力是時間的函數，被儀器自動記錄下來，繪成吹泡圖（Alveogram）曲線的最大高度（縱坐標），與橫坐標長度分別表示抗變形阻力（張力）和延伸高度的數值，均以 mm 為單位，吹泡儀曲線圖的重點，包括積分面積（W 值），由面積可以換算成 1 公克麵糰變形至破裂所需要的「功」（如下頁表格所述）。

吹泡儀所推薦的測試方法為 100 公克麵粉（水分：14.0%）加入 2.5% 食鹽水 50 毫升。根據吹泡儀測得的數值可以對麵粉做出大致的判斷：大於 280erg（letg = 10^{-7} J），屬高筋麵粉，200～280erg，屬中筋麵粉，小於 200erg，屬於低筋麵粉。但此方法之麵糰加水量僅為 50%，低於一般中筋與高筋麵粉吸水量，因此許多研究學者，以麵糰拉力分析儀試驗的加水量來做分析實驗。

吹泡儀

麵粉小博士解說

麵糰拉力分析儀可測得麵糰的拉力與延展距離，吹泡儀則可測得麵皮的張力與擴展半徑高度距離。

麵糰張力試驗與分析測定數據之相關性說明

測定項目 　　分析儀器	相關性說明
麵糰張力試驗 　　分析儀器：吹泡儀	

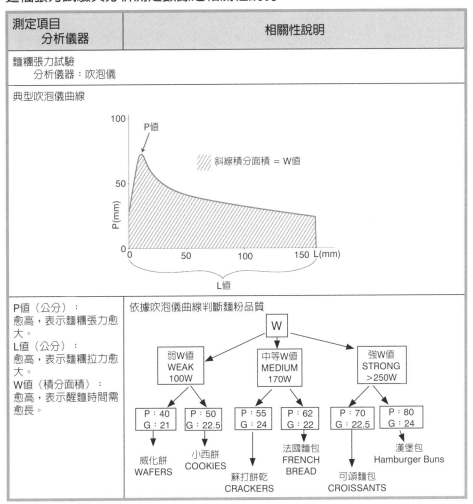

典型吹泡儀曲線

斜線積分面積 = W值

| P值（公分）：
愈高，表示麵糰張力愈大。
L值（公分）：
愈高，表示麵糰拉力愈大。
W值（積分面積）：
愈高，表示醒麵時間需愈長。 | 依據吹泡儀曲線判斷麵粉品質 |

5.7 色彩分析儀

楊書瑩

色彩分析儀（Color Analyzer）的測量原理爲，利用鏡頭將受測物體的顏色，經由感測器及微電腦，變成數字化的顏色數據。儀器自動比較樣板與被檢品之間的顏色差異，輸出 CIE L、a、b 三組數據和比色後的 ΔE、ΔL、Δa、Δb 四組色差數據。

新型的色彩分析儀可爲攜帶型、桌上型與線上型；供電方式可用電池與和外接電源，以利生產現場以及在化驗室使用。有的儀器可安裝 USB 插座，與電腦連線顯示，方便數據保存與報表列印。

依據維基百科 CIELAB 色彩空間（CIELAB color space）又寫爲 L*a*b*，是國際照明委員會（CIE，Commission internationale de l'éclairage）在 1976 年定義的色彩空間。它將顏色用三個值表達示：「L*」代表感知的亮度、「a*」和「b*」代表人類視覺的四種獨特顏色：紅色、綠色以及藍色、黃色。CIELAB 旨在作爲一個感知上統一的空間，其中給定的數字變化對應於相似的感知顏色變化；雖然並不是眞正的感知，但在工業上廣泛應用於塑料、電子、油漆、油墨、紡織、服裝、印染、食品、醫療、化妝品、光學影像檢測等行業及科研、學校、實驗室等專業領域，檢測顏色的細微差異。

CIELAB 色彩空間與 Hunter Lab 都源自 CIE XYZ 色彩空間，爲了有效區別，應避免將 CIELAB 寫爲不帶星號的「Lab」。

CIE L*a*b*（CIELAB）由國際照明委員會提出，是慣常用來描述人眼可見的所有顏色的最完備的色彩模型。L、a 和 b 後面的星號（*）是全名的一部分，因爲它們表示 L*、a* 和 b*，不同於 L、a 和 b。

三個基本坐標表示顏色的亮度（L* = 0 至 100，顏色由黑色至白色），在紅色與綠色之間的位置爲 a*（負值爲綠色，正值爲紅色），在黃色和藍色之間的位置爲 b*（負值爲藍色，正值爲黃色）。

因爲 L*a*b* 模型是三維模型，它只能在三維空間中完全表現出來。CIE 1976 L*a*b* 直接基於 CIE 1931 XYZ 色彩空間衍生出來，它嘗試使用 MacAdam 橢圓所描述的顏色差異度量建立線性化的顏色差異感知。L*，a* 和 b* 的非線性關係模仿人類眼睛的非線性反應。

測量差別

麵粉廠以色彩分析儀之色差值作爲麵粉是否純白的標準，食品加工廠也以色差值顏色變化數據（例如：加工、加熱、貯存前後等變因），作爲原料與產品，顏色穩定度的評估標準。計算公式如下：

ΔE（經常被稱爲「Delta E」，更精確的是 ΔE*ab）。

$$\Delta E_{ab}^{*} = \sqrt{(L_2^* - L_1^*)^2 + (a_2^* - a_1^*)^2 + (b_2^* - b_1^*)^2}$$

色彩分析儀麵粉顏色試驗與分析測定數據之相關性說明

測定項目 　　　分析儀器	相關性說明
L，a，b值所對應之顏色	

L	麵粉之白度：L值愈高，表示麵粉愈亮白
A	＋：紅；－：綠。
B	＋：黃；－：藍。

✚ 知識補充站

1. 不同麥種，白麥麵粉L值大於紅麥麵粉。
2. 相同麥種，出粉率低者L值高於出粉率高者。
3. 如果麵粉中細麩皮含量偏高，會影響L值。

第6章
麵粉化學分析

6.1　水分

6.2　粗蛋白質

6.3　灰分

6.4　破損澱粉

6.5　溶劑保留力測定

6.1 水分
楊書瑩

　　水分是原料中存在的含水量，以百分比表示；為食品行業的一個關鍵參數，簽訂合約時，具有品質、功能、成本、價格與法律意義。

　　比較麵粉樣品品質差異時，首先要測試麵粉樣品水分含量，水分含量不同時，難以比較分析數據之差異。可以計算方式了解樣品之乾物重（水分 % = 0%）或相同水分含量下進行比較。

　　水分含量在食品保存、儲藏、包裝和運輸等階段，所建立的適當條件具有重要作用。麵粉分析實驗中，首先分析水分，並以分析所得數據，作為秤取樣品乾物重的依據，例如測定溼麵筋含量、麵糰攪拌分析、麵糰拉力分析、破損澱粉含量、溶劑保留力測定等實驗。

水分含量與分析測定數據之相關性說明

測定項目 　　　分析儀器	相關性說明
水分% 　　分析儀器： 　　傳統法 　　近紅光譜分析儀	1. 麵粉實際乾物含量。 2. 影響麵糰吸水量。水分含量低者，相對加水量較高。 3. 貯藏保存性：>14%，易生蟲發霉。 4. 磨粉粉道：靠近麩皮的麵粉水分高。 5. 成本控制。

　　測量水分含量和水分活性（A_w，water activity）的目的不同。

　　水分含量定義了食物和成分中的水含量，但水分活性則與食物和微生物發生反應。水分活性愈高，細菌、酵母和黴菌等微生物的生長速度就愈快，食品儲存標準更高。

　　水分活性之原理為食品蒸汽壓（P）與純水蒸汽壓（P_O）之比（如下列計算式），主要用於確定食品儲存要求和產品的保存期限。目前以水分活性儀來測定水分活性。

$$水分活性（A_w）= \frac{食品蒸汽壓（P）}{純水蒸汽壓（P_O）}$$

麵食產品與相關原料水分含量

食品項目	水分（%）
整顆小麥	12.0
潤麥後小麥	15.0～18.0
全麥麵粉	10.0～10.5
一般白麵粉	13.0～13.5
蘇打餅乾	2.0
小西餅	2.0
乾麵條、義大利麵	10.0～11.0
全脂鮮奶	87.0
麵包麵糰	40.0
新鮮麵包	35.0
葡萄乾	15.3
瑪琪琳（人造奶油）	15.5～20.0
巧達起司	36.0～37.0
核桃	4.6
花生、花生醬	1.5～2.0
蜂蜜	17.0～18.0
細砂糖	0
乾燥蛋粉	5.0

6.2 粗蛋白質

楊書瑩

　　麵粉蛋白質含量與小麥蛋白質含量有關，中、高筋小麥價格與蛋白質含量呈正相關，可作為麵粉規格，也是麵粉袋上營養標示的項目之一。麵粉加水攪拌後，麵粉中的小麥蛋白質可形成麵筋與非麵筋兩個部分，以硬質小麥為例，其組成如下表所示。

麵筋蛋白約80～85%		非麵筋蛋白約15～20%	
醇溶蛋白 α-、β-、γ-、ω-，4類 分子量： 約30,000至80,000	麥穀蛋白 高分子量次級構造： 約65,000至90,000 低分子量次級構造： 約30,000至60,000	白蛋白 水溶性	球蛋白 水不溶性
		主要是分子量小於25,000的單一蛋白質，但也有分子量介於60,000至70,000者	

　　麵粉廠的化驗室都可以進行小麥或麵粉的粗蛋白質含量分析。一方面針對進廠小麥分析，是否與合約相符，決定驗收或驗退。另一方面分析麵粉廠麵粉做品管檢驗分析與配粉依據，以及是否與營養標示相符。因此小麥與麵粉的蛋白質含量對麵粉廠而言非常重要。

　　早期麵粉廠以凱氏氮分析測定儀測定粗蛋白含量，不但分析操作繁複，分析藥品對環境汙染也非常嚴重。後來麵粉廠改採用燃燒定氮分析儀分析粗蛋白含量，近年則改用近紅光譜分析儀來測定粗蛋白含量。

Combustion Nitrogen Analyzer
燃燒（CNA）定氮分析儀

Near-Infrared Transmittance Instrument
近紅光譜分析儀

粗蛋白質含量分析與測定數據之相關性說明

測定項目 　　分析儀器	相關性說明
蛋白質% 　分析儀器： 　凱氏氮分析測定儀 　近紅光譜分析儀 　燃燒（CNA）定氮分析儀	1. 麵糰吸水量：高蛋白高吸水。 2. 麵糰攪拌性：高蛋白耐攪拌。 3. 麵包體積：麵包麵粉之蛋白質高，體積較大。 4. 高蛋白質：口感、彈性佳。

➕ 知識補充站

1. 春麥蛋白質之質與量高於冬麥。
2. 分析粗蛋白質含量的儀器，需要按時做校正，才能確保分析數值的正確性。
3. 水與小麥蛋白攪拌，形成麵筋

　麵筋是小麥的一種特殊結構，其他穀物或植物加水攪拌都不會形成麵筋。麥穀蛋白（Glutenin）以雙硫鍵結合形成巨大（約百萬之譜）分子結構，以產生彈性（Elasticity）。醇溶蛋白（Gliadin）則與麵糰之延展性（Extensibility）有關，形成分子內雙硫鍵，其分子量較小，約30,000左右。

　麵粉加水量若增加為1：1時，分子間則競爭產生氫鍵，以致無法形成麵筋結構之麵糊（batter），例如：蛋糕。麵粉在加水量不足的情況（約33%以下）時，透過滾輪的強壓作用，也能形成氫鍵，並進而拉近蛋白質分子間的距離產生雙硫鍵結合，以利麵筋結構的生成，例如：麵條。

4. 加熱對麵筋的影響
   (1) 雙硫鍵與硫氫鍵：麥穀蛋白被加熱至55℃或醇溶蛋白被加熱至70℃以上時，才會產生交互反應。
   (2) 加熱至110℃持續18小時之後，則使雙硫鍵與硫氫鍵無法產生可逆反應。
   (3) 在65℃以上時，高分子蛋白之雙硫鍵即能與低聚合度的麥穀蛋白結合。
   (4) 直到溫度上升至90℃時，除了ω-醇溶蛋白之外的蛋白質，都將形成具有凝聚性之雙硫鍵。

6.3 灰分

楊書瑩

麵粉中灰分含量

　　灰分是指小麥或麵粉燃燒後剩下的無機雜質，小麥顆粒之灰分分布極不均匀，麩皮與胚芽的灰分高，胚乳較低。相同麥種比較，麵粉出粉率愈低，灰分含量愈低。因此，白度與灰分也是麵粉品質的加工指標。

　　麵粉中灰分含量與礦物質含量成正比，紅麥出粉率愈高，麵粉灰分含量愈高，麵粉顏色愈深；低筋白麥之出粉率高低，與麵粉顏色相關性較不明顯。灰分含量與分析測定數據相關性說明如下：

測定項目　　　分析儀器	相關性說明
灰分% 　　分析儀器： 　　近紅光譜分析儀 　　傳統灰化爐	1. 出粉率。 2. 礦物質含量。 3. 麵粉顏色，紅麥較明顯。 4. 影響產品顏色。 5. 麵粉中細麩含量，有時不會影響灰分含量。

灰分分析

　　麵粉廠的化驗室都可以進行小麥或麵粉的灰分含量分析，從早期的傳統法改為以近紅光譜分析儀分析，使分析效率大提升。但仍需以傳統法做出校正曲線。傳統麵粉灰分分析，可分為一般法與醋酸鎂快速法，醋酸鎂快速法只適用於麵粉分析。

傳統式灰分分析方法

灰分測定說明

	一般法	醋酸鎂快速法 （只適用麵粉）
取樣 ↓	樣品磨碎	樣品磨碎
秤重 ↓	精確秤重3～5±0.01公克	精確秤重3～5±0.01公克
放入灰化用坩堝 ↓	--	*樣品加入3 ml醋酸鎂酒精溶液，放置5分鐘 空白試驗：3 ml醋酸鎂酒精溶液
放進灰化爐 ↓	溫度：550℃ 時間：12～14小時	溫度：850℃ 時間：1小時
取出坩堝，放冷 ↓	置於冷卻用乾燥箱	置於冷卻用乾燥箱
秤重 ↓ 計算	灰分含量%： 100%×（灰燼重量÷樣品重）	灰分含量%： 100%×（灰燼重量－空白試驗值）÷樣品重

* 醋酸鎂酒精溶液：15公克醋酸鎂$Mg(C_2H_3O_2)_2$，溶於變性酒精，再稀釋至1,000 ml，放置隔夜備用，可過濾後使用。

＋知識補充站

1. 硬麥成分含量比較

	原麥	一般麵粉	胚芽	麩皮
水分 %	12.0	13.9	10.5	14.1
蛋白質 %	12.0	11.0	30.0	14.5
灰分 %	1.8	0.4	4.0	6.0
纖維 %	2.5	--	2.0	10.0

2. 軟麥成分含量比較

	原麥	一般麵粉	胚芽	麩皮
水分 %	10.5	13.5	10.5	14.0
蛋白質 %	9.0	8.0	30.0	14.0
灰分 %	1.5	0.32	4.0	6.0
纖維 %	2.4	--	2.0	10.0

6.4 破損澱粉

楊書瑩

影響破損澱粉含量的因素

小麥在磨粉過程中，因滾輪切削與碾壓而產生破損澱粉。無論是表面有缺損、部分缺損或粉碎成小顆粒者，都屬於破損澱粉，如左下圖。

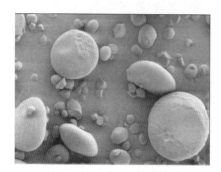

破損澱粉外觀

軟麥（左）　　硬麥（右）

磨粉過程與技術也影響破損澱粉含量：

1. 小麥種類，如右上圖。
   硬麥顆粒排列較緊密，研磨時受到損傷較大，軟麥組織較鬆散，研磨時受到損傷較小。
   軟麥麵粉，破損澱粉含量：1～4%。
   硬麥麵粉，破損澱粉含量：6～12%。
2. 潤麥加水量與潤麥時間。
3. 滾輪接觸面積和速度。
4. 滾輪間隙和研磨次數。
5. 切削的角度。
6. 滾輪溫度。
7. 麵粉粒徑（顆粒度）：粉質愈細，破損澱粉偏高。

破損澱粉分析方法

1. AACC 76-31.01分析方法

與天然澱粉相比，破損澱粉對澱粉酶水解的敏感性高。利用真菌 α- 澱粉酶將破損澱粉水解，並還原為糊精，然後使用澱粉葡萄糖苷酶將糊精轉化為葡萄糖，即還原糖。然後通過分光光譜法測定葡萄糖含量。

2. Chopin SDmatic（如下圖）測試

基於澱粉對碘的親和力，澱粉受損率愈高，結合的碘量愈多。

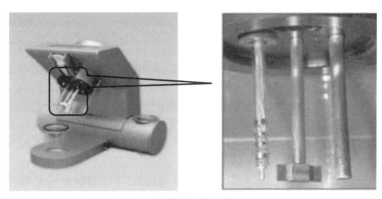

破損澱粉分析儀

3. 近紅光譜（NIR）分析儀
利用光學分析破損澱粉。

破損澱粉與製程及成品相關性說明

測定項目 　　　分析儀器	相關性說明
破損澱粉% 　　分析儀器： 　　破損澱粉分析儀 　　近紅光譜（NIR）分析儀	1. 酵母菌更容易分解破損澱粉，提供酵母菌發酵之用。 2. 影響吸水量，但保水性差，不利操作（麵糰會黏）。 3. 發酵過程中產生的糖含量增加。 4. 破損澱粉容易被α和β-澱粉酶分解。 5. 發酵過程中麵糰較小。 6. 麵糰在烘焙過程中塌陷。 7. 麵包表面顏色較深。 8. 麵包內部老化快。 9. 麵條水煮的耗損大。

6.5 溶劑保留力測定

楊書瑩

溶劑保留力（SRC，solvent retention capacity）

SRC 分析方法最初是由 Harry Levine 和 Louise Slade 兩位博士，在 1980 年代後期於納比斯可（Nabisco）公司工作時所開發，用於評估餅乾麵粉的品質。最初 SRC 測試是為評估軟麥粉的特性而創建和開發的，但現在也愈來愈多地用於評估硬麥產品。SRC 技術是一種預測麵粉功能的實驗方法，被廣泛應用於小麥育種、磨粉業與烘焙業。

麵粉中不同成分會影響吸水率，如下表所述，SRC 實驗可分析麵粉吸水來自何種成分。

成分	吸水率
麵筋 （麥穀蛋白、醇溶蛋白）	2.8 倍水
戊聚醣 （水溶性與水不溶性）	10 倍水
生澱粉	0.3～0.45 倍水
破損澱粉	1.5～10 倍水
糊化澱粉	10 倍水以上

溶劑保留力試驗

SRC 測試通過使用 4 種不同類型的溶劑：水、50% 蔗糖溶液、5% 碳酸鈉溶液和 5% 乳酸溶液來分析麵粉、麵筋蛋白、破損澱粉和戊聚醣的吸水率和保水率。可更有效了解和預測不同麵粉成分，推測麵粉於攪拌過程中吸水量，以及在烘焙過程中，水分釋出的情形，對整體麵粉特性與加工麵食產品品質的功能。

溶劑保留力分析儀

麵粉吸水特性試驗與SRC分析測定數據之相關性說明

測定項目 　　　分析儀器	相關性說明
麵粉吸水能力測定 　　　分析儀器：SRC分析儀	

不同麵製產品之溶劑保留力數據分析

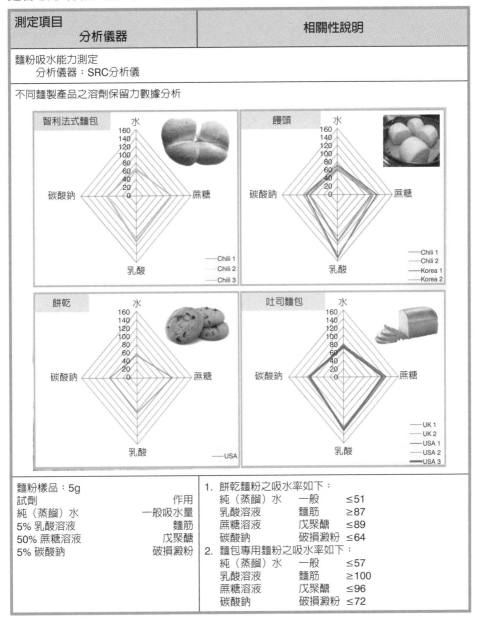

| 麵粉樣品：5g
試劑　　　　　　　　作用
純（蒸餾）水　　　一般吸水量
5% 乳酸溶液　　　　麵筋
50% 蔗糖溶液　　　戊聚醣
5% 碳酸鈉　　　　　破損澱粉 | 1. 餅乾麵粉之吸水率如下：
　　純（蒸餾）水　　一般　　≤51
　　乳酸溶液　　　　麵筋　　≥87
　　蔗糖溶液　　　　戊聚醣　≤89
　　碳酸鈉　　　　　破損澱粉　≤64
2. 麵包專用麵粉之吸水率如下：
　　純（蒸餾）水　　一般　　≤57
　　乳酸溶液　　　　麵筋　　≥100
　　蔗糖溶液　　　　戊聚醣　≤96
　　碳酸鈉　　　　　破損澱粉　≤72 |

第7章
麵粉二次加工實驗室設備

7.1　麵糰及麵糊攪拌機

7.2　發酵與發酵箱

7.3　整型及麵帶設備

7.4　烤箱

7.5　蒸炊設備

7.6　成品體積測量

7.7　組織物性分析儀

7.1 麵糰及麵糊攪拌機

楊書瑩

麵粉廠磨粉之後，除了前面章節所敘述的理化分析外，爲了確保麵粉品質符合二次加工業者需求，麵粉出廠前、配粉前或特殊麵粉研發階段，都會試做相關的麵食產品。因此，麵食加工機械對麵粉廠實驗室而言，也是不可或缺的設備。

麵糰攪拌的主要功能

1. 使各種原料充分混合。
2. 加速麵粉吸水形成麵筋。
3. 促使麵筋的形成。
4. 麵糰的麵筋擴展。
5. 攪拌時將氣體混入麵糰中，並形成氣泡核。
6. 麵糰拌入空氣，促進氧化作用。

麵糰攪拌過程

麵包製作過程中，最重要的兩個步驟是攪拌和發酵，攪拌步驟影響到麵包品質 25%，掌控製程配方中酵母用量、攪拌後的麵糰溫度、基本發酵時間及發酵程度等狀況，影響麵包品質 70%，其他操作過程爲 5%。

製作吐司麵包、甜麵包等美式麵包，通常攪拌至完成擴展階段，形成薄而具延展性的麵膜（如下圖所示）。製作法式長棍麵包、丹麥麵包等歐式麵包，通常攪拌至麵糰光滑階段，不需形成薄而具延展性的麵膜。但千萬不要攪拌過度或攪拌至麵糰崩解，如果麵糰攪拌不足，也無法做出好的麵包。

實驗型雙軸攪拌機　　直立式攪拌機　　　　　　　攪拌器

1. 捲起（pick-up）

2.開始擴展（initial development）

3. 麵糰光滑（clean-up）

4.完全擴展（final development）

5. 攪拌過度（letdown）

6. 崩解（breakdown）

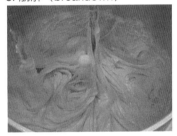

麵糰攪拌過程

麵糊攪拌

製作蛋糕會使用糖油拌合法、麵粉油脂拌合法以及蛋液打發法，不同蛋糕（麵糊類、乳沫類、戚風類、起司類）製作過程中，最重要的是控制麵糊比重。麵糊比重＝相同容積之麵糊重量／相同容積之水重量。

1. 天使蛋糕，約：0.38。
2. 戚風類蛋糕，約：0.43。
3. 海綿蛋糕，約：0.46。
4. 蜂蜜蛋糕，約：0.55。
5. 麵糊類蛋糕，約：0.85。
6. 輕乳酪蛋糕，約：0.55。
7. 紐約乳酪蛋糕，約：0.92。
8. 重乳酪蛋糕，約：0.95。
9. 中濃乳酪蛋糕，約：1.00。

7.2 發酵與發酵箱 楊書瑩

　　前段提到麵包製作過程中，最重要的兩個步驟是攪拌和發酵，發酵過程（基本發酵、中間發酵與最後發酵）影響麵包品質 70%。所以發酵箱也是不可缺少的設備。

　　發酵箱分為單門式與多門式；實驗室進行實驗時，有時數個樣品同時進行，發酵時間各不相同，多門式設計可減少發酵溫度波動的誤差。

單門式發酵箱　　　多門式發酵箱

發酵方法分類

　　麵包與中式發酵麵食的發酵方法很多，不同產品發酵方法各異。
1. 直接法。最常用於評估麵粉特性。
2. 快速直接法（no time dough）。最常用於評估麵粉特性。
　　與直接法差異為增加酵母量，提高發酵溫度。
3. 中種法。
4. 液體發酵法。
5. 湯種法：燙麵。
6. 酸老麵法。

發酵時的溫度與溼度控制

　　建議：基本發酵與最後發酵溫度、溼度與時間不同，最好有兩台發酵箱，分別進行發酵。

1. 基本發酵

　　(1) 發酵箱條件：溫度：24～30℃，溼度：70～80%。
　　(2) 麵糰溫度：23～26℃。
　　(3) 發酵時間：依照麵糰發酵狀況做調整。

2. 中間發酵

(1) 溫度：26～29℃，溼度：70～75%。通常在室溫下進行。

(2) 分割、滾圓後麵糰，鬆弛 20～30 分鐘。

3. 最後發酵

(1) 發酵箱條件：溫度 35～38℃，溼度 80～85%。

(2) 麵糰溫度：25～28℃。

(3) 發酵時間：50～65 分鐘，至 2 倍麵糰體積。可用 100 公克麵糰，放入量筒或量杯觀察。

發酵時間與乾酵母粉用量調整

新鮮酵母用量 = 乾酵母粉用量 ×3

乾酵母粉用量　（%）	2.5	1.5	0.5	0.15
總發酵時間　（小時）	2	3	8	12～16

中種法酵母用量與發酵時間調整

中種法 發酵時間 小時	中種法 配方水量 （%）	中種麵糰／主麵糰 麵粉比例 （%）	酵母用量 （%）
0～4	60	70/30	4～2
4～8	60～58	80/20～70/30	2～1
0～12	58～56	70/30～60/40	1～0.5
12 以上	55	60/40～50/50	0.5

➕ 知識補充站

發酵過程中，可利用「翻麵」，將麵糰內氣體部分釋出後再持續進行發酵。翻麵的優點為：

1. 借用翻麵動作，使麵糰之溫度均勻，麵糰四周內外發酵一致。

2. 麵糰內老舊的二氧化碳太多會抑制發酵，適度翻麵將二氧化碳釋出，使新鮮之氧氣進入麵糰，並促進發酵。

3. 增進麵筋之擴展，及麵筋對氣體的保留性，此是翻麵最主要之重點。

7.3 整型及麵帶設備 楊書瑩

製作麵包的基本步驟，包括：麵糰攪拌→基本發酵→麵糰切割、滾圓→中間發酵→麵糰整型→最後發酵→烤焙→脫模→冷卻→包裝。前段提到麵包製作過程中，攪拌影響到麵包品質 25%，發酵過程為 70%，其他操作過程為 5%。其他操作過程，包括：麵糰滾圓與整型。

1. 滾圓與整型的目的
(1) 使分割後的麵糰表面恢復張力，並保持繼續發酵，使麵糰再膨脹。
(2) 使麵糰表面光滑下，後續操作過程較不發黏，烘焙後麵包外觀光滑細緻。

2. 整型設備
(1) 實驗室少量製作
無專用的中間發酵室之設備，麵糰經滾圓後擺放於工作檯，或置於平烤盤上。冬天溫度低，時間需要較長，夏天溫度高，防麵糰結皮。

(2) 丹麥整型機，如下圖所示
裹油類產品的整型設備，可提供丹麥麵包、牛角麵包等裹油類冷凍麵糰產品專用粉之研發與試做及客服活動。

(3) 中式麵食之麵帶成型，如下圖所示
中式麵食用粉是麵粉廠的大宗產品，麵條與包饅類發酵產品製作與西式麵包完全不同。麵條機可用於製作麵條，壓麵機還可用於饅頭與包子等產品的麵帶壓延。之後章節（第八章）會針對不同中式產品做討論。

不建議使用手搖式麵條機，因為滾輪複合麵帶壓力太小，無法與製麵機相比較。

(4) 大量生產工廠

國外麵粉為配合麵包廠運作，設置自動滾圓整型機。麵糰滾圓後自動送入連續式自動傳動設備內，設備之溫度、溼度、時間可依需要之條件調整，使麵糰重新產生氣體，軟化麵糰以及整型等步驟順利進行。如下圖所示。

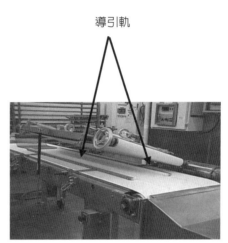

導引軌

✚ 知識補充站

　　臺灣及日本的麵包大師很喜歡用手直接滾圓麵糰，而不用擀麵棍擀捲麵糰。國外的麵包廠則是以機械代替手工，滾圓麵糰。只要操作得當，製作的麵包或吐司都具有很好的口感，組織膨鬆且富有彈性。

7.4 烤箱

楊書瑩

　　烘焙是食品加工方法之一。烘焙產品以麵粉為主原料，搭配油脂、糖類、蛋等輔原料，經過烤焙使食品定型與熟製，成為可直接食用的食品。當麵糰溫度到達 54.5℃時澱粉顆粒開始被膨潤（swelling），澱粉顆粒體積增大，並固定在麵筋之網狀結構內，麵筋所吸收之水轉移到澱粉顆粒內，因此麵筋之網狀結構變為更有黏性及彈性。隨著烘烤的繼續，麵糰溫度升高至 60℃以上時，酵母菌死亡，麵糰的麵筋蛋白變性。麵筋凝固時之溫度為 74℃，之後麵筋中的水分被澱粉吸走後，麵筋形成脫水現象，當麵糰逐漸漲大，麵筋韌性增強，麵糰內壓增加，促使麵糰膨脹。麵糰在醱酵階段時，麵筋是為麵糰之骨架，但在烤焙時麵筋逐漸凝固。配方中糖量過高麵包表面易上色；烘焙時爐溫與時間控制，影響麵包表面上色。

烤爐的選擇

1. 瓦斯爐或電器爐為主。電烤爐使用方便，適用多種產品，不會產生廢氣。
2. 根據生產量；能分別控制上下火；具有溼度控制裝置；節能降耗。
3. 上下火控制：以利於麵包膨脹、定型和著色。
4. 烘烤時間控制：根據麵包品種、大小、形狀、爐溫、模具與烤盤、爐內溼度等因素而異。
5. 新式烤爐都設有風門，可以讓爐內水氣適度排出。

烘焙食品在烘烤過程中獲得熱能的途徑

1. 傳導

　　傳導熱是相同物體或相接觸物體的熱量傳遞過程。

2. 對流

　　對流熱是流體的一部分向另一部分以物理混合進行傳遞的形式。

3. 輻射

　　熱輻射是電磁輻射的一部分。不需要介質，直接把熱量傳遞到烘焙產品表面。

烤爐分類

　　烤爐依其爐性可分為文身爐與武身爐兩種，文身爐的加熱速度較武身爐慢，適合於烤焙蛋糕，武身爐加熱速度快適合烤餅乾。

1. 旋轉爐

　　生產率高，適合大、中型企業使用。近年來也有適合小型企業生產用的轉爐，多用於焙烤法式麵包、吐司及丹麥類麵包，焙烤出來的麵包成品色澤均勻，但表皮較厚、顏色較深。

2. 平爐（層次爐）

　　生產效率較低，適合小型企業及非連鎖麵包坊生產使用，多用於焙烤小型甜

麵包，烤出表皮薄，色澤容易控制，但色澤均勻度不夠理想。

3. 隧道爐

依據加熱方式分：以使用能源分為電熱、瓦斯、柴油等。電烤爐的結構比較簡單，由外層、電爐絲、熱能控制開關、爐膛溫度指示燈等構件組成。高級的烤爐對烤爐的上火、底火分別控制，並帶有溫度計、定時器等。同時具有噴蒸汽、警報等特殊功能，其原理是通過電能轉換為輻射熱、爐內熱空氣的對流熱和爐膛內金屬板熱傳導的方式，使烘焙產品上色熟製。

4. 旋風烤爐

旋風烤箱增加了「風扇」的設計，烤箱風扇增加熱空氣在烤箱內部均勻循環，加熱的時候熱空氣會往上升，啟動風扇，食物受熱更快速、更平均。

5. 蒸氣烤爐

蒸汽烤爐又稱歐式爐，可使麵包形成酥脆的外皮，適用於歐式麵包、法國長棍麵包。蒸汽烤爐具大理石烤板，麵包麵糰放入烤箱後，通入飽和（溼）水蒸氣 3～5 秒，由於爐溫穩定，散熱慢，麵包體積比較圓潤。

麵包與烤焙條件設定

麵包規格	爐溫（℃）	烘焙時間（分鐘）
50 g小圓麵包	210～230	8
100～150 g圓形麵包	200～210	10～15
100～200 g平板形麵包	180～200	15～20
250 g平板形麵包	180～200	25～30
300 g低油脂麵包	205～220	25～30
350 g無糖法式長棍麵包	220～245	25～30

＊ 三段式溫控隧道烤爐設定：
　初溫區（180～185℃）、中溫區（200～210℃）、高溫區（220～230℃）。
＊ 產品中心溫度95℃。

烤焙損耗

烤焙時減少之量約為麵糰 10～13% 的重量。每 500 克麵糰中，多增加 50～60 克的重量，以彌補烘焙過程中所流失的重量。確實的烘焙損耗率，依照烘焙時間、麵糰大小、麵糰是否置於烤模等因素而異。烤爐內溼度對麵包的質量有很大影響，爐內過於乾燥使麵包外皮很快形成並加厚，並限制了麵包在爐內的烤焙彈性。〔烘焙耗損率（%）＝（生麵糰重量－產品重量）÷ 生麵糰重量〕

7.5 蒸炊設備

楊書瑩

蒸炊原理

　　蒸箱運作原理為將水箱中的水煮沸，進而產生蒸氣，透過純蒸氣的熱傳導將食物加熱。無論是蒸籠、蒸箱、蒸爐，只要維持熱蒸氣無死角而均勻地加熱食物，就能完整保留食品原味與香氣。其中蒸爐高溫、高效率又不滴水，無死角的流動導熱設計，保持蒸爐內部的最佳溼度，食品表面不易收縮皺摺，特別是剛出爐的包子，更具有白、Q、軟、細、綿的絕佳外觀與口感，顏色精緻與形狀飽滿。

　　一般而言，空氣是有重量的，熱的空氣密度小，會上升，上升到頂部後，由於上層有低溫空氣與水分，水蒸汽會凝結成小水珠，形成水滴落下，蒸氣在凝結過程中，由氣態變為液態，稱為液化，液化放熱，蒸箱上層溫度會最高。蒸包饅類產品時，上層最容易蒸熟。反之，火力不足，或蒸籠層數過多，或透氣不佳或蒸籠密閉性不好等因素，熱蒸氣無法到達最上層，則下層溫度會最高。

　　現在蒸包饅類產品，都會使用蒸籠布，然後將產品放在浸溼的布上，以防止產品沾黏。這層綿布使整個蒸籠形成封閉的獨立的空間。蒸炊初期，高溫水蒸汽先傳送到最底層，然後才逐層升溫，直到蒸炊後段，蒸籠內的氣壓高於上層氣壓時，蒸氣才會上升至最上層蒸籠。因此蒸籠、蒸箱間的通氣十分重要，蒸氣才能均勻分布。

蒸炊設備的差異

　　基於衛生與食安要求，現在大型工廠的蒸籠、蒸箱以及蒸爐，都以食品級不鏽鋼製成。

竹製蒸籠

不鏽鋼蒸籠

家用蒸鍋

1. 竹製蒸籠

(1) 優點：竹子能吸收水分，在蒸炊時蓋子不會滴水，並保存食物原味，蒸熟的產品還會有淡淡竹香。此外，蒸炊過程可保持內外壓力平衡，降溫較金屬蒸籠慢。升溫至90℃後，加熱速度趨緩。

(2) 缺點：易損毀、不易保存清理。保存不當易發霉，產生衛生疑慮。

2. 金屬製蒸籠蒸鍋

(1) 優點：加熱最迅速。對需加熱至90℃ 以上的食物較有優勢。

(2) 缺點：易燙傷。滴水現象較明顯。

3. 家用蒸鍋

(1) 優點：加熱迅速，操作容易。用於復熱效果最佳。

(2) 缺點：易燙傷。會滴水。容量受限。

4. 蒸箱

加熱快速受熱均勻。頂部有斜角設計，可防止冷凝水滴到產品。

5. 蒸爐

大型工廠使用，以台車批次蒸炊。快速方便量大。配合鍋爐直接通入熱蒸氣，但需注意蒸爐內熱循環均勻性。

蒸箱　　　　　　　　　　　蒸爐

蒸炊條件控制

蒸炊設備會由於環境溫度、火力大小、導熱性、透風性、熱循環，以及產品放置疏密等因素，而造成不同的結果。

麵粉規格也影響蒸炊火力，筋性低，用中大火，例如：全麥類產品、叉燒包、廣式包饅類等；麵粉筋性高，用中小火，例如：白饅頭、山東饅頭等。

7.6 成品體積測量

楊書瑩

麵包品質鑑定

利用產品品質鑑定評定產品是否合於常態標準，藉以作爲改進之參考。各種原料廠商如麵粉廠、酵母廠等之品質管制室，爲了證明所製作的原料是否合乎產品標準，原料出廠前，先做一次加工試驗，以觀察產品是否能達到市場的要求，藉以改進產品的依據。以麵包爲例，麵包因地區、製作方法、產品組織緊密與鬆軟度以及顧客的喜好不同，對產品品質要求不一樣，所以訂定一個適合於大眾的標準規格確是一件很困難的事情。但現在已有儀器量化數據，烘焙產品之品質好壞可以用感官評估，現在配合儀器分析，將烘焙產品的品質數據化，提供研發以及品管人員做成更精確的紀錄。

早期對麵包品質鑑定標準，僅限於感官品評，是由美國焙烤學院在 1937 年設計。麵包的品質分爲外部和內部兩部分，其中外表部分占 30%，包括：麵包體積、表皮顏色、外表式樣、烘焙均勻程度、表皮組織外觀等；內部評分占 70%，包括：孔洞大小、內部顏色，香味、味道、組織和結構。麵包評分不可低於 85 分，好的麵包要達到 95 分以上。評分辦法如下：

1. 麵包外部評分

可以下列「麵包評分標準表」做簡易評估，也可以按照實際需求，制訂品評表。其中麵包體積是用「麵包體積測定器」來測量。詳述於後。

麵包評分標準表

	品評分數	評分項目	附　註
外部 30 分	10 8 5 4 3	體積 表皮顏色 式樣 烘焙均勻程度 表皮組織外觀	麵包各項評分標準在85分以上才稱合格
內部 70 分	15 10 10 20 15	孔洞大小 顏色 香味 味道 組織和結構	

2. 麵包內部評分

早期以感官品評爲主，近期組織分析測定儀給予更精確的數據做比較，詳述於 7.7 組織物性分析儀。

麵包體積分析

　　早期使用「菜籽置換測定器」來測量麵包體積來測量，近期則使用「麵包體積分析儀」來測量，度量單位爲立方公分（如下圖）。

菜籽置換測定器　　　　　　　麵包體積分析儀

　　經過麵包體積分析後，得到麵包體積數據，將此數據除以麵糰重（或成品重），得到麵包體積比（cm³/g），即麵包體積與每一公克麵糰（或成品）比，可忽略重量不同所造成麵包體積的差異，更精準比較麵包體積。一般而言，烘焙業者認爲麵包體積較大，麵包品質會更鬆軟而賣相好，但以下表「美式不帶蓋吐司烘焙試驗之麵包體積評分標準」而言，麵包體積比 5.6～6.0 時，獲得較高評分，其次是 5.1～5.5 與 6.1～6.5。麵包體積比 6.6～7.1（最高）時，因爲體積過大，有可能形成組織外觀較粗糙，反而評分較低。

美式不帶蓋吐司烘焙試驗之麵包體積評分標準

麵包體積比（cm³/g）	體積評分
6.6～7.1	9.0
6.1～6.5	9.5
5.6～6.0	10.0
5.1～5.5	9.5
4.6～5.0	9.0
4.0～4.5	8.5
3.6～3.9	8.0

＋ 知識補充站

1. 品評人員在評估樣品前，能夠先達成對產品共識，比較能得到有效數據。
2. 同類型樣品進行品評，減少誤差（喜好、口味、軟硬度等因素）。

7.7 組織物性分析儀　　　　　　　　　　　　　楊書瑩

　　食品科學家 Alina Surmacka Szczesniak 博士開發了最初的組織物性分析儀
（TPA，texture profile analysis）參數，作為 1960 年代初在通用食品技術中心
進行的感官品評工作的一部分。Szczesniak 博士的研究報告讓感官品評具有客
觀量化的指標，同時更廣泛運用在一般食物品評的的描述。運用這套儀器使不
同實驗室的操作人員和許多不同的食物類型之間進行客觀、可重複的感官評估
試驗。

　　前段提到，感官品評麵包內部結構以及口感的均勻、柔軟、細緻程度高，品
評分數高；反之則品評分數低。麵包製作時，麵糰攪拌及發酵影響麵包品質，
組織物性分析更容易詳細記錄麵糰製程中的變化。

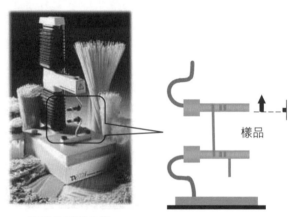

樣品

組織分析測定儀

　　中式麵條類、餅皮類、餅乾類以及蛋糕，也可以經由組織分析實驗，記錄品
評結果。如果以分析數據為基礎，配合感官品評表，更能將對食物的感覺記錄
下來。

✚ 知識補充站

1. 分析測試樣品時，產品製備後的放置時間、溫度，影響測定結果。
2. 相同產品的測定條件要固定，分析結果才能比較。
3. 將組織分析儀與感官品評結果做相關性回歸，更能將產品分析數據與口感結合做出有效的
　 分析與紀錄。

　　透過組織物性分析儀之探針，按壓樣品兩次可測得該樣品之分析參數圖（如下圖所示），其參數包括：厚度、硬度（hardness）、黏著性（adhesiveness）、彈性（springiness）、凝聚性（cohesiveness）、膠黏性（gumminess）、咀嚼性（chewiness）以及回彈性（resilience）。

　　質地輪廓分析測試時，利用組織物性分析儀將樣品壓縮兩次，以模擬樣品在咀嚼時的變化，亦稱為「兩口測試」。

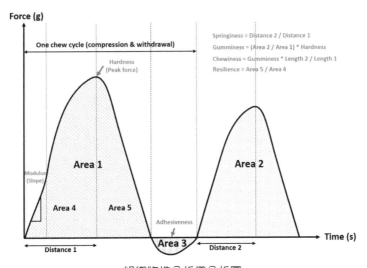

組織物性分析儀分析圖

＊參數說明：

　硬度（hardness）

　黏著性（adhesiveness）：g

　彈性（springiness）：D2 / D1

　凝聚性（cohesiveness）：A2 / A1

　膠黏性（gumminess）：硬度×凝聚性

　咀嚼性（chewiness）：膠黏性×彈性

　回彈性（resilience）：A5 / A4

第8章
中式麵食加工

8.1　麵條

8.2　麵條製程概述

8.3　冷藏生鮮麵

8.4　乾麵條

8.5　麵線

8.6　速食麵

8.7　鍋燒麵

8.8　油炸台南意麵

8.9　包子

8.10　刈包

8.11　麵筋

8.12　中秋月餅

8.13　鳳梨酥

8.1 麵條

李明清

　　雖然到處都買得到白麵條，但如果自己有壓麵機還是值得動手做，有趣又沒有添加物。市售的麵條幾乎都有添加重合磷酸鹽，比較 Q 又比較不會黏在一起。雖然磷酸鹽不像硼砂是非法的，但畢竟是添加物，主食是大量且經常食用的，還是愈自然愈好。做麵條用中筋麵粉加水 36%（麵粉 500 公克、水 180 公克、鹽一小匙）。白麵條與油麵完全相同，壓到刻度可以切成寬條或細條。白麵條因為沒有加鹼粉，比油麵容易沾黏，所以做好要撒些粉抖開，不時翻動一下使其平均乾燥，直到確定不會黏結才包裝起來。冷藏可放數日。氣候潮溼時要注意，麵條即使撒了粉也可能會互相沾黏，那就要整齊掛起，放在乾燥的房間讓它收乾，或烘乾或吹乾。如果晾到完全乾燥，不用冷藏也可以放 1～2 個月。

　　麵條是一種用麵粉加水和成麵糰之後使用搓、捏等手段，製成條狀（或窄或寬，或扁或圓）或小片狀，最後經煮、炒、炸而成的一種食品。2005 年中國社會科學院考古研究所研究員葉茂林在青海省民和縣喇家遺址（約 4,000 年前被地震掩埋）中發現了距今有 4,000 多年歷史的麵條，長約 50 公分，寬 0.3公分，由粟製成，有最早的文字和實物佐證，有可能麵條是起源於中國。

　　擔仔麵發源時間相傳為清末光緒年間，創始者為台南的洪芋頭。擔仔麵是一種發源於臺灣台南的小吃。「擔仔」即台語（閩南語）「挑肩擔」之意思，台南在清明時節與夏季 7 至 9 月分時常有颱風侵襲，風雨交加導致不易出海捕魚，故漁家生計頓時艱困，因此稱颱風來襲頻繁、生計維持不易的月分叫「小月」。以捕魚為業的洪芋頭在無法出海捕魚的時候，常於台南市水仙宮廟前叫賣麵食以維持生計、度過小月，並自名「度小月擔仔麵」，書寫在攤前所吊的燈籠上。擔仔麵曾在總統府的國宴和飛機上的餐點出現，也曾經是中共第十五次全國代表大會的指定餐食，被台南市民稱為「國寶」餐點。

　　麵條的口感好，製作簡單，所以在中國非常流行。而由於製條、調味的不同，使中國各地及華人世界出現了數以千計的麵條品種，讓人目不暇接。2013 年，中國商務部、中國飯店協會首次評選出「中國十大名麵條」：武漢熱乾麵、北京炸醬麵、山西刀削麵、河南蕭記燴麵、蘭州拉麵、杭州片兒川、昆山奧灶麵、鎮江鍋蓋麵、四川擔擔麵、吉林延吉冷麵。

麵條製程

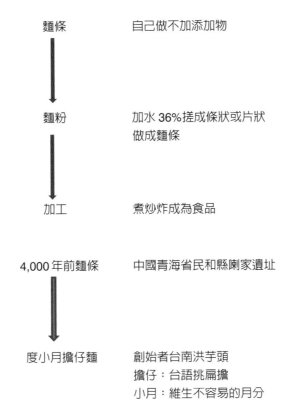

麵條	自己做不加添加物
麵粉	加水 36% 搓成條狀或片狀 做成麵條
加工	煮炒炸成為食品
4,000 年前麵條	中國青海省民和縣喇家遺址
度小月擔仔麵	創始者台南洪芋頭 擔仔：台語挑扁擔 小月：維生不容易的月分

➕ 知識補充站

　　製作麵條要選擇麵筋含量較高的麵粉。麵粉一般分為高筋粉、中筋粉和低筋粉3種。麵筋質愈高，麵粉的質量就愈好。和麵時要注意水溫。一般冬天用溫水，其他季節用涼水。和好的麵糰要保持在30℃，此時麵粉中的蛋白質吸水性最好，麵條彈性大。和麵時加入少許鹼或鹽，能提高麵筋質量。還有，和好的麵糰要放置一段時間（一般冬天不少於30分鐘，夏天稍短些），其目的是促進麵筋生成。最後將和好的麵條下鍋煮熟，麵條就會很有筋道。

8.2 麵條製程概述 楊書瑩

　　麵條占總麵食消耗量三分之一以上，是日常最常接觸的麵食產品之一。麵條種類非常多，適用各種料理方式，葷素、冷熱、炒燴皆宜。

麵條種類

1. 手工製作的麵條產品

　　刀切麵、刀削麵、手拉麵、手工壽麵。

2. 機械生產的麵條產品

　　(1) 生鮮麵：陽春麵、意麵。
　　(2) 乾麵：掛麵、麵線。
　　(3) 煮麵：油麵、烏龍麵、L.L.麵。
　　(4) 油炸：速食麵（方便麵）、油炸意麵。
　　(5) 蒸麵：快煮麵、速食蒸麵。
　　(6) 冷凍麵條。

手工製作麵條

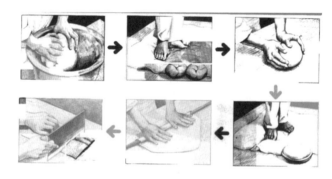

材料混合 → 複合 → 揉捏 → 熟成 → 擀麵 → 切麵

機械製麵基本製程

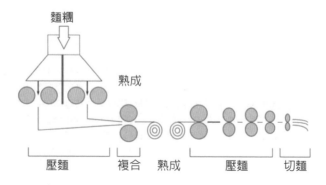

製程說明

1. 將鹽（食用鹼粉、磷酸鹽類等）溶於水，倒入麵粉中，攪拌成均勻麵糰顆粒。
2. 放在塑膠袋中熟成30分鐘，使水分進入麵粉顆粒中。
3. 調整滾輪間隙3mm延壓成帶狀。
4. 將麵帶對折用以4～5mm延壓1次。
5. 對折用以4.5mm再延壓1次。
6. 放在塑膠袋中熟成30分鐘。
7. 依照麵條厚度（例如：1.0mm），調整滾輪間隙，依次為：3.0mm→2.0mm→1.5mm→1.0mm。將滾輪壓延比控制在50%以下，較不會破壞麵條筋性。
8. 切條。

麵條製程分類與保存

　　生麵條切條之後，經過不同製程（包括：煮、蒸、炸、乾燥等），可製成各式麵條產品，如下圖所述。由於主食類不可添加防腐劑，麵條含水量與保存溫度影響麵條保存期限。以生鮮麵為例，水分含量為 30%，室溫下保存期限只有 1/2 天至 1 天，冷藏 4℃下保存期限為 3 至 7 天。

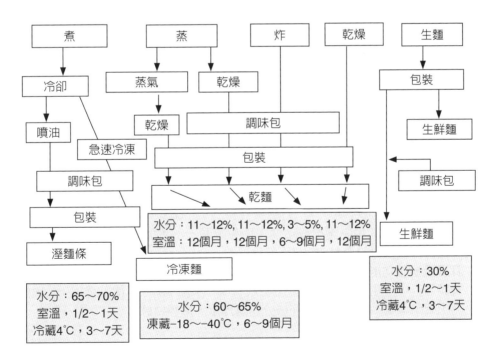

8.3 冷藏生鮮麵

楊書瑩

　　冷藏包裝生鮮麵條（水分含量約 30% 左右，最常見產品為白麵、陽春麵），以及溼麵條（水分含量約 65～70% 左右，已煮半熟或全熟復熱即可，最常見產品為油麵、烏龍麵），是目前生鮮超市中另類麵條商品，有些生鮮麵條商品附有調味包，是單身人口或小家庭的新選擇。其製程和一般麵條製作方式相同，技術重點在於如何控制麵條褐變與抑制微生物汙染。前者選用灰分低的粉心麵粉、添加澱粉降低灰分，後者可利用酒精抑制微生物滋長。雖然麵粉中可添加麵質改良劑（增白劑，過氧化苯甲醯 Benzoyl Peroxide），亦有助於麵條顏色之保存，但臺灣麵條加工業者與麵粉廠非常少使用。

影響麵條品質之因素：探討與評估因子

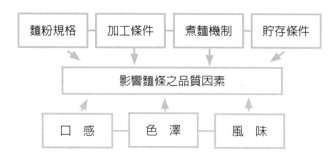

　　麵條的品質特性要求：

1. 色澤良好
　　生鮮麵條，包括生麵、油麵及烏龍麵。產品顏色穩定，呈現自然的亮白。

2. 快煮及復水性良好
　　乾麵水煮時，快熟；方便麵沖泡方便。

3. 咬感及口感
　　所有麵條。

4. 煮水不濁
　　減少麵條水煮耗損。麵攤或餐廳在供餐時間，不可能頻頻更換煮麵水，因此，麵粉中破損澱粉含量 8% 以下較為理想。

5. 保健及營養功能
　　製麵過程中，在麵粉中添加營養成分，非常容易。例如：使用蔬菜汁、纖維質、中藥素材等，但添加無麵筋成分物質過量，影響口感。

6. 溼麵條水分含量
　　溼麵條需再復熱，水煮至半熟即可，水分含量油麵約 60% 以下，烏龍麵約 65～70% 可維持較佳口感。

生麵條原料與配方表（%）

原料	白麵	烏龍麵	雲吞麵	陽春麵	油麵	日式拉麵
麵粉	100	100	100	100	100	100
修飾澱粉	--	--	--	--	0～10	--
鹽	2	2～3	1.2～2.0	1.2～2.0	2.0	1
水	30	34～36	15～20	28～30	32	33
Na_2CO_3	--	--	0.75	0～0.2	0.45	--
K_2CO_3	--	--	0.75	0～0.2	0.45	--
鹼粉**	--	--	--	--	--	1
黃色色素	--	--	--	--	0.01	0.01
蛋	--	--	10～20	--	--	--
植物膠	--	0～0.5	--	--	--	--

* 酒精添加量：製麵配方水中，以2～3%酒精（酒精濃度：95%）取代。

** 1%鹼粉配方：無水碳酸鈣$CaCO_3$：0.3%。

　　　　　　無水碳酸鈉Na_2CO_3：0.57%。

　　　　　　無水磷酸氫二鈉Na_2HPO_4：0.07%。

　　　　　　無水焦磷酸鈉$Na_4P_2O_7$：0.04%。

　　　　　　偏磷酸鈉$(NaPO_3)_2$：0.02%。

麵粉小博士解說

　　過氧化苯甲醯（Benzoyl Peroxide）是普遍被使用於麵粉的添加劑。此化合物具有強氧化作用，可將麵粉中的胡蘿蔔類色素氧化，而達到漂白的效果。此氧化劑對麵粉之其他成分或營養素並不產生作用。目前國家標準為60ppm。過氧化苯甲醯能使麵粉增白，但使用此氧化劑之麵粉時，仍需注意以下事項：

1. 過氧化苯甲醯不得使用過量，需控制於每公斤麵粉在60mg以下。過量添加使麵粉變成灰白色。
2. 添加過氧化苯甲醯之麵粉及其二次加工產品較無光澤。
3. 添加過氧化苯甲醯之麵粉喪失原有麥香味，對饅頭、包子等蒸炊的產品特別明顯。
4. 添加過氧化苯甲醯於灰分高的麵粉，或細麩皮含量高的麵粉並不具增白效果，反使麵粉色澤更顯得灰褐暗沉。
5. 對褐變酵素（Polyphenol Oxidase）並無抑制作用，當麵粉加水形成麵糰之後，細麩更為明顯而顏色更差。
6. 添加過氧化苯甲醯之麵粉，在檢驗過程中會產生與苯甲酸（防腐劑）相同反應。

8.4 乾麵條

楊書瑩

麵粉規格

乾麵條的水分含量較低，貯藏性最佳，在加上麵條的型態變化多端，且便於配合多種調理及調味方式，可說是一項極有前途和發展的加工產品。乾麵條麵粉規格（如下表所述）與生鮮麵及速食麵略有不同，乾麵條需要經過乾燥，如果油脂含量或生菌數偏高，在乾燥之後，容易產生異味及油耗味；所以粉心麵粉的麵條的口感與顏色品質最優；同時生產製造環境與回麵（製程中回收的頭尾料及邊料）的控制也是影響麵條的品質因素。

產品	灰分 (%)	粗蛋白質 (%)	溼麵筋 (%)	糊化值 (BU)	粉質儀 (VV)	拉伸儀 (R/E)
烏龍麵	0.42	9.5	29	800～1000	46	3.2
油麵	0.45	11.5～12.0	34	600～650	85	4.5
陽春麵	0.38～0.40	11.0～11.5	31	600	54	3.4
乾麵	0.38～0.45	10.5～11.5	30～32	600	52	2.9
麵線	0.40	11.0～12.0	32	650	85	4.5
速食麵	0.45	12.0～12.5	32～38	550	68	2.4

麵條原料與配方（%）

乾麵條基本配方非常簡單（如下表），過多添加物會影響（延長）麵條乾燥時間。添加過濾蔬菜汁、細顆粒全麥粉、溶解性佳的保健素材，乾麵條品質較好，因為蔬菜與全麥纖維會破壞麵筋形成。無麵筋成分的添加量控制在 5～10% 間，較不容易影響口感；如果要增加口感，可適量添加活性麵筋。

原料	%
麵粉	100
鹽	2
水	32～36

麵條乾燥

麵條乾燥也是影響麵條品質的重要因素。生麵條（水分含量約 35%）乾燥成乾麵條（水分含量 11～12%）。

1. 室外天然乾燥

可於午後移出，晚間移置室內，翌日上午再行移出較佳；夏日可一日完成。但避免直接日晒，麵條表面會出現裂紋，且易產生油耗味。移出室外與移置室內間，麵條內層水分自然移至外層，隔日再乾燥時，更易達成水分平衡。例如：台南知名特產——關廟麵，就是以日晒自然乾燥的乾麵條產品。

2. 乾燥室內乾燥

需有適當之空氣加熱裝置及風扇與換氣裝置。乾燥時應力求表面蒸發速度與內部擴散速度之平衡，可分做三階段進行。約 4～5 小時可完成。

(1) 第一階段

水分由 35% 減至約 25%，此時水分較多，易產生發酵作用，應求通風良好，快速乾燥，最好勿超過 1 小時，溫度 25～30℃，溼度 70%～75%，風速 1.0～1.2 米／秒。

(2) 第二階段

水分由 25% 減至 20% 程度，溫度 35～45℃，溼度 80%，風速 1.5～1.8 米／秒，約 1 小時。使麵條內部之乾燥狀態平衡，因外層乾燥過快速，則斷損率較大。

(3) 第三階段

水分由 20% 減至 11% 左右，溫度 20～25℃，溼度 55～60%，風速 0.8～0.1 米／秒。

麵條水分與切斷力

乾麵條之製成率約 85%（乾燥耗損與製程耗損）。乾麵條乾燥後，切成一定之長度，再定量分裝於聚乙烯等密閉性高的塑膠袋中，再裝箱運銷。延展性大的高筋麵粉不適合做掛麵，適合做盤（摺）麵，但麵線除外。

乾麵條水分含量與切斷力之相關性，如下圖所示。乾麵條過度乾燥，破壞麵筋結構，不但容易斷裂，也影響口感，應為不良品。水分含量 10% 以上，切斷力逐漸增加，至 12.9% 時，切斷力相對最大。但為了預留以後乾麵條保存會吸溼（乾麵條水分標準 12% 以下），以及消耗能源考量，將乾麵條水分含量控制在 11～12% 間，是許多業者的共識。

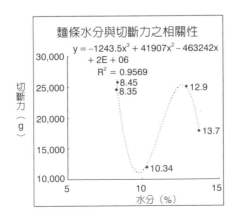

麵條水分與切斷力之相關性

$y = -1243.5x^3 + 41907x^2 - 463242x + 2E + 06$

$R^2 = 0.9569$

8.5 麵線

施柱甫

　　麵線、油麵、水麵、刀削麵都屬於新鮮麵條，新鮮麵條口感好、保存期限短，一般以小型軋麵機生產，現在已有機械化的生產線。新鮮麵條一般用高筋麵條專用粉，依據花色品種添加雞蛋、鹽、菠菜粉、抑菌劑、複合磷酸鹽等，它的含水量可達 18～28%。為延長保存，日本現有生產線在紫外線殺菌後再增加成型機和冷卻殺菌的設備。

　　麵線是古老方便麵條，它的特點是加水量、加鹼量都較大。早先為年長者享用的特殊細麵條，製作時拉出如線條般的麵條因此稱為「麵線」，其細長不易斷裂象徵長壽又被稱為「長壽麵」。麵線清代傳至臺灣，有漳、泉、福州三派，漳、泉兩派較早來台其製造方法相似，稱為「本地麵線」，福州派則稱為「福州麵線」。福州麵線是將麵糰搓拉成細麵條，再搓成螺旋狀，繞棍棒做成 8 字形盤麵；本地麵線是直接將麵條層疊數條，為避免麵條沾黏撒上米糠。福州麵線煮後清淡、具韌性口感；本地麵線煮後黏稠、口感柔細。

　　麵線多為手工拉製後再晒乾的細麵條，目前已有機械商開發出拉伸麵條、乾燥機械設備生產製作。製作麵線使用色澤白的優質小麥粉，麵筋含量約 32%。麵線加水多、熟化時間長及充分搓揉，形成結構良好的麵筋，因此麵條的彈性和延伸性佳、麵線細而不斷、口感好，為宴席上的佳品。製作過程中原輔料的加水量達小麥粉重量 50～60%，鹽量為 5～10%，鹼量為 0.04～0.07%，潤麵用花生油為原料重量的 0.4～0.8%，防黏用甘藷澱粉為 3.5%。

　　持續沸騰煮熟麵線的水，使麵線均勻受熱、麵線口感 Q 軟一致，是好吃麵線的祕訣。

麵線製程

配料
↓ 小麥粉、澱粉、雞蛋、食鹽、鹼、品質改良劑
攪拌
| 分次加水,加水量為小麥粉重量50～60%
| 攪拌10分鐘
↓ 靜置熟化15～30分鐘(溫度高時間短,溫度低時間長)
搓條、盤條
| 第一次搓圓(直徑20～25mm)後塗花生油防黏、增加光澤、防止乾燥時乾裂,搓後
| 盤圈靜置
| 第二次加入甘藷澱粉,搓成直徑8～10mm,搓後盤圈靜置
↓ 搓麵程序:搓條、潤條、盤條
熟化(醒麵)
| 靜置60分鐘使麵帶熟成
| 改善麵筋網狀結構,提高彈性、延伸性
↓ 使水、油、澱粉分布滲透均勻,有利拉伸
串麵(繞麵)
| 盤條再搓小、搓圓,繞成「8」字形,置於醒發箱
| 每5～10分鐘纖麵拉1次,每次拉2～3下,每次約拉長100mm
↓ 纖麵拉至500mm長
掛架拉伸
| 麵條靜置2～3小時後進行拉麵,將麵條拉長、拉細
| 反覆多次拉長至長度4～6m,細度0.6～0.7mm
↓ 拉長麵條勿使黏連(於表面稍乾時)
結麵
| 烘乾至水分約20%
↓ 紫外線殺菌
成品包裝
↓
裝箱
↓
儲藏
| 室溫儲藏,保質期1年
| 製品生菌數:1.0×10^5 cfu/g
↓ 大腸桿菌群(coliform)、沙門氏細菌、金黃葡萄球菌:陰性
出庫

8.6 速食麵
楊書瑩

　　日本是「速食麵」的發祥地，日本人尤其喜歡速食麵，並將速食麵評為 20 世紀日本十大名牌產品之首，足見其歷久不衰的深遠影響力。早在 1958 年，被譽為「速食麵之父」的安藤百福先生，48 歲時開始新的創業生涯，首次研究開發了瞬間油炸乾燥技術，並推出了世界上第一款速食麵，開創世界新型食品加工業的先河。安藤不斷把速食麵花樣、口味翻新，在日本市場喜愛速食麵的消費者愈來愈多，他還把速食麵行銷到世界各地；無論在陸地、船舶、飛機上，都會與速食麵不期而遇。

影響速食麵品質因素

　　影響速食麵品質因素，分別說明如後：

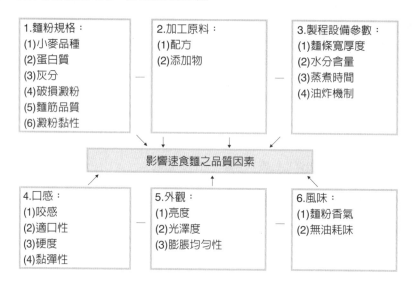

1. 麵粉規格

　　一般速食麵採用的以硬麥麵粉為主，中高蛋白質的美國硬紅春麥、硬紅冬麥，以及澳洲白麥較佳，麵粉蛋白質含量約 12.0～12.5% 為佳，灰分約 0.45～0.6%。溼麵筋含量約 32～38%。酵素活性低，粒徑（麵粉顆粒度）細，可改善麵體色澤及表面光滑度。破損澱粉含量 8% 以下與澱粉黏度較高者為佳。

2. 原料配方選擇

　　速食麵麵體配方較一般麵條為複雜，影響口感甚大。

(1) 預糊化澱粉添加量約占總量20%，有助於復水速度與口感，但會稀釋麵筋。

(2) 活性麵筋粉（比例約為添加澱粉量0.8～1%），可維持口感。

(3) 鹼粉：碳酸鈉（Na_2CO_3）、碳酸鉀（K_2CO_3）、碳酸鈣（$CaCO_3$），可維持麵條筋性。

(4) 磷酸鹽：無水焦磷酸鈉（$Na_4P_2O_7$）、偏磷酸鈉（$(NaPO_3)_2$）、無水磷酸氫

二鈉（Na₂HPO₄）爲主。可防止麵條變色、增加麵條黏彈性以及內聚力、減少煮麵之耗損、提高煮麵之收率以及形成緩衝溶液，增加麵條保水性。

(5) 食用膠類：增加口感及快速復水。最常使用關華豆膠；將膠類與鹽類混合後加入水中，以均質機混合均勻，再倒入麵粉中攪拌。膠類具有吸水性強及保水性佳之特質，影響澱粉吸水及麵筋形成較慢，影響麵糰操作性。

(6) 山梨醇：其作用包括增稠劑、組織改良劑、防黏劑、界面活性劑、甜味料；前面四項有助於麵條組織改善和防止麵條表面黏滯性以及增加麵體表面光澤度，最後一項可改善鹼粉之苦澀味。

(7) 色素：天然色素：胡蘿蔔素、栀子色素等，或人工色素：黃色四號。

3. 製程設備參數

速食麵麵體基本配方與製程參數

原料名稱	%	製程設備參數	
麵粉	100	切絲刀型號	20或22#方刀
軟水	35	厚度	1.2～1.5 mm
預糊化澱粉	15～20	預混合（粉料乾混）	5分鐘
活性麵筋粉	2	鹽水添加	鹽料與水先溶解
活性蛋白粉	1～3	麵糰攪拌	13分鐘
食用油	1～3	蒸箱溫度（℃）	99～102
鹽	1.5～2.0	蒸箱時間	2分15秒
鹼粉	0.2	油炸時間	2分20秒
綜合磷酸鹽類	0.15～0.20	油炸溫度（℃）	131 / 150 / 163
山梨醇	0.1～0.5	麵餅重量	65 g
食用膠類	0.3～0.5		
色素	適量		

4. 口感

口感評估，包括：咬感、適口性、硬度、黏彈性。

麵體吸油率降低，吸油率約 20%。早期麵體吸油率都在 30～35% 之間，而且麵體表面有不均勻氣泡，麵體通過蒸箱時，將麵體水分降低至 25%，以降低吸油率。

5. 外觀

外觀平整無氣泡，麵體內部孔洞細緻而分布均勻（如下圖）。麵體內部孔洞太大，麵體口感較差。

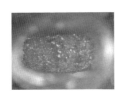 

6. 風味

具麵粉之香氣，而無油耗味。

8.7 鍋燒麵

李明清

　　麵食品的主要原料爲麵粉，麵粉可以分爲特高筋／特筋／高筋／中筋／低筋等 5 種，視製作何種產品來決定何種麵粉，麵條以高筋爲主，製成的產品比較有韌性好吃，雖然麵粉是大宗原料，但是各地的產品仍然會有差異，如何把握最適當的原料品質，永遠是食品業者最重要的第一門課。

　　麵粉攪拌時會產生熱量，因此攪拌時適當的使用冷水會有助於品質的把握，有些廠商會特別在攪拌階段設有小型冰水機，是個不錯的想法，攪拌一般會有高速及低速的設計以符合實際的需求，複合之後進行熟成作業，在熟成室會控制溫度在 25℃左右而溼度 80% 比較會符合需求，壓延機一般會有 4～5 輪將麵糰從約 8.2 mm 壓到 2.5 mm，在成條定量時可以用重量來控制，茹煮是爲了讓麵成爲接近熟的程度以便消費者使用，煮麵控制在 98℃，90 秒就接近了，一般廠商會根據麵的大小及類別自己試煮來決定條件。

　　煮好之後要先冷卻，冷卻水溫一般以常溫水處理即可，冷卻之後就可以計量包裝，一般以一人份 150 公克爲準，正負 2% 是可以接受的標準。因爲是熟麵爲了保存期還要經過高溫殺菌，類似罐頭，殺菌溫度 95℃，30 分鐘左右，可以自行做保存試驗來決定條件，完成之後先冷至 45℃保持 20 分鐘才送至預冷至 10℃，60 分鐘，就可以裝箱出貨了，裝箱之後保持在 0～7℃冷藏，此時必須留樣 90 天，成品檢驗大腸桿菌陰性是必要的條件。

麵粉小博士解說

　　熟麵的殺菌溫度要95℃以上，保持30分鐘才能保證品質。

鍋燒麵製程

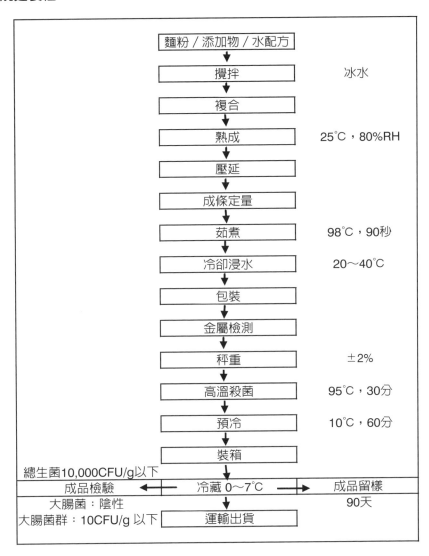

8.8 油炸台南意麵   楊書瑩

　　臺灣傳統麵條四大天王：油麵、麵線、陽春麵與意麵，這四款麵條口感與
味道各異，連烹飪方式也大相逕庭。臺灣知名的意麵產地鹽水與南投，除了麵
條粗細不同，配方中都加入新鮮雞蛋取代部分水分，因此麵條口感富彈性與韌
性，濃郁的雞蛋香，愈咀嚼愈香甜。

　　油炸台南意麵，除了保留新鮮雞蛋製麵外，為了保存意麵美味，將意麵用大
火油炸去除水分，加上蛋液經高溫膨發，形成多孔酥鬆易吸附湯汁的麵體。台
南小吃鍋燒意麵、鱔魚意麵、八寶麵等，皆採用這種油炸雞蛋麵，除了保留意
麵芳香，還吸飽了湯汁精華，香醇滑溜。

　　製作時，以高筋麵粉、鹽、水、雞蛋和微量鹼先攪勻，再經機械壓延、醒
麵、切條與油炸而成。有人說，油炸台南意麵是臺灣最早泡麵；類似產品為廣
東伊（府）麵（如下圖）。

廣東伊（府）麵

配方

原料名稱	%
特高筋麵粉	100
水	25
全蛋	10
鹽	2

1. 麵粉
　　蛋白質含量：15.5〜16.5%，溼麵筋含量：36%。
　　油炸意麵的製程原理與速食麵相同，藉由麵筋維持口感與耐熱湯特性。同時
麵粉筋性強，產品膨發性好，賣相佳。

2. 全蛋
　　早期意麵是添加鴨蛋，但鴨蛋品質不易掌控導致保存困難，後多改用雞
蛋，各家配方與雞蛋比例不盡相同；通常為加水量 30〜50%。少量製作時，
可只用蛋白，膨發性較佳；量產製作，用全蛋，方便操作。

油炸台南意麵製程

特高筋麵粉、水、鹽
　↓攪拌，鹽與水先溶解，再與麵粉混合均勻
加入全蛋液
　↓繼續攪拌，至混合均勻
製作麵帶
　↓麵帶熟成，30～60分鐘，麵粉顆粒內外水分均勻
　↓因麵粉筋性高，需要足夠時間，使麵筋鬆弛，以利操作
切麵
　↓
秤重，約80～100公克
　↓麵條熟成，約60分鐘
油炸
　↓油溫：135 / 150 / 165～170℃，油炸時間約5分鐘
冷卻
　↓溫度冷卻至30℃以下
包裝

產品說明

　　因為配方加水量（水與全蛋）高，外觀會有小氣泡（如下圖左）。電子顯微鏡下，麵體內部孔洞大而分布不均勻（如下圖右）。復水性佳，通常在湯料或燴料煮好後，將麵條放入即可，不可過度烹煮以免口感變差。麵體吸油率約30%，因此熱量比一般乾麵條（油脂含量：1% 以下）高。

 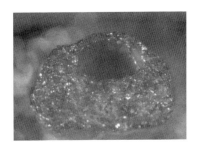

油炸台南意麵

8.9 包子

李明清

包子是中式食品中僅次於水餃的方便麵食，北方人的順口溜：「好吃不過水餃。」相當傳神的表達了麵食民族的心聲，狗不理包子相對的是一個有趣的傳說，而內餡的變化多端，讓包子不管作為主食或者點心，都是上上之選。

麵粉是包子的主要原料，一包麵粉 22 公斤一般會以每天做了多少包麵粉來衡量生產量的大小，酵母用量不大，放進量少的預拌粉中比較容易混合均勻，預拌粉是每家廠商的 know-how，老麵加入的分量也是廠家的另一項 know-how，加入的水其水質必須控制，加冰塊是為了控制攪拌時的溫度不要太高，否則會影響麵糰的品質，攪拌機可以多台使用比較方便，攪拌完成不用時，攪拌機最好馬上清洗擦拭乾淨，以確保清潔衛生。

攪拌完成的麵糰，一般會分割成 2～3 份進行壓麵，經過幾次壓延之後，送入成型機去試生產，並且把成型不良品重新壓延使用，成型機是唯一連續生產的機器，因此整個製程會配合成型機來操作，成型之後的排盤如果量不是太大，一般使用人工來排盤作業。

排好盤的包子累積一定數量之後，送入乾發酵室中發酵，發酵室保持 40 幾℃，包子發酵約 40 分鐘讓其體積增加到 1.5 倍左右，就可以推入溼發酵室通蒸氣再發酵 10 分鐘。

完成發酵之後送去蒸熟，蒸熟溫度與蒸熟時間互相關聯，90 幾℃可能大約要 20 分鐘，可以自己試驗決定之，包子大小也有關係，蒸熟之後送入冷卻室以冷空氣冷卻之，空氣中不應有汙染物存在以免影響品質，大約 20 分鐘表面就可以達到40度，就可以裝箱送去冷藏，隔天出貨時再按客戶需求進行包裝。

整個製程除了原物料、人工之外，費用比較大而可以節省的是冷藏冷凍的用電費用以及蒸包子的蒸氣費用，你如果用心去了解計算，要節省 15% 不是很困難，有一家中小型公司曾經在仔細計算之後，導入改善只花很少的投資就節省了油電費用每年達 100 萬台幣，剛開始老闆也不太認為可行。

包子小博士解說

包子的外皮做的好壞，直接影響外觀及口感，雖然整個成本內餡占最大，但是決定成敗卻往往是外皮的功勞。

包子製程

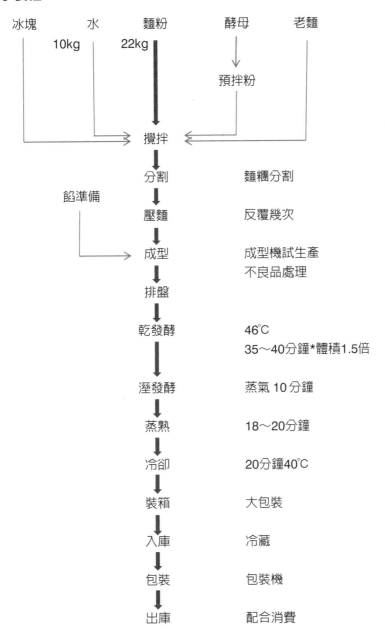

8.10 刈包
楊書瑩

　　刈包亦作割包，爲臺灣知名小吃之一，在蒸過的半圓形麵糰中夾入焢肉、酸菜及花生粉等餡料的麵食；原型源起於福建省福州的「虎咬豬」，經臺灣化口味改良，廣爲普羅大眾接受。在日本長崎新地中華街稱之爲「角煮饅頭」（角煮まんじゅう），取其爲滷五花肉夾饅頭之意。

　　刈包不但是臺灣的傳統小吃，爲了祈求來年錢包滿滿、把福咬住，也是每年農曆 12 月 16 日尾牙時必吃食品。幾年前，已漸漸風行於歐、美、日。

刈包麵粉規格

　　選擇使用中筋粉心粉製作刈包，可使產品完全符合中式麵食，白、Q、軟、細、綿的要求，由硬麥磨製中筋粉心粉，其蛋白質含量約爲 11.0～11.5%，灰分低，麵粉顏色亮白，產品外觀白皙而細緻，口感軟 Q；如果麵粉廠能減少麵粉中細麩含量，更能使產品品質更爲完美，其規格如下：

1. 蛋白質：11.0～11.5%。
2. 灰分：< 0.40%。
3. 溼麵筋：> 32%。
4. 吸水量：> 62%。
5. 即線時間：< 1.8 分鐘。
6. 離線時間：6～14分鐘。
7. 穩定時間：> 18分鐘。
8. R（max） 45分鐘：500～600 BU。
9. E（45分鐘）：17～18.5 公分。

配方介紹

　　中式發酵類麵食適用中筋粉心粉，如；饅頭、包子、刈包等，但各類產品配方（如下頁表格所述）不同時，口感有差別。配方中糖、油含量愈多，組織愈軟。冷凍產品類的配方加水量，可酌量減少 1～2%，以糖、油取代。

　　製作饅頭與麵條不同，通常不會加鹽，或少量添加約 1% 以下。有些製作包饅產品的業者，會使用新鮮酵母，用量是乾酵母的 3 倍。早期業者使用豬油，現在多用雪白油，亦可選用無鹽人造奶油或天然奶油等固體油，但用量過高，產品顏色會偏黃。

　　刈包的配方，糖油的比例較饅頭爲高，所以口感上，比饅頭更微軟而偏甜，比較和包子皮的配方接近，尤其是冷凍類型的刈包，除了配方要減少加水量，增加糖油比例外，提高麵粉筋性，也是有助於維持冷凍下品質穩定的方法。

產品型態 原料配方（%）	傳統 山東饅頭	傳統 台式饅頭	冷凍 （廣式）饅頭	刈包 台式（冷凍）
麵粉	100	100	100	100
水	40～42	42～45	40	40
糖	0～3	5	12	10
快速酵母粉	1	1～2	1.5	1
雪白油	0～2	2	2	3～5
鹽	---	0.5～1	0～1	--

刈包製程

材料秤重、混和，麵糰攪拌混合，最後加入油脂
    ↓ 夏天可使用15℃冰水，減緩發酵
    ↓ 冬天可使用30℃以下溫水，促進發酵
麵糰壓延
    ↓ 以製麵機反覆壓延，形成有筋性的麵帶
麵糰切割、鬆弛
    ↓ 麵帶捲成長條形，分切成麵糰，約60公克／個
麵糰整型
    ↓ 滾圓，用擀麵棍由中間向兩端延伸，擀成橢圓形
    ↓ 麵皮表面刷沙拉油，將麵糰對折，放在鋪防黏紙或溼棉布蒸籠（盤）上
    發酵
    ↓ 室溫，約25℃，30～40分鐘，體積增加為原來1.5倍
    蒸炊
    ↓ 蒸 15～20分鐘
室溫冷卻或急速冷凍
    ↓   ↓
包裝：自動化機械包裝
    ↓
冷藏或冷凍

產品評估

可由產品外觀、體積、顏色、組織、口感及香味，比較產品品質。

8.11 麵筋

李明清

　　麵筋由醇溶蛋白和麥穀蛋白組成。將麵粉置於容器中，加入相當麵粉重量 60% 的水（水中含 1% 的食鹽），充分拌和，加工成黏性強的麵糰。然後靜置 1 小時，夏季靜置時間可稍短些，以防變酸。加水量不可過多，以免蛋白質來不及黏結就分散在水中，給操作帶來困難，也影響麵筋提取率。稍後用清水反覆搓洗，把麵糰中的粉和其他雜質全部洗掉，剩下的即是麵筋。油麵筋（麵筋球）是用手捏成球形，投入熱油鍋內炸至金黃色撈出即成；將洗好的麵筋投入沸水鍋內煮 80 分鐘至熟，即是「水麵筋（麵腸）」。據史料記載，麵筋始創於中國南北朝時期，是素齋園中的奇葩，尤其是以麵筋為主料的素仿葷菜餚，堪稱中華美食一絕，歷來深受人們的喜愛。到元代已能大量生產麵筋，在明代方以智的《物理小識》上就詳細介紹了洗麵筋的方法。清代麵筋菜餚增多，花樣不斷翻新。

　　油麵筋（麵筋球）最早還是無錫城廂尼姑庵裡的一位師太無意中為免生麩發餿油炸保存而發展出來的。無錫油麵筋產生於清乾隆時代（18 世紀中葉），已成為中國無錫著名的土特產了。到今已有 230 多年歷史。其色澤金黃，味香性脆，吃起來鮮美可口，飯店用它配料可翻多種菜餚，家常用於佐飯、做菜、燒湯等。無錫民間還有個習俗，逢到節日闔家團聚，飯桌上少不了一碗肉釀麵筋，以示團團圓圓，增加快樂氣氛。麵筋含有很高的維生素與蛋白質，如塞進肉瓤燒煮，則別具風味。

　　麵筋經過拌、淹、蒸、煮、烤等工藝處理，香味遠飄，勾人食欲。純手工工藝製作，營養豐富、乾淨衛生。吃後口齒留香，回味悠長。

絲瓜麵筋　　　　　　　　生麵筋

麵筋罐頭

麵筋製程

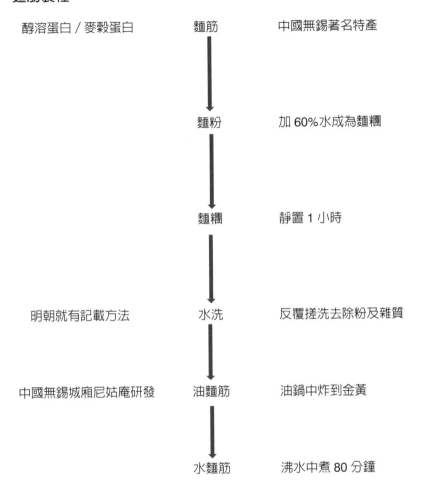

醇溶蛋白 / 麥穀蛋白	麵筋	中國無錫著名特產
	麵粉	加 60% 水成為麵糰
	麵糰	靜置 1 小時
明朝就有記載方法	水洗	反覆搓洗去除粉及雜質
中國無錫城廂尼姑庵研發	油麵筋	油鍋中炸到金黃
	水麵筋	沸水中煮 80 分鐘

✛ 知識補充站

　　每100公克麵筋營養成分：
　　能量141千卡；蛋白質23.5克；脂肪0.1克；碳水化合物12.3克；膳食纖維0.9克；硫胺素0.1毫克；核黃素0.07毫克；菸鹼酸1.1毫克；維生素E 0.65毫克；鈣76毫克；磷133毫克；鉀69毫克；鈉15毫克；鎂26毫克；鐵4.2毫克；鋅1.76毫克；硒1微克；銅0.19毫克；錳0.86毫克。

8.12 中秋月餅

徐能振

中秋節的故事很多，最早是遠古天象崇拜——敬月習俗的遺痕。周代已有中秋夜迎寒、中秋獻良裘與秋分拜月等活動。漢代時，在中秋或立秋之日敬老、養老，賜以雄粗餅。晉時亦有中秋賞月之舉。直到唐代將中秋與嫦娥奔月、吳剛伐桂、玉兔搗藥、楊貴妃變月神、唐明皇遊月宮等神話故事結合一起，充滿浪漫色彩，中秋賞月之風方才大興。

到了元朝末年，人們忍受不了元朝統治者的殘暴，朱元璋與劉伯溫用計，散布將有瘟疫的流言，要大家於中秋節買月餅以避禍，將寫有中秋起義的紙條夾在月餅中，暗中串聯傳遞情報，約定在中秋之夜，共同推翻元朝統治者，結果一舉成功。

明朝時出現一種以果作餡的月餅，人們會在中秋節自製月餅食用，與餽贈親朋好友，以表達團圓與祝賀之意，月餅與中秋節連結，成為過節不可缺少的食品。

月餅種類繁多，大略可分為傳統月餅、廣式月餅、蛋黃酥、綠豆凸（椪）、狀元餅、麻糬酥、鳳梨酥、芋頭餅、地瓜餅等，餡料有五仁、核桃、棗泥、核桃棗泥、綠豆沙、白豆沙、紅豆沙、巧克力、咖啡、松子、花生、桂圓、蓮蓉、桂花、芝麻、栗子、紅酒、金棗、香菇滷肉、山藥、地瓜、芋頭等；搭配起來更是五花八門。

手工將餡料包入餅皮時，餅皮先壓扁，餡放在餅皮中央，用虎口將月餅餅皮慢慢收合，接口處向下，放入月餅木模中，壓緊壓平，再敲出放入烤盤中。裝盤時，要間隔相同距離，否則會出現上色不均勻的情況。隨著機械化生產，量產時包餡機已取代手工包餡，木模也改由輸送帶上的氣壓打模機，直接將月餅等距裝入烤盤。

烤焙前需先採蛋，兩次採蛋，顏色更佳，出爐後要完全冷卻至中心溫度35℃以下，才可包裝。使用後的烤盤要將餅屑刮除，經過清洗輕噴上薄薄一層油，高溫烤乾後再使用，就不會有黏盤的問題。

中秋月餅是應節食品，銷售時間很短，業者為增加機械使用率，開發常年性的產品，如中式訂婚喜餅、鳳梨酥、芝麻酥餅、核桃酥、冬瓜肉餅、狀元餅、咖哩滷肉酥、芋頭麻糬餅、椰子餅、地瓜餅、蓮子酥等休閒食品，仍是市場上具有競爭力的商品。

月餅小博士解說

1. 月餅花紋呈現的關鍵為餡料多寡，餡料多花紋較明顯。
2. 內餡稍硬一些，操作性較佳。
3. 刷蛋黃液時，先均勻地薄薄刷上一層，再重複刷1次，烘焙中間再刷1次蛋黃液，產品更加完美。
4. 月餅烤後1～2天，餅皮會回油變軟，風味更佳。

中秋月餅製程

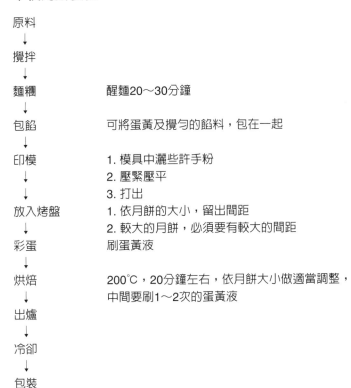

原料
↓
攪拌
↓
麵糰　　　　　　　醒麵20～30分鐘
↓
包餡　　　　　　　可將蛋黃及攪勻的餡料，包在一起
↓
印模　　　　　　　1. 模具中灑些許手粉
↓　　　　　　　　　2. 壓緊壓平
↓　　　　　　　　　3. 打出
放入烤盤　　　　　1. 依月餅的大小，留出間距
↓　　　　　　　　　2. 較大的月餅，必須要有較大的間距
彩蛋　　　　　　　刷蛋黃液
↓
烘焙　　　　　　　200℃，20分鐘左右，依月餅大小做適當調整，
↓　　　　　　　　　中間要刷1～2次的蛋黃液
出爐
↓
冷卻
↓
包裝

＋ 知識補充站

1. 酥皮類，參考配方：
   油皮：低筋麵粉80g，高筋或中筋麵粉20g，糖粉10～20g，油脂45g，乳化劑1.5g，水35g，攪拌完成後，需鬆弛20～30分鐘。
   油酥：低筋或中筋麵粉180g，油脂120g，攪拌均勻。
2. 油皮：油酥比例為3：2，若1：1時，口感更酥，但易破酥，熟手較易成功，包好後，用擀麵棍擀捲3～5次，備用包餡。
3. 企業化量產時，油皮包覆油酥的製程被包餡機取代。
4. 廣式月餅餡多皮薄，使用轉化糖漿，成品顏色較均勻。
5. 轉化糖漿，配方與製程：
   砂糖500g，水160g，檸檬汁45g，水煮20分鐘後熄火；小蘇打1g，加入10g水中，溶解後加入上述糖水中，冷卻後不會再結晶。

8.13 鳳梨酥

顏文俊

鳳梨酥的故事

　　據報導鳳梨酥是每年生產業績約有 200 億營業額的食品金磚產業，再加上鳳梨酥相關的產業如油脂、鳳梨醬、包材等，總共有 300 多億產值。鳳梨酥已成為臺灣最普遍的伴手禮，臺灣烘焙業非常發達，好吃的烘焙產品很多，但太陽餅、蛋黃酥等銷售量都沒有鳳梨酥大！

　　鳳梨酥的特色：1. 產品本身就是好吃的產品；2. 鳳梨酥的水活性值低，可以常溫保存約 2 個月品質還可接受，方便送禮伴手禮；3. 鳳梨整顆磨碎熬煮成餡料，富含膳食纖維和營養風味；4. 鳳梨旺來的名稱非常受人歡迎！

　　個人認為好的鳳梨酥的條件是：1. 食用時不要掉餅屑，所以油脂不可太多太酥；2. 鳳梨餡要整個鳳梨果肉磨碎加糖煮成餡，絕對不可以為了省熬煮能源與時間，將鳳梨壓榨後，含有豐富營養與風味的鳳梨汁拿去賣，榨剩的鳳梨渣再加糖熬煮成餡，這樣顏色較淺而且沒營養；3. 單粒包裝良好，用 KOP 電鍍鋁箔可以防止奶油氧化和香氣消失；4. 餡料用百香果汁或檸檬汁調整酸度，糖酸比調整好，非常好吃！

鳳梨酥餡製作

原料名稱	用量（g）	百分比（%）	製程說明
鳳梨泥與細條	2,000	100	1. 因季節不同市售鳳梨品種變化很多，大多甜度很高。市售鳳梨果去掉果皮，可食用果肉部分約65%。 2. 果肉一半放入果汁機打成果泥，一半切短細條，然後加入糖、鹽加熱熬煮，約煮到108˚C Bx83，放入百香果汁或檸檬汁調整糖酸比，熄火，添加橄欖油拌勻，餡料油亮。 3. 取出餡料鋪平，冷卻備用。
二砂糖	300	15	
麥芽飴	400	20	
海藻糖	200	10	
食鹽	6	0.3	
百香果汁或檸檬汁	60	3	
橄欖油	30	1.5	
產出餡料	1,520	22g×68個	

鳳梨酥餅皮製作與烤焙

原料名稱	用量（g）	百分比（%）	製程說明
無鹽奶油	500	50	1. 戴PE手套將鳳梨餡分割22g×68個。 2. 無鹽奶油先取出回室溫，糖粉過篩，中筋麵粉與低筋麵粉混合過篩2次。 3. 餅皮麵糰攪拌開始，將奶油切小塊放攪拌缸再放入糖粉、食鹽、乳脂奶酪、奶粉，用扁平槳狀拌打器快速打1分鐘，刮缸再快速1分鐘，刮缸，加入煉乳、全蛋、麥芽飴快打1分鐘，刮缸，放入麵粉，慢速攪拌約30秒，完成。
糖粉	200	20	
食鹽	5	0.5	
乳脂奶酪	50	5	
全脂奶粉	50	5	
煉乳	50	5	
全蛋	50	5	

原料名稱	用量（g）	百分比（%）	製程說明
麥芽飴（Bx80）	150	15	4. 分割麵糰30g×68個，餅皮包餡壓入鳳梨酥模框內壓平，整盤放烤箱以190℃烤17分鐘，翻面再烤7分鐘，脫模冷卻。
中筋麵粉	500	50	
低筋麵粉	500	50	
合計	2,055	30g×68個	

鳳梨酥餅皮製作成品

第9章
中式老麵產品

9.1 白饅頭

9.2 山東饅頭

9.3 火燒槓子頭

9.4 羊角饅頭

9.5 核桃或紅豆餡夾心繼光餅

9.6 烙核桃夾心厚大餅

9.7 烙豆標（酒釀餅）

9.1 白饅頭

顏文俊

糖油麵隨手變，再加上酵母發酵的千變萬化，這是我們烘焙麵食人最有趣的魔法！記得初學烘焙時，老師教學將烘焙麵食製作分成：
1. 直接法（一次攪拌至完成階段）。
2. 中種法（第一次攪拌到捲起就好，第二次攪拌到完成）。
3. 快速法（酵母量加倍加快發酵）。
4. 基本中種法（慢速法）。

原料配方

1. 中種老麵配方

	原料名稱	百分比（%）	重量（g）
中種老麵	即發酵母	1	6～8
	水	80	460
	中筋麵粉	100	570
	合計	181	1,030

2. 製作白饅頭24個

	原料名稱	百分比（%）	重量（g）
老麵饅頭麵糰	老麵	53.4	1,030
	即發酵母	0.3	5
	水	10.4	200
	中筋麵粉	32.1	620
	二砂金砂糖	3.0	60
	奶粉	0.8	15
	合計	100	1,930

產品實際重量：
分割24個，每個約80g

製程說明

1. 老麵製備

　　現代老麵就是中種長時間發酵之麵種，即發酵母粉用量因天氣與發酵速度，自行微變動。酵母粉先用水溶解，再加麵粉拌勻，發酵 12 小時，呈酒香麵糊狀老麵糊，即可使用。

2. 主麵糰製備

(1) 將老麵、酵母、水放入攪拌缸分散，再加入麵粉、二砂糖、奶粉用鉤狀拌打器低速1分鐘、中速5分鐘，攪拌至光滑三光狀態（缸底光、麵糰光、不黏手）。

(2) 三光麵糰放置基本發酵20分鐘，再倒在工作台，用手揉反覆複合壓延成1cm麵片，捲成圓柱狀，用刀切成24塊每塊約80g，放墊蒸籠紙排放蒸籠內。

(3) 放置後發酵20～30分鐘用中小火蒸10分鐘，熄火輕輕稍微移開鍋蓋，1分鐘後掀鍋蓋取出放網盤冷卻。

老麵小博士解說

1. 現在最常用是基本中種法，也就是老麵中種法，優點很多，有足夠時間讓酵母繁殖，分解產生酒釀的各種香氣小分子成分，烤蒸後產品特別香郁。

2. 中種法成品體積較大，內部組織結構較細緻且柔軟，稍微產生酸性有彈性。

3. 很多消費者都說吃老麵做的產品，比較不會產生胃酸！

9.2 山東饅頭

顏文俊

攪拌對麵糰的物理效應有三:麵粉水和、拌合、麵筋擴展。攪拌好的麵糰必須到三光程度,手光不黏手、缸光不黏缸、麵糰光滑。

麵糰攪拌產生 3 種特性:

1. 膠黏的流動性:使麵糰在烤盤內具有良好的烤盤流性(pan flow)。
2. 產生伸展性(plasticity):麵糰柔軟易於滾圓整型。
3. 產生彈性(elasticity):使麵糰具有強韌張力,在烘焙時能保持二氧化碳,增加產品體積。

原料配方

1. 中種老麵配方

	原料名稱	百分比(%)	重量(g)
中種老麵	即發酵母	1	6～8
	水	80	460
	中筋麵粉	100	570
	合計	181	1,030

2. 製作山東饅頭24個

	原料名稱	百分比(%)	重量(g)
老麵饅頭麵糰	老麵	52.0	1030
	即發酵母	0	0
	水	8.1	160
	中筋麵粉	24.7	490
	低筋麵粉	15.2	300
	合計	100	1,980

產品實際重量:
分割24個,每個約80g

製程說明

1. 老麵製備

　　現代老麵就是中種長時間發酵之麵種，即發酵母粉用量因天氣與發酵速度，自行微變動。酵母粉先用水溶解，再加麵粉拌勻，發酵 12 小時，呈酒香麵糊狀老麵糊，即可使用。

2. 主麵糰製備

(1) 將老麵、水放入攪拌缸分散，再加入中筋麵粉、低筋麵粉用鉤狀拌打器低速1分鐘、中速5分鐘，攪拌至光滑三光狀態（缸底光、麵糰光、不黏手）。

(2) 三光麵糰放置基本發酵20分鐘，再倒在工作台，用手分塊，每塊約80g，可用磅秤確認重量，約可分割24塊。麵糰中間發酵鬆弛10分鐘後，用手掌揉麵糰，並滾圓成立蛋型排放蒸籠內。

(3) 放置後發酵20～30分鐘，用中小火蒸10分鐘，輕輕移開鍋蓋，取出放網盤冷卻。

老麵小博士解說

　　專業師傅說，要做一個好饅頭，製程因素影響占比，攪拌占25%，發酵占70%，其他占5%。

9.3 火燒槓子頭

顏文俊

原料配方

1. 中種老麵配方

	原料名稱	百分比（%）	重量（g）
中種老麵	即發酵母	1	6～8
	水	80	460
	中筋麵粉	100	570
	合計	181	1,030

2. 製作火燒槓子頭30個

	原料名稱	百分比（%）	重量（g）
老麵饅頭麵糰	老麵	52.0	1,030
	即發酵母	0	0
	水	8.1	160
	中筋麵粉	24.7	490
	低筋麵粉	15.2	300
	合計	100	1,980

產品實際重量：
分割30個，每個約65g

製程說明

1. 老麵製備

　　現代老麵就是中種長時間發酵之麵種，即發酵母粉用量因天氣與發酵速度，自行微變動。酵母粉先用水溶解，再加麵粉拌勻，發酵 12 小時，呈酒香麵糊狀老麵糊，即可使用。

2. 主麵糰製備

　　將老麵、水放入攪拌缸分散，再加入中筋麵粉、低筋麵粉用鉤狀拌打器低速 1 分鐘、中速 5 分鐘，攪拌至光滑三光狀態（缸底光、麵糰光、不黏手）。

　　三光麵糰放置基本發酵 20 分鐘，再倒在工作台，用手分塊，每塊約 65g，約可分割 30 塊。麵糰中間發酵鬆弛 10 分鐘後，用手掌揉麵糰，滾圓壓扁四周用利刀割縫，中央壓陷使縫裂大，再以 220℃/220℃，烤 15 分翻面再烤 10 分鐘微焦。

老麵小博士解說

1. 小麥麵粉含有蛋白質約8～14%，有5種成分構成：
   (1) 麥穀蛋白（Glutenin）。
   (2) 醇溶蛋白（Gliadin）。
   (3) 酸溶蛋白（Mesonin）。
   (4) 白蛋白（Albumin）。
   (5) 球蛋白（Globulin）。
2. 麥穀蛋白和醇溶蛋白、酸溶蛋白合計占麵粉蛋白質約73%，不溶解於水。
3. 當麵粉加水攪拌時，麥穀蛋白先吸水膨化，再吸收醇溶蛋白和酸溶蛋白及部分白蛋白球蛋白，形成網狀結構，稱為麵筋形成，麥穀蛋白經充分加水攪拌後具有硬彈性，而醇溶蛋白影響麵筋的延展性。
4. 麵粉內還有約70%以上是澱粉，加水攪拌時會吸水膨潤，加熱糊化包覆麵筋網狀結構，宛如建築的鋼筋加上水泥，確保發酵產生的氣體水蒸汽包覆，在烘焙時體積膨大。
5. 麵粉的蛋白質的缺點是缺乏離胺酸（Lysine），所以麵食配方中會配合添加含離胺酸的奶粉或大蛋白粉。牛奶與雞蛋的蛋白質都是完全優質的氨基酸組成。

9.4 羊角饅頭

顏文俊

原料配方

1. 中種老麵配方

	原料名稱	百分比（%）	重量（g）
中種老麵	即發酵母	1	6～8
	水	80	460
	中筋麵粉	100	570
	合計	181	1,030

2. 製作羊角饅頭30個

	原料名稱	百分比（%）	重量（g）
老麵饅頭麵糰	老麵	52.0	1,030
	即發酵母	0	0
	水	8.1	160
	中筋麵粉	24.7	490
	低筋麵粉	15.2	300
	合計	100	1,980
產品實際重量：分割30個，每個約65g			

製程說明

1. 老麵製備

　　現代老麵就是中種長時間發酵之麵種，即發酵母粉用量因天氣與發酵速度，自行微變動。酵母粉先用水溶解，再加麵粉拌勻，發酵 12 小時，呈酒香麵糊狀老麵糊，即可使用。

2. 主麵糰製備

(1) 將老麵、水放入攪拌缸分散，再加入麵粉、砂糖用鉤狀拌打器低速1分鐘、中速5分鐘，攪拌至光滑三光狀態（缸底光、麵糰光、不黏手）。

(2) 三光麵糰放置基本發酵20分鐘，再倒在工作台，用手分塊，每塊約65g，約可分割30塊。麵糰中間發酵鬆弛10分鐘後，用手掌揉麵糰，揉成一端尖一端鈍的紡錘狀，排放鍋內中段圍一圈，中間放水和圓盤，開始蒸，蒸熟後水分乾掉變鍋烙底部微焦。

(3) 取出排放冷卻成羊角狀底部微焦之小饅頭。

老麵小博士解說

1. 牛奶約含有3.5%蛋白質，其構成成分是：

   酪蛋白（Casein）占78%、乳清蛋白占17%、其他是脂肪球膜蛋白（Lipoprotein）。

   乳清蛋白有α乳白蛋白（α-Lactoalbulin）、β乳白蛋白（β-Lactoalbulin）、免疫球蛋白（Immunoglobulin）、乳鐵蛋白（Lactoferrin）、醣多肽（Glycomacropeptide）。

2. 雞蛋蛋白質約有10.5%，蛋白占5.7%、蛋黃占4.8%。

   蛋白的成分有卵白蛋白（Ovalbumin）、卵類黏蛋白（Ovomucoid）、伴白蛋白（Conalbumin）、卵球蛋白（Ovoglobulin）、卵黏蛋白（Ovomucin）、溶菌蛋白（Lysozyme）。

   蛋黃的成分有卵黃磷蛋白（Lipovitellin）。

3. 糊化後澱粉溶液黏度增大，成透明膠狀：

   糊化後放置期間，因氫鍵之再度形成，澱粉分子再行規則性結合，稱之回凝老化。但是餅乾在糊化後繼續烤焙，將水分乾燥到5%以內，無法老化，所以餅乾仍然保持糊化程度，咀嚼食用入口即溶的口感，所以部分產品成品品質管制必須測定其糊化度。

9.5 核桃或紅豆餡夾心繼光餅

顏文俊

製作核桃或紅豆餡夾心繼光餅32個

原料名稱		百分比 (%)	重量 (g)	製程說明
中種老麵	即發酵母	1	6～8	**老麵製備** 現代老麵就是中種長時間發酵之麵種，即發酵母粉用量因天氣與發酵速度，自行微變動。酵母粉先用水溶解，再加麵粉拌勻，發酵12小時，呈酒香麵糊狀老麵糊，即可使用。
	水	80	460	
	中筋麵粉	100	570	
	合計	181	1,030	
本種麵糰		分割32個×2次		**主麵糰製備** 1. 將老麵、酵母、水放入攪拌缸分散，再加入麵粉、砂糖、食鹽用鉤狀拌打器低速1分鐘、中速5分鐘，攪拌至光滑三光狀態（缸底光、麵糰光、不黏手）。
揉麵糰	老麵	26.7	515g	
	即發酵母	0.9	17g	2. 三光麵糰放置基本發酵40分鐘，再倒在工作台，分割每塊約60g，約可分割32塊。麵糰滾圓中間發酵鬆弛10分鐘後，將秤好7g核桃仁或28g紅豆餡包入麵糰，包餡排放中間鬆弛。
	水	21.8	420g	
	中筋麵粉	44.0	850g	3. 將夾餡繼光餅麵糰壓平扁，表面刷水磨，放入芝麻盤上並壓住沾芝麻。排放在烤盤上，表面噴水壓平，中央穿孔2cm，最後發酵30分鐘，至表面膨脹才烤焙。（白芝麻容易油耗味，可用細燕麥片取代）
	金砂糖	6.2	120g	
	食鹽	0.5	10g	4. 電爐220℃/220℃，烤14分。
	（麵糰重量）	100	1,930g	5. 剛出爐產品取出放網架上冷卻，避免潮溼，收集後紙袋包裝。
每粒包入夾心				6. 一鍋老麵可做二次本種麵糰，共可生產64個產品。
核桃仁	7g／每個	11%	225g	
紅豆餡	28g／每個	33%	900g	
白芝麻（燕麥片）	5g／每個		150g	
產品實際重量		每片約70g/90g		
使用設備	含蓋飯鍋、烤爐、磅秤、攪拌機、擀麵棍、鋼鍋、盤子、烤盤、冷卻網架			

9.6 烙核桃夾心厚大餅

顏文俊

產品原料與製程：

原料名稱		百分比	重量	製程說明
中種老麵	即發酵母	1	6～8g	1. 老麵製備：（現代老麵就是中種長時間發酵之麵種） 即發酵母粉用量自己因天氣與發酵速度，自行微變動。酵母粉先用水溶解，再加麵粉拌勻，發酵12小時，呈酒香麵糊狀老麵糊，即可使用。
	水	80	460g	
	中筋麵粉	100	570g	
	合計	181	1030g	
	本種麵糰			**主麵糰製備**
揉麵糰	老麵	59.5	1030g	2. 將老麵、水放入攪拌缸分散，再加入麵粉、砂糖用鉤狀拌打器低速1分鐘、中速5分鐘，攪拌至光滑三光狀態（缸底光、麵糰光、不黏手）。
	水	2.9	50g	3. 三光麵糰放置在工作台，用擀麵棍擀成寬約30公分厚1公分長條帶，上面放上100g核桃仁，然後捲成圓形，麵糰壓平成直徑約30公分厚度約5公分圓塊，中間插孔，放平底鍋蓋好發酵鬆弛20分鐘後，體積增加。
	中筋麵粉	28.9	500g	
	二砂金砂糖	2.9	50g	4. 開小火烙約30分鐘，約每5分鐘就要用煎匙翻面一次，到兩面金黃開始燒焦時完成，取出冷卻切塊。
	核桃仁	5.8	100g	
	(麵糰重量)	100	1730g	
產品實際重量		每片約80g		
使用設備		含蓋飯鍋、磅秤、攪拌機、擀麵棍、平底鋼鍋、筷子、煎匙、盤子、冷卻網架		

9.7 烙豆標（酒釀餅）

顏文俊

產品原料與製程

製作烙豆標（酒釀餅）12個

原料名稱		百分比（%）	重量（g）	製程說明

中種老麵	即發酵母	1	6～8	1. 老麵製備：現代老麵就是中種長時間發酵之麵種。
				2. 餡料製備：紅豆餡、芋泥餡可外購分塊每塊60g。
				香椿素料：香椿葉與油放果汁機攪打成香椿醬，再加入豆乾丁、豆干絲、素火腿丁、胡蘿蔔絲、芹菜丁炒香。再分成每份60g。
				3. 主麵糰製備
				  (1) 將老麵、水放入攪拌缸分散，再加入麵粉用鉤狀拌打器低速1分鐘、中速5分鐘，攪拌至光滑三光狀態（缸底光、麵糰光、不黏手）。
				  (2) 三光麵糰放置工作台，用鋼刀分12塊，每塊約135g，滾圓排放在桌面，中間發酵約20分鐘，壓成薄片塊然後將分好的餡料包入，放置鬆弛，再壓扁。
				4. 平底鍋抹上少許油脂，中火加熱，放入壓扁餡餅兩面烙10分鐘到稍微焦黃，取出冷卻。

	水	80	460	
	中筋麵粉	100	570	
	合計	181	1,030	
本種麵糰		分割12個		
揉麵糰	老麵	64.0	1,030	
	水	5.0	80	
	中筋麵粉	31.0	500	
	（麵糰重量）	100.0	1,610	
	麵糰分割	每塊約135g		
	餡料每份60g	紅豆餡　　芋泥餡 香椿素料　牛蒡菇菇		
使用設備		含蓋飯鍋、磅秤、攪拌機、擀麵棍、平底鋼鍋、筷子、盤子、冷卻網架		

第10章
西式麵食加工

10.1　麵糰發酵

10.2　酸老麵麵包

10.3　歐式長棍麵包

10.4　台式歐包

10.5　甜麵包

10.6　全麥／多穀物麵包

10.7　墨西哥捲餅

10.8　長崎蛋糕（蜂蜜蛋糕）

10.9　蘇打餅乾

10.10　薄脆餅乾

10.11　韌性餅乾

10.12　威化餅乾

10.13　義式通心麵

10.14　蛋捲

10.15　泡芙

10.1 麵糰發酵
楊書瑩

　　麵包利用酵母菌發酵過程中所產生的二氧化碳和其他成分，使麵糰膨鬆而富有彈性，並賦予製品特殊的色、香、味及多孔性結構的過程。烘焙業者經常使用的發酵方式包括：直接法、快速直接法、中種法以及連續發酵法。不同發酵方法製作麵包，品質也略有不同。

比較中種法、直接法、快速直接法以及連續／液體發酵法之製程差異

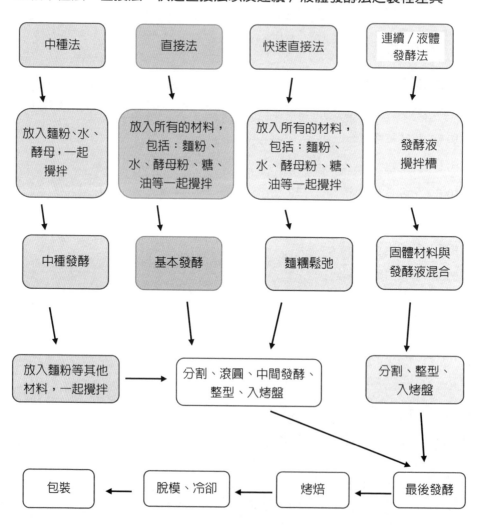

比較不同發酵製造吐司麵包之品質分析

製程	優勢	缺點
中種法	麵糰發酵風味佳 麵糰操作性較佳 賞味期較長 產品品質佳	麵糰耐攪拌性差 製程時間長 需要較多設備與空間
連續／液體發酵法	產品品質穩定 製程時間適中 麵糰操作性較佳 賞味期較長 不需增加設備、人力與場地	發酵液麵粉含量約50〜60% 麵包質地非常軟 發酵不足時，風味變差 發酵不足時，賞味期縮短
液種中種法	產品品質穩定 製程時間適中 麵糰操作性較佳 賞味期較長	設備投資大 發酵液麵粉含量約50〜60%，麵粉含量太低則香味差與賞味期短
酸麵糰法	具酸老麵麵包風味 賞味期較長 孔洞較多 咀嚼感佳，有彈性	製程時間長 需要較多設備與場地 需持續培養酸麵糰
直接法	風味一般 製程時間適中 麵糰攪拌彈性佳	麵糰操作性較差 麵糰攪拌時間長 較少發酵風味
快速直接法	製程時間短 製程可靈活調整 不需增加設備與場地 適用於冷凍麵糰	較無發酵風味 賞味期短 原材料成本較高 麵糰鬆弛問題
全自動化生產法	製程可靈活調整 製程時間短 麵粉蛋白質含量較低 不需鬆弛時間	設備成本高 電力能源成本高 較無風味 賞味期短

➕ 知識補充站

　大型麵包工廠採用全自動化生產法製作麵包，利用發酵槽將麵粉、水與酵母製成發酵液，直接加入麵粉攪拌，可簡化製程。

10.2 酸老麵麵包

楊書瑩

　　酸老麵麵包在國外稱為 artisan bread，或譯作工藝麵包或工匠麵包。在國外對這類麵包的定義包括：選擇天然單純原料、使用酸老麵發酵製成、著重手作的技巧。但工藝或工匠兩字看不出酸老麵發酵以及天然單純原料的意義，因而臺灣將這類型的麵包稱為酸老麵麵包或天然老麵麵包。

　　酸老麵麵包於歐美及日本早已流行多年，是高級饗宴、餐廳以及烘焙坊不可或缺的烘焙主食。近年來臺灣在逐漸走向健康飲食趨勢的導引之下，許多烘焙及餐飲業者紛紛推出天然、美味、少糖少油為訴求的酸老麵麵包。

酸麵糰發酵過程中微生物與醣類轉換的過程

　　商用酵母為單一酵母，選擇適合麵包發酵的酵母進行培養。商用酵母的主要功能為發酵產生二氧化碳，因此一般商業酵母製作麵包缺少風味；但僅使用乳酸菌無法做麵包。好吃的麵包是野生酵母和乳酸菌相乘效果；利用附著在穀物、果實、植物的花或葉子上的野生酵母，培養出適合做麵包的複合酵母。但野生酵母不如商業酵母能夠大量產生二氧化碳，因此在以麵包為主食的歐美國家，烘焙業者培養具風味及香氣的乳酸菌，來負責麵包口感，再配合商業酵母使麵包形成適當的體積，運用於大量製作麵包。

天然酵母種（酵頭）老麵之素材

　　培養酸老麵可利用附著於穀物、果實、花以及葉的野生酵母。不同素材含有不同類型酵母菌，因此形成不同風味的老麵。這也是培養老麵時，常常會有意想不到的驚喜。介紹如下：

1. 穀物（酸種）

　　將麵粉、全麥粉、裸麥粉或其他各種穀粉與水分混合均勻，培養酵母、麴菌、乳酸菌、醋酸菌等，形成獨特香味及風味。

2. 穀物（酒種）

　　熟製穀物利用酒麴中的黴菌、酵母、細菌，製作出具酒香的酵種，發酵力較弱。

3. 果實（果實種）

　　利用自然附著在新鮮水果中酵母和細菌製成，有淡淡的酸味及香醇風味。菌種培養較費時、費工。

4. 花

　　利用受粉前的啤酒花製作啤酒酵母，此種酵母對芋類、穀物和馬鈴薯的碳水化合物之分解能力很強。

天然麵種（魯邦種，levain）配方與製作程序

　　以麵粉或全麥粉為原料，利用小麥本身的酵母菌發酵。最常被烘焙業者所使用。至少需培養7天後，再與麵粉等其他配方混和製作麵包。材料與製程，如下：

1. 飲用水煮沸→冷卻至室溫。
2. 器具（玻璃罐、攪拌棒）以熱水煮沸，倒置→冷卻。

3. 麵粉、冷開水攪拌均勻，室溫（20～25℃）發酵，蓋上保鮮膜，並在保鮮膜上戳小孔通氣。

培養天數	材料／比率				培養溫度／時間（℃／小時）
第一天	麵粉 水	1 1	1 0.7	1 0.6	15～20／12～16
第二天	麵粉 水 第一天麵種	1 1 2	1 0.7 1.7	1 0.6 1.6	15～20／12～16
第三天 第四天 第五天 第六天 第七天	麵粉 水 前一天麵種	1 1 2	1 0.7 1.7	1 0.6 1.6	15～20／12～16

酸老麵麵包基本配方

材料	直接法（%）	中種法	
		中種麵糰（%）	主麵糰（%）
麵粉	100	70	30
水	72	70（中種麵粉量）×60% = 42	72－42 = 30
快速酵母	酵母量%／製程時間 （小時） 2.5／2，1.5／3，0.5／8，0.15／12～16		
天然麵種（魯邦種麵糰）	20～50 % 視產品而異		
鹽	1～2	X	1～2
糖、油脂、水果乾、核果	全部	X	全部

＋知識補充站
1. 中種法酸老麵麵包製作時，中種麵糰／主麵糰的麵粉分配比例（%）：80/20、70/30、65/35、60/40。
2. 培養魯邦種時，可按照經常使用配方的加水量製作麵糰，每次使用時按比例直接添加攪拌，可簡化操作。

10.3 歐式長棍麵包

楊書瑩

材料配方

材料	烘焙（%）	重量（公克）
魯邦種麵糰		
高筋麵粉	100	495
水	100	495
乾酵母	0.1	0.5
合計	200.10	990.5
主麵糰		
高筋麵粉	100	1,005
水	52.24	525
乾酵母	0.7	7.04
鹽	2.99	30
麥芽萃取物	0.75	7.5
魯邦種麵糰	98.54	990
合計	255.22	2,564.5

製程

　水溫：19℃，室溫：17.9℃。

1. 魯邦種麵糰

　　(1) 麵糰溫度：25 ℃室溫發酵，發酵時間：12～16小時。

　　(2) 發酵後麵糰溫度：26℃。

2. 主麵糰：水溫16℃，慢速攪拌5分鐘、中速攪拌2分鐘。

3. 麵糰溫度：26 ℃，延續發酵：60分鐘，25.5℃。
4. 分割麵糰：350g，7個。預整型成圓柱形，如下圖。

5. 中間發酵：20分鐘。
6. 整型：長棍。
7. 最後發酵：60分鐘；溫度27℃、溼度：65%。
8. 烤焙溫度：238 ℃，入爐後噴蒸氣3秒，烤20分鐘，打開風門再烤5分鐘出爐。

✚ 知識補充站

1. 長棍麵包整型時，手勢要輕，但麵糰需捲緊。
2. 法包外皮薄而脆的方法：
   (1) 使用酸老麵。
   (2) 烤焙後段溫度略降，並略增加烤焙時間。開風門，使水氣散出。
3. 影響法包耳朵（ear）張開而捲的因素：
   (1) 麵糰軟硬度。
   (2) 麵糰切口之角度：5~10°；切口深度：麵糰軟→切口淺，麵糰硬→切口深。
   (3) 刀鋒要銳利而清潔。

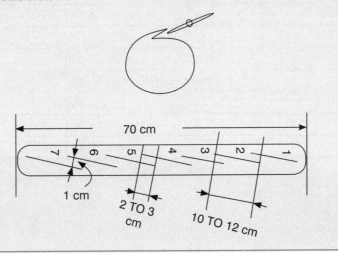

10.4 台式歐包

楊書瑩

紅酒桂圓麵包

材料配方

材料	烘焙（%）	重量（g）
高筋麵粉	100	1,000
冰水	50% 40水＋10冰	500
快速酵母	1.2	12
鹽	2	20
糖	7	70
紅酒／米酒	20	200
魯邦種麵糰	40	400
合計	220.2	2,202
桂圓乾	20	200
葡萄乾	20	200
核桃	10	100
合計	50	500
總量	270.2	2,702

製程

* 桂圓乾、葡萄乾浸泡紅酒入味，瀝乾備用。
* 核桃前處理：160℃，烤5～6分鐘。不要烤焦。
1. 細砂糖、鹽、水、紅酒慢速拌勻，加入葡萄乾液中種麵糰、高筋麵粉、速溶酵母攪拌，慢速攪拌1分鐘、中速攪拌5分鐘。
2. 最後加入浸酒桂圓乾、葡萄乾、核桃攪拌至均勻即可。
3. 基本發酵：麵糰放置基本發酵40分鐘→翻麵再發酵20分鐘。
4. 分割滾圓、中間發酵：麵糰分割（450g／個，平均分成6個）→滾圓→中間發酵40分鐘。
5. 整型、最後發酵：麵糰拍出空氣，控制直徑約23公分左右→將麵糰往三邊擀成三角狀→由三邊朝中心處折合→翻面→整成三角狀→放入發酵帆布上→最後發酵40分鐘→表面篩麵粉→裝飾割劃。

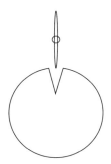

一般圓形麵包 垂直：產生平面切口

6. 烘焙：230℃/200℃噴蒸氣3～5秒，烤約22分鐘。

+ 知識補充站
1. 該類型麵包屬於含糖量較高的歐式麵包，因此麵糰較為柔軟。發酵過程中以翻麵方式增加麵糰筋性。
2. 麵糰中添加酒類可增加麵糰香味。不耐熱之香味烤焙後流失較多。
3. 酒精含量影響酵母菌發酵，但麵糰配方中酒精含量甚低，不會影響麵糰發酵時間。

10.5 甜麵包

楊書瑩

　　按照國家標準（CNS 3899），將麵包依照糖、油脂含量各占麵粉百分比的高低，分為四大類：硬式麵包及無餡料餐包（糖、油脂含量皆＜4%）、軟式麵包及無餡料餐包（各占4～10%）、甜麵包（皆＞10%），以及特殊麵包（各占10～20%）。硬式麵包屬於低成分配方麵包，通常具有酥脆外殼，如歐式麵包；亦可做成不同風格造型或裝飾，如藝術裝飾麵包。特殊麵包，則包括油炸麵包、蒸麵包、裹油麵包、穀類麵包及餐包、麩皮麵包及餐包、胚芽麵包及餐包、平板麵包，以及特定材料麵包及餐包，例如：雞蛋麵包、牛奶麵包。

　　而最具臺灣特色的台式甜麵包屬於甜麵包類，例如：菠蘿麵包、紅豆麵包、奶酥麵包、葱花麵包、奶油布丁麵包、椰子麵包、花生夾心麵包、熱狗麵包等，前四者更被票選號稱為台麵包四大天王。

各式麵包配方比較

　　按照國家標準（CNS 3899），麵包的定義為：以麵粉為主要原料，加水、酵母、食鹽及輔助原料油脂、糖、蛋，牛奶或其他原料等混合，並得添加合法之改良劑或添加物等，經發酵後，以適當形狀烤焙之成品，亦可再加其他裝飾者。

　　下列為四大類麵包的配方（麵粉百分比，%）範例，有助於以配方做出分類，以及預測外觀與口感的差異。

材　料	硬式麵包	軟式麵包	甜麵包	裹油麵包
高筋麵粉	100	100	100	100
細砂糖	0～4	4～10	20	--
鹽	1.5～2.0	1.5～2.0	1.5	1～1.5
奶粉	0～4	4～6	4～6	--
速溶酵母粉	1～3	1～3	2～4	--
水	50～60	53～65	53～65	45～55
全蛋（取代水量）	--	0～10	0～10	0～5
奶油	0～4	4～10	10～20	5～15
麥芽	0～2	0～2	0～2	--
裹入油	--	--	--	50～100
合計	152.5～179	178.5～198	201.05～218.5	206～271.5

甜麵包麵糰製程

1. 高筋麵粉、細砂糖、鹽、奶粉、速溶酵母粉、水、全蛋攪拌慢速攪拌3分鐘，中速攪拌4分鐘，加入奶油慢速攪拌3分鐘，中速攪拌4分鐘，麵糰攪拌至完全擴展階段（麵糰可拉成薄膜）。
2. 麵糰基本發酵50分鐘。
3. 麵糰分割65g／個→滾圓→再鬆弛15～30分鐘。
4. 包入餡料（35g／個）→成型→最後發酵40～50分鐘。
5. 入爐前麵糰做適當裝飾，例如：刷蛋、灑芝麻、表面篩粉、切割或擠糖油麵皮等。
6. 烤焙200℃/200℃，12～15分鐘。
7. 出爐後，依照產品需求刷油。
8. 冷卻→包裝。

麵包製程理化變化

麵糰攪拌完成、發酵至烤焙過程中，因溫度變化會改變麵糰的物理性質，也使化學作用不斷進行。以下爲不同溫度下，麵糰之物理、化學及生物特性變化。

1. 麵糰物理特性
   (1) 麵糰柔軟具可塑性98℉（36.6℃）。
   (2) 形成麵包內部組織200℉（93.3℃）。
   (3) 氣體產生膨脹作用200℉（93.3℃）。
   (4) 麵包體積增加200℉（93.3℃）。
   (5) 麵糰凝固與乾燥430℉（221℃）。
2. 麵糰化學反應
   麵筋凝結 140～205℉（60～96℃）。
3. 麵糰生物作用
   (1) 活性酵母菌作用131℉（55℃）。
   (2) 澱粉酵素作用158℉（70℃）。
   (3) 澱粉糊化125～180℉（52～82℃）。

✚ 知識補充站

1. 甜麵包可用直接法、快速直接法、中種法、湯種法製作，配方含糖量與油量較高，因此麵糰非常柔軟。
2. 甜麵包麵糰可不包餡或包餡後製成冷凍麵糰。配方中含糖、油脂與蛋等原料，可抑止麵包老化。
3. 甜麵包麵糰配方含油量較高，可適量添加乳化劑，有助口感與抑止麵包老化。

10.6 全麥／多穀物麵包

楊書瑩

材料配方

材　料	烘焙（%）	重量（公克）
中種麵糰		
高筋麵粉	95	170
裸麥粉	5	9
水	50	89.5
魯邦種麵糰	60	107.4
合計	210	375.5
主麵糰		
高筋麵粉	65	610
全麥粉	25	234
裸麥粉	10	94
水	72	675
快速酵母	0.1	1
鹽	2.7	25
綜合穀物soaker	59	553
中種麵糰	40	375
合計	273.8	2,567
綜合穀物soaker		
水	100	216
亞麻子	39.13	84
葵瓜子	39.13	84
燕麥片	39.13	84
芝麻	39.13	84
合計	256.52	553.1

製程

1. 中種麵糰室溫發酵
   (1) 水溫：16℃，室溫：21.8℃。
   (2) 中種麵糰：慢速攪拌2分鐘，溫度：23.1℃，隔夜發酵12～14小時。
   (3) 綜合穀物soaker：水、亞麻子、葵瓜子、燕麥片、芝麻混合，隔夜放置。
2. 主麵糰：水溫：22.5℃，室溫：21℃。慢速攪拌5分鐘、快速攪拌1分鐘。麵糰溫度：23.8℃。
3. 延續發酵：1小時，翻麵，再發酵1小時。
4. 分割麵糰：475g，5個。
5. 預整型：滾圓。
6. 中間發酵：20分鐘。
7. 整型：圓型（放入發酵籃），橄欖型。
8. 最後發酵：2小時。
9. 進爐前篩灑高筋麵粉，適度裝飾切割。
10. 烤焙：入爐後噴蒸氣3秒，溫度232 ℃，烤25分鐘，打開風門再烤8～10分鐘出爐。

✚ 知識補充站

1. 美國FDA規定：多穀物麵包必須含3種以上穀物。
2. 綜合穀物soaker（下圖左）：需要先泡水處理，並放置隔夜，使穀物充分吸水。吸水後的穀物會產生黏液狀膠質（下圖右），為正常現象。

3. 製作多穀物或全麥產品時加水量可提高，麵糰攪拌至稍微擴展及可（下圖左）。延續發酵過程中適時翻麵，可增加麵筋強度（下圖右）。

10.7 墨西哥捲餅

楊書瑩

　　墨西哥捲餅已成為美墨料理、墨西哥菜和德州墨西哥料理不可或缺的一部分。在全美各州風行多年。墨西哥捲餅是一種軟而薄的扁麵包，由麵粉或添加玉米粉所製成之薄餅，分為麵粉墨西哥捲餅（flour tortilla）或玉米墨西哥捲餅（maize tortilla 或 corn tortilla）。墨西哥餅早於歐洲人到達美洲之前，就已是墨西哥傳統主食之一。麵粉墨西哥捲餅最簡單的配方，為麵粉、水、固體油和鹽，製成麵糰，經熱壓板（hot pressure）壓平後再烤熟。但商業製作麵粉墨西哥捲餅，通常添加膨鬆劑（發粉或酵母粉）。每片墨西哥捲餅成品重量約40～70公克，直徑15～30公分。

　　墨西哥捲餅的基本配方如下：

原料	烘焙（%）	
	麵粉墨西哥捲餅	玉米墨西哥捲餅
中筋麵粉	100	100
玉米粉	--	50
鹽	1	1
水	36～40	80（50℃）
固體油	15	20
膨脹劑	0～1	--

墨西哥捲餅之原料

1. 麵粉

　　墨西哥捲餅最適用中筋麵粉（all propose flour）製作，而非中筋粉心麵粉。一般製作墨西哥捲餅的麵粉規格，為蛋白質含量（11～12%）較高的硬麥麵粉，但不需要筋性太強，蛋白質含量高可增加捲餅的延展性與摺疊張力，使餅皮易於包覆餡料而不易破碎。但筋性（溼麵筋含量）太高，反而需要較長的麵糰鬆弛時間；麵糰鬆弛時間不夠，熱壓之後的餅皮會呈現鋸齒狀。

2. 玉米粉

　　玉米粉為細顆粒狀或細粉狀的玉米穀粉，而非玉米澱粉；無論是白色、黃色或紫色的玉米穀粉都非常適用。玉米穀粉沒有筋性，與麵粉比例為1：2，麵糰操作性與餅皮包覆性與摺疊性較佳。

3. 固體油

　　傳統墨西哥捲餅使用豬油。其他固體油，如：奶油、氫化奶油、白油；或液體油，如：沙拉油、橄欖油，都適用於製作墨西哥捲餅。

4. 膨脹劑

手工或家庭製作墨西哥捲餅，不會添加膨脹劑。商業化生產時添加少量乾酵母粉或發粉，促進麵糰膨發。

墨西哥捲餅製程

	麵粉墨西哥捲餅	玉米墨西哥捲餅
攪拌　↓	1. 中筋麵粉、玉米粉、油、水、鹽等材料，攪拌至麵糰光滑。 2. 玉米墨西哥捲餅之水溫：50℃。	
醒麵　↓	1. 麵糰放入密閉塑膠袋或容器中，鬆弛5分鐘。 2. 分割麵糰，45～75公克／個。麵糰滾圓再鬆弛30～45分鐘。	
熱壓　↓	1. 將熱壓板間隙，調整至1.5～2.0mm。 2. 上下火溫度：170～190℃。約0.5至1分鐘。	
冷卻　↓	成品置於室溫冷卻至25～30℃	
包裝　↓	自動密封包裝	
室溫 或冷藏	室溫約1～2天 冷藏5～7天或冷凍1～3個月	

製程說明

1. 醒麵

墨西哥捲餅麵糰攪拌之後，需要足夠麵糰鬆弛時間，麵糰鬆弛時間不夠，熱壓之後的餅皮會呈現鋸齒狀。

2. 熱壓

完成醒麵的麵糰，用熱壓板熱至全熟。但是此時麵皮水分仍偏高，約30%，可再經過烤箱加熱數分鐘，將水分降至20%左右，以利保存。

3. 復熱及調理

室溫貯存的墨西哥捲餅，可直接食用；冷藏者，可直接用平底鍋加熱；冷凍者，可先解凍再用平底鍋加熱。

復熱之後的餅皮，可依照喜好加入青菜、莎莎醬、鷹嘴豆、起司屑、熟牛肉、熟雞肉、熟豬肉等，再淋上起司醬或肉醬。

10.8 長崎蛋糕（蜂蜜蛋糕）

徐能振

　　長崎蛋糕為海綿蛋糕（乳沫類蛋糕類）的一種。臺灣也稱長崎蛋糕為蜂蜜蛋糕。蜂蜜的成分，除了葡萄糖、果糖外，還含有各種維生素、礦物質、胺基酸等，是由蜂蜜從植物的花中採得花蜜，在蜂巢中釀造出來的蜜，蜂蜜是糖的過飽和溶液，低溫時會產生結晶，生成結晶的是葡萄糖，不產生結晶的部分，主要是果糖，冬天易結晶，但若把蜂蜜的雜質過濾，也不會形成結晶，因為蜂蜜是由單醣類的葡萄糖和果糖組成，可以被人體直接吸收。

　　相傳早期葡萄牙人將 Castella 傳至日本長崎，原料為雞蛋、麵粉與砂糖，並沒有添加蜂蜜，受到日本人的喜愛，稱之為長崎蛋糕；後來引進臺灣，經烘焙師添加了蜂蜜，廣受歡迎，臺灣賣的長崎蛋糕就變成了蜂蜜蛋糕。

　　長崎蛋糕的製程如下：

1. 首先將蜂蜜、全蛋、細砂糖倒入攪拌機中，混合均勻後，攪拌至乳白色的蛋糊，備用。
2. 以奶水乳化液態油，拌合後稍靜置，2次拌合乳化，備用。
3. 將低筋麵粉與中筋麵粉過篩後，再分3次與奶水乳化液態油交錯拌入蛋糊內，並用打蛋器將其拌勻成麵糊，先慢速拌合，再以高速打發15分鐘，加入乳化劑，中速攪拌15分鐘。當麵糊達到適當比重，形成具有光澤的麵糊，若呈霧霧狀，表示油脂沒有完全乳化，會影響外觀與品質。
4. 將拌好的麵糊倒入四周已鋪好烘焙紙的木框中，先以上下火170℃，烤約2分鐘後取出，在麵糊的表面噴上均勻的水氣，反覆2次。
5. 再以上火160℃，下火150℃，烘烤20分鐘，待表面上色後，蓋上一張蛋糕紙，防止蛋糕表面上色，再繼續烘烤25分鐘，即可出爐。

小博士解說

1. 蛋、糖、蜂蜜先行拌勻，長時間慢速攪拌備用，以增加其均勻性及穩定度。當要生產時，再打成乳白色的蛋糊。
2. 牛奶與液體油先行攪拌乳化備用，比兩者直接加入品質更好。

長崎蛋糕製程

原料（蛋、糖、蜂蜜攪拌成蛋糊）
↓←麵粉（過篩）
↓←牛奶、油半合成乳化液
↓←乳化劑
攪拌打發（測試麵糊比重）
↓
放入模具（底層鋪好烘烤紙）
↓
烘焙（上下火170℃）2分鐘
↓←噴上均勻的水氣，連續2～3次
烘焙（上火160℃，下火150℃）20分鐘
↓←蓋上一張蛋糕紙
烘焙　繼續烤25分鐘
↓
冷卻
↓
脫模
↓
切片
↓
封口包裝
↓
裝盒

✚ 知識補充站

1. 參考配方：
   全蛋液450g，細砂糖250g，低筋粉200g，中筋粉50g。
   沙拉油70g，蜂蜜100g，牛奶30g，再添加蛋黃50～100g，組織更綿密。
2. 為增加風味，可添加味淋、起士。
3. 蛋糕用乳化劑添加量：0.5～2%。
4. 理想蜂蜜蛋糕比重：0.55。
5. 乳化劑之特性：
   (1) 能使攪拌過程中，油、水不致分離。
   (2) 增加膨脹力（麵糊裝量約6分滿，就能膨脹至滿模）。
   (3) 組織均勻而柔軟而鬆。
   (4) 防止老化，不易變硬。

10.9 蘇打餅乾

徐能振

蘇打餅乾（soda crackers）為韌性餅乾，麵糰中添加酵母或化學膨大劑（混合型膨鬆劑，小蘇打和碳酸氫銨等），產生膨鬆硬脆之產品，總配方量約為麵粉的 1%。

蘇打餅乾大多為鹹口味，有些添加乾蔥、辛香料、穀類或全麥麵粉等原料，以中種法製造者品質較佳，利用酵母菌做膨鬆劑，中種發酵 18～20 小時，主麵糰發酵 4 小時，可連續式生產；亦可採用直接發酵法製造，但品質較差。

為了產生較好的餅乾層次，攪拌混合發酵後的麵糰，與成形時回收的麵帶，都需要經過延壓摺疊，使其形成均勻的麵帶，摺疊次數愈多愈好，通常 8～12 層，先利用水平式摺疊機，再用直立式摺疊機；經過五滾輪直立式摺疊機延壓時，要添加油酥，折疊後的麵糰，要再經過三段式碾壓滾輪，壓薄至 2～3mm，再進入餅乾成型機成型。

成型印模階段，模具都有針模，針孔可釋放氣體，使產品形狀較為平整，麵帶很薄，速度快，鬆弛時間不夠，易收縮，因此模具設計時，方形產品的模具要設計成長方形，圓形產品的模具要設計成橢圓形，針孔的數量與深度與產品的膨脹性有關，針孔多，產品較平整。

麵糰太溼易黏模具，可撒一些手粉於麵皮表面或開風扇吹風，防止沾黏模具，模具設計與剩餘麵糰量有關，方形剩餘最少；剩餘麵糰可回收再印模，但影響生產效率與品質。

餅乾的烘焙過程，經過熱傳導、對流、輻射作用，餅皮溫度接近 100℃，蛋白質變性、澱粉糊化、水分蒸發、餅乾體積膨大、餅乾表面上色，連續式隧道烤爐烘烤蘇打餅乾時，用網狀烤帶，並控制上下火溫度，使餅乾平整而適當上色。

蘇打餅乾製程階段有時會撒糖、撒鹽，或噴油、調味等，再進入冷卻階段，可配合空調及迴轉輸送帶，將餅乾溫度冷卻至 35℃以下，最後通過整列機、金屬探測器、包裝機，並標示有效日期。

餅乾小博士解說
1. 成品之長、寬、厚度等規格要長期監測，並控制5片或10片的平均重量，重量偏離時，應調整麵帶厚度或麵粉規格。
2. 發酵溫度與溼度，影響麵糰溫度、pH值與發酵時間，利用冰水調整麵糰溫度，將麵糰溫度調整在20～25℃。
3. 發酵桶務必加蓋，使桶內水分平衡，以防止麵糰表面結皮與異物掉入。
4. 較低溫（15～20℃）長時間發酵，有利於蘇打餅乾品質。

蘇打餅乾製程

原料（高筋麵粉、中筋麵粉、酵母、水）
↓
混合攪拌（中種）　　　1. 攪拌水溫15℃。
↓　　　　　　　　　　　2. 攪拌時間5～6分鐘。
第一次發酵　　　　　　1. 發酵室溫度：18℃，溼度：70%，時間18～20小時。
↓　　　　　　　　　　　2. 發酵後麵糰溫度：25℃，pH：5.5。
混合攪拌（主麵糰）　　1. 原料：低筋麵粉、油、奶油、麥芽精、鹽、糖、小蘇打。
↓　　　　　　　　　　　2. 攪拌水溫15℃。
↓　　　　　　　　　　　3. 第一次發酵麵糰加入攪拌，攪拌時間15分鐘。
第二次發酵　　　　　　1. 發酵室溫度：18℃，溼度：70%。
↓　　　　　　　　　　　2. 發酵時間4小時。
↓　　　　　　　　　　　3. 發酵後麵糰溫度：28℃，pH：6.8。
延壓　　　　　　　　　麵糰切成適當大小麵糰，經延壓機延壓
↓
五滾輪摺層　　　　　　1. 摺層數3層以上，4層更佳。
↓　　　　　　　　　　　2. 延壓麵糰不能中斷。
灑油酥粉
↓
三道滾輪延壓　　　　　延壓麵糰厚度至2～2.5mm
↓
印模、針孔
↓
灑食鹽
↓
烘焙　　　　　　　　　前段溫度高，後段溫度低
↓
噴油
↓
冷卻
↓
整列 → 領餅 → 包裝 → 入盒 →裝箱（成品）

＋知識補充站

1. 餅乾下陷表示底火太強，上火不足，上凸表示底火不足，上火太強。
2. 蘇打餅乾使用高筋麵粉取其筋性，低筋麵粉取其擴展性，因每批麵粉品質有差異，通常將高、中、低筋麵粉混合調整使用。

10.10 薄脆餅乾

徐能振

薄脆餅乾屬於硬質餅乾，通常使用化學膨鬆劑（蘇打粉、銨鹽、發粉），讓麵糰膨發，麵粉以中筋麵粉調配低筋麵粉為多，一般以直接法攪拌，麵糰溫度達 38℃，酵素類餅乾更高達 40℃。麵糰攪拌至完全擴展，攪拌完成之後，麵糰要鬆弛 30 分鐘至 1 小時，酵素類餅乾麵糰鬆弛時間要更長，為使產品多樣化，有些在配方中添加馬鈴薯粉或玉米澱粉，口感變化更多。

整型後，除少數產品經過摺疊機，有些不經過摺疊機，即經過三段滾輪漸次延壓成薄麵帶，最少可至 1mm 以下，再送入滾模或壓模機，依產品需求，可灑糖或灑鹽。

以連續式隧道爐烘焙，因餅乾較小且較薄，烤爐溫度較蘇打餅乾為低，但輸送帶速度要調快，烘焙後直接噴油，以增加色澤與風味。

薄脆餅乾因麵皮薄，烘焙速度快，烤爐的溫度控制尤其重要，若底火太強，上火不足，餅乾體會凹陷，周邊上色差，若底火不足，上火太強，餅乾體會上凸，周邊一烤焦。除了控制爐溫與速度外，麵糰軟硬度、原料配方、攪拌時間的控制，都非常重要。

薄餅未來趨勢，將走向調味休閒包裝方式，也就是從產品的生產設計開始，採用一貫化作業，在印模成型時，以無剩餘回收邊料的餅模，經烘焙出爐後，隨即壓裂為餅體，經噴油以及加調味粉，冷卻後再包裝。另一個趨勢就是健康導向，添加紅麴、綠藻、藍藻、乳酸菌、酵母萃取物等健康素材，或添加青蔥、蔬菜、全穀物等作高纖訴求。

薄脆餅乾因產品特性，後段需要配合較大空間的自動化包裝設備，以高量產、高效率以提高市場競爭力。

餅乾小博士解說

1. 近年來，這類型產品更加成熟，除了添加健康取向素材外，還有添加保健素材的產品。
2. 薄脆餅乾，通常使用小蘇打作為膨鬆劑。
3. 依產品特性，有些不經過摺疊機，直接倒入三段滾輪，漸次延壓成薄麵帶。
4. 薄脆餅乾與威化餅乾的配方製程完全不同，前者以薄麵帶成型，以隧道爐烘焙；後者以麵漿成型，以熱壓夾板熟製麵糊。

薄脆餅乾製程

原料 （中筋麵粉、糖、鹽、酥油、水、膨鬆劑、添加物）
↓
混合攪拌
↓
摺層
↓
三道滾輪延壓　　　　　　　　延壓麵糰，厚度至1～2mm
↓
印模
↓
灑糖、灑鹽 → 成型 → 針孔（去除氣體）
↓
烘焙
↓
噴油、噴調味料
↓
冷卻
↓
整列 → 金屬探測器 → 包裝 → 入盒 → 裝箱（成品）

✚ 知識補充站

1. 化學膨鬆劑在高溫或酸鹼中和下，能產生氣體來幫助餅乾膨大與酥鬆，最常用的有蘇打粉、銨鹽、發粉。

2. 蘇打粉：即小蘇打，鹼性，化學式為碳酸氫鈉（$NaHCO_3$），可控制產品pH值，會降低麵粉筋性，增加擴展性，但使用過量，產品會扁平，而有皂味，影響品質。

3. 銨鹽：包括碳酸氫銨（NH_4HCO_3）及碳酸銨（$(NH_4)_2CO_3$），受熱後都會分解成氨、二氧化碳及水，是餅乾膨大的來源，但氨氣氣味令人不悅，量不能加太多。

4. 發粉（baking power）：
最常使用之膨大劑，主要由小蘇打、酸性鹽及填充劑所構成；酸性鹽用於中和小蘇打，與水作用也會產生二氧化碳，填充劑用於分散兩種鹽類，避免酸鹼中和而失效。因酸性鹽成分不同，而分成快性發粉、慢性發粉及雙重發粉。快性發粉作用速率快，適合烘焙時間短的產品，如：小西餅；慢性發粉作用速率慢，入爐受熱才會產生二氧化碳，所以慢性發粉及雙重發粉，適合烘焙時間長的產品如：蛋糕。

10.11 韌性餅乾

施柱甫

　　韌性餅乾因長時間調粉，形成韌性極強的麵糰，國際上稱爲硬質餅乾。韌性餅乾採用中筋麵粉製作，麵糰配方中使用油脂與糖較低，通用配方比是油：糖=1：2.5；油＋糖：麵粉=1：2.5。配料混合後，一般都採用雙槳立式攪拌機來調製，不宜採用臥式 S 形攪拌機，以避免攪拌漿斷裂。麵糰調製時，先低速攪拌使充分吸水、膨潤後，麵糰再持續攪拌揉捏、摔打，使形成結實網狀結構，此時麵糰具有最佳的彈性和伸展性，爾後繼續攪拌切割、翻動涇麵筋，使麵筋彈性降低、吸收的水分析出，此時麵糰變得柔軟、有可塑性，調製後麵糰彈性變小和變軟可用來判斷麵糰攪拌良窳的品質。韌性餅乾麵糰通常使用焦亞硫酸鈉作爲品質改良劑，它釋放出的 SO_2 可降低麵筋彈性、提高麵筋可塑性。攪拌調粉後的靜置可消除麵糰內部張力、減少餅乾的韌縮，麵糰壓延時麵皮會產生縱橫之間收縮的差異，可藉由壓延、擺疊轉向次數來改善，壓延、擺疊後麵片的厚度應控制在 3mm 以下。

　　韌性餅乾麵糰調製時產生較多的麵筋，烘烤時脫水速度極爲緩慢，因而多採用低溫、長時間的烘烤條件。韌性餅乾因糖、油含量低，烘烤時容易產生裂縫，冷卻時不宜強制通風，避免溫度下降太快及空氣太過乾燥，導致產品的破碎。韌性餅乾表面光潔，花紋呈平面凹紋，帶有針孔以防止餅乾表面起泡，它的香味淡雅，質地硬且鬆脆，橫斷面層次清晰。韌性餅乾主要作爲點心，它的代表性產品以動物、玩具餅乾、兒童營養餅乾等不規則形態的產品爲主。

　　韌性餅乾生產設備主要有：調粉機、壓延機、沖印成型機、遠紅外線隧道式網帶電烤爐、冷卻輸送機等。

韌性餅乾製程

配料
↓
中筋麵粉、油脂、奶製品、糖、食鹽、水、疏鬆劑、抗氧化劑、品質改良劑（焦亞硫酸鈉）

麵糰調製
↓
加水量 18～20%，使麵糰鬆軟
攪拌調粉 22～24 分鐘，調製後麵糰溫度 38～40°C
使麵糰彈性變小、稍軟

靜置
↓
靜置 12～18 分鐘消除麵糰內部張力、減少餅乾韌縮

壓延
↓
麵糰壓延 9～11 次，2～4 次擢疊轉向
壓延、擢疊後，麵皮厚度＜3mm

成型
↓
成型模型使用有針孔凹花圖案
防止餅乾表面起泡

烘烤
↓
低溫、長時間烘烤
烘烤溫度 220～240°C，時間 6～8 分鐘

冷卻
↓
冷卻時不宜強制通風，避免餅乾破碎
冷卻使接近室溫

成品包裝
↓
裝箱
↓
儲藏
↓
室溫儲藏，保質期 1 年
製品生菌數：1.0×10^5CFU/g
大腸桿菌群（coliform）、沙門氏細菌、金黃葡萄球菌：陰性

出庫

10.12 威化餅乾

施柱甫

　　威化（wafer）餅乾又稱華夫餅乾，是一種夾心餅乾，是一種有多孔性結構、餅片之間夾有餡料的多層夾心餅乾，具酥脆、入口即化特點。威化餅乾是餅乾類中的高檔餅乾，隨著不同餡料的搭配，可加工出不同風味、各具特色的產品。

　　威化餅乾是由單片餅乾、餡料組成的特色餅乾品類。「單片餅乾」是由小麥粉、澱粉、油脂、水及膨鬆劑組成的麵漿，麵漿調製時使空氣混合均勻，經過烘烤可得到疏鬆的薄片製品。漿料含水量、溫度、攪拌時間是品質良窳的關鍵技術，漿料「太稀」時單片太薄烘烤的單片容易脆裂和漿料「太稠」時產生缺角都會造成浪費；調漿時溫度過高產生醱酵酸臭味，烘烤的單片也容易脆裂；攪拌時間太長漿料產生筋性，烘烤的單片不鬆脆、僵硬。威化餅乾的「餡料」以油脂為基料，另添加白砂糖、香料、色素及適量的香料、色素等攪拌而成，白砂糖磨成糖粉以 100～130mesh 過篩，避免糖粉顆粒造成的粗糙感。餡料攪拌時由於混入的空氣，使餡料體積膨脹、疏鬆，有助於改善成品品質和降低成本，調製的餡料應均勻、細膩、入口即化。

　　威化餅乾是多層次夾心類製品，餅皮以小麥粉、澱粉為基本原料，小麥粉與澱粉總量以 100% 計，油脂用量為 1.5～2.5%，用水量為小麥粉量的 140～150% 及其他適量的膨鬆劑等；餡料以油脂為基本原料，油脂以 100% 計，糖粉用量為 100～125% 及適量的香料、色素等；夾片烤模溫度（180～200℃）應均勻使製品色澤一致。隨著夾心餡料不同風味各異，常見的系列產品有檸檬威化餅乾、可可威化餅乾、抹茶威化餅乾等。

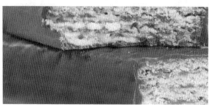

威化餅乾製程

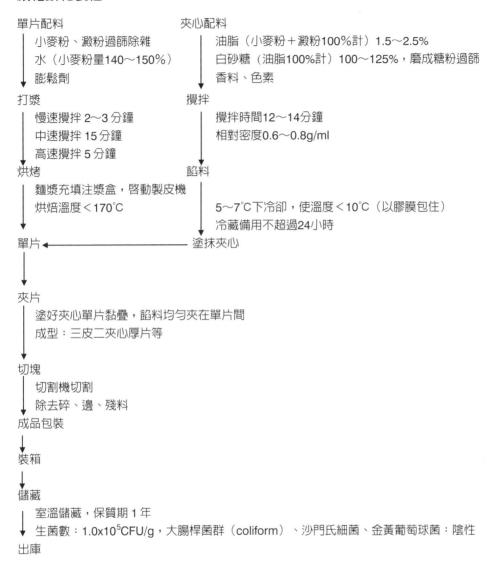

單片配料
- 小麥粉、澱粉過篩除雜
- 水（小麥粉量140～150%）
- 膨鬆劑

↓

打漿
- 慢速攪拌 2～3 分鐘
- 中速攪拌 15 分鐘
- 高速攪拌 5 分鐘

↓

烘烤
- 麵漿充填注漿盒，啓動製皮機
- 烘焙溫度＜170℃

↓

夾心配料
- 油脂（小麥粉＋澱粉100%計）1.5～2.5%
- 白砂糖（油脂100%計）100～125%，磨成糖粉過篩
- 香料、色素

↓

攪拌
- 攪拌時間12～14分鐘
- 相對密度0.6～0.8g/ml

↓

餡料
- 5～7℃下冷卻，使溫度＜10℃（以膠膜包住）
- 冷藏備用不超過24小時

↓

單片 ◀──────────── 塗抹夾心

↓

夾片
- 塗好夾心單片黏疊，餡料均勻夾在單片間
- 成型：三皮二夾心厚片等

↓

切塊
- 切割機切割
- 除去碎、邊、殘料

↓

成品包裝

↓

裝箱

↓

儲藏
- 室溫儲藏，保質期 1 年
- 生菌數：1.0x10⁵CFU/g，大腸桿菌群（coliform）、沙門氏細菌、金黃葡萄球菌：陰性

↓

出庫

10.13 義式通心麵

施柱甫

通心麵在國外是極爲普遍的麵製品（尤其義大利），它採用蛋白質含量高的硬麥「杜蘭麥（durum wheat）」爲原料，其和麵的原理和加工與掛麵相同，成型的原理和加工與掛麵不同，它是利用不同的模具擠壓成型的，擠壓出空心或實心的圓形麵條、螺殼狀、車輪狀等各種花色品種。

通心麵具較高強度不易斷裂、久煮不黏連、湯不混濁，口感圓滑有嚼勁，回鍋再煮不影響原有質地和口感。原輔料粒度均勻時與水充分水化作用速度快亦均勻，水化作用均勻可減少通心麵製品產生未水化顆粒（白色斑點）發生。調粉前應先將原輔料混合均勻後，再加入溫度 33～35℃的水調粉，如使用液狀鮮蛋應扣除液蛋中水分的含量。

混合好的溼麵糰輸入擠壓蒸煮機，經由擠壓螺桿使麵糰通過擠壓末端成型模板，模板面上的刀刃決定製品的長度和形狀。短通心麵製品以裝有旋轉刀刃圓面模板切斷通心麵，長條製品則採用水平模板。擠壓螺桿能揉麵且能控制麵糰生產能力，擠壓螺桿旋轉速度產生的摩擦力和剪切力，影響麵糰溫度和製品的品質，麵糰溫度過高降低麵筋筋性，影響製品蒸煮品質，一般麵糰溫度控制在 40～48℃。

擠壓成型時，製品產生的氣泡使產品不透明，且在乾燥時易產生裂紋，可在攪拌調粉或擠壓階段採用真空脫氣操作，排除麵糰中的空氣，可使通心麵乾製品結實緊密。而降低麵糰中含氧量可降低脂肪氧化酶活性，減少葉黃素與空氣接觸產生的氧化（脫色）作用，以保持較好的色澤。此外，乾燥採用微波或高溫時，可避免高溫條件下氣泡的膨脹影響製品品質，通心麵製作中脫氣操作至爲重要。

水煮或汽蒸後的製品通常採用「熱風乾燥」乾燥，乾燥溫度過高製品褐變，溫度過低製品外觀呈米黃色、無透明感、製品復水差、復水時間長，而以「微波加熱」乾燥時不易龜裂時間也較短。爲避免麵條乾裂並使內外水分趨向平衡，一般以「保溼，乾燥」法進行乾燥。通心麵製品水分含量要求低於 12.5%。

通心麵製程

配料
↓ 杜蘭砂礫粉（Semolina，蛋白質14～15%）、蛋粉、水（麵粉重量的30%）

和麵、攪拌
│ 第一次加水混合 6～10 分鐘（高速雙軸攪拌機，轉速120r／分鐘）
│ 第二次真空攪拌 7～9 分鐘（單軸攪拌機）
↓ 水溫 33～35℃

擠壓成型
│ 麵糰溫度 40～48℃
│ 通心麵壓力 3～10Mpa，切斷轉速 18～20r／分鐘
↓ 螺殼粉壓力 8Mpa，切斷轉速 60～64r／分鐘

水煮或汽蒸

　水煮法：(1)壓力 0.1～0.3Mpa，溫度 110～220℃，時間 4～18 分鐘
　　　　　(2)水洗或浸泡
　汽蒸法：(1)壓力 0.1～0.2Mpa，溫度 110～125℃，時間 2～3 分鐘
　　　　　(2)水溫度 60～100℃ 噴淋 50～60 分鐘後，再復蒸 2～8 分鐘

乾燥
│ 預乾燥：溫度 30→50℃，時間 45 分鐘，相對溼度 85%
│ 主乾燥：溫度 50～60℃，時間 12～18 小時，相對溼度 90%→75%
↓ 風速 5～18m/s

成品包裝
↓

裝箱
↓

儲藏
│ 水分含量＜12.5%
│ 室溫儲藏，保質期 2 年
│ 製品生菌數：1.0×10^5CFU/g
↓ 大腸桿菌群（coliform）、沙門氏細菌、金黃葡萄球菌：陰性

出庫

10.14 蛋捲

顏文俊

蛋捲的故事

蛋捲是非常好吃的傳統烘焙點心，在兩片高溫煎盤裡壓得薄薄的餅皮，可以變化許多不同的蛋捲，麵糊配方改變，可以產出脆質的和酥質的不同口感，當然糖分較多較硬脆，油脂較多口感就偏酥。蛋捲滾捲的方法有很多，最普遍是用不鏽鋼圓棒或木棒壓住，然後用手掌捲圓，放著冷卻後，脫掉捲棒放盒包裝，這種手工製作太慢，以前我工廠購買國內製造自動化蛋捲機十台，一台機器左右各有兩煎盤，當右煎盤在注料時，上煎盤正好移在左煎盤向下壓煎，約 8 秒鐘，上煎盤一到下個右煎盤煎餅時，這移動的 5 秒間，會有圓棒壓下捲滾，捲滾完畢上升，正好注料，一個循環 15 秒內，最怕是捲不起來，原因是煎好的蛋捲餅片太滑太油，無法跟著捲棒捲圓，就是不良品！所以動腦筋在底煎盤刻溝痕增加一點阻力，捲棒也有溝紋設計，這樣良率能增加。後來想更自動化，向奧地利專做夾心酥餅皮的 HASS 公司購買自動蛋捲機，外國技師來了解蛋捲生產實際狀況，買來大型蛋捲自動化機器，好幾年試車都無法降低不良率，只好放置不用了。最近市面有一種蛋捲沒有捲圓，只有擋住變波浪狀在放成 8 字形冷卻，裝入盒內。早期鄉下有人將麵糊放在茶壺內，將麵糊手工定量倒到煎盤上，煎好再用湯匙盛入花生粉和肉鬆，然後迅速用手包成一包，放置冷卻，這種肉鬆花生蛋捲好吃！

脆質的蛋捲最有名是脆笛酥，這項產品的煎焙機構是採大型圓鼓狀，直徑約 2 米，寬約 10 公分，圓鼓不斷旋轉，底部經過麵糊區，會吸附薄薄一層均勻麵糊，轉到 8 點鐘位置，就開始加熱烘烤到 12 點鐘位置已經烤焙完成，這裡有刮刀將餅帶與滾輪分離，同時被旋轉鋼管牽引成管柱狀，並且噴塗薄層巧克力漿，接著冷卻固定長度切斷，甚至有旋轉壓切成小粒枕形狀產品。酥質蛋捲可分成網狀結構的港式蛋捲和均勻麵糊的台式蛋捲，網狀結構目的增加孔隙增加酥度，麵糊攪拌放入蛋液，最後約四分之一不必攪拌均勻，看起來有些花花的蛋水，最後加入麵粉攪拌會產生條狀出筋。

蛋捲也算是煎餅類的一項，有上下兩片煎盤的產品，在生產過程都會產生不少冒出煎盤四周的未熟煎料，非常浪費，只能當廚餘收拾，即使有封閉的厚煎餅模，四周也要留幾個孔，以便膨脹空氣排除，讓麵糊完全均勻分布。蛋捲煎捲完成冷卻，必須把兩端不整齊部分切下，整齊放入包裝膠襯內，再放一包脫氧劑，然後用 KOP 包裝袋真空包裝入盒出售。兩端熟的邊料可以收集再利用或以下腳品出售。

蛋捲的配方其實很簡單，和磅蛋糕、貓舌餅配方幾乎相同！傳統蛋捲強調酥度都使用豬油，考慮素食者的需求，現在有人改用酥油或奶油。

蛋捲配方			貓舌餅雪茄捲配方			磅蛋糕配方		
豬油	48kg	100%	無水奶油	1kg	100%	無鹽奶油	450g	100%
糖粉	48kg	100%	糖粉	1kg	100%	高筋麵粉	450g	100%
全蛋	48kg	100%	全蛋	0.5kg	50%	鹽	10g	0.02%
鹽	0.5kg	0.01%	蛋白	0.5kg	50%	糖粉	450g	100%
低筋麵粉	44kg	91.6%	鹽	0.01kg	0.01%	全蛋	450g	100%
高筋麵粉	4kg	8.4%	中筋麵粉	1kg	100%	檸檬汁	30g	0.06%
合計	192.5kg		合計	4.01kg		合計	1,840g（4.1磅）	
1. 糖油拌合法，豬油或酥油加入糖粉與鹽，用槳狀拌打器打發，雞蛋液分批加入。 2. 低筋麵粉和高筋麵粉加入拌勻，過濾不結塊。			1. 無水奶油用溫水軟化呈流動性，糖粉、麵粉先過篩。 2. 無水奶油拌入糖粉全蛋，再加入蛋白，最後拌入麵粉與鹽，輕輕拌勻光滑狀。			1. 粉油拌合法，無鹽奶油與高筋麵粉、鹽、糖粉用槳狀拌打器高速拌打充氣。 2. 將全蛋與檸檬汁分3次慢速加入，注意缸底翻拌。		

　　相同比率的糖、油、麵粉、蛋，使用不同順序的製程，居然產出不同的產品，真有趣！磅蛋糕的麵粉可以用各種米粉全部取代，蛋糕體積居然不變，其中只有糯米粉體積較小。貓舌餅的油脂要軟化，避免過度攪拌產生氣泡，造成貓舌餅表面有孔洞餅乾容易破裂。貓舌餅表面要細緻，四周要薄要尖有一圈焦黃色。

小博士解說

1. 現代飲食健康要求：二高：高纖維、高鈣；六低：低糖、低油脂、低鈉鹽、低膽固醇、低GI、低熱量。
2. 食品市場趨勢：重視安全、健康、美味、無負擔、低熱量、低糖、低油脂、低鈉鹽、低碳足跡、在地食材、透明包裝、潔淨標示、輕食、全穀、高纖維、高鈣、低GI值、方便、創新、流行潮。蛋捲產品配方很多，可以朝向這些方向研究改善。

10.15 泡芙

顏文俊

　　泡芙又稱奶油空心餅（cream puff），利用水、鹽、油在鍋中煮沸後加入麵粉，攪拌充分糊化膠化爲止，冷卻到手溫，加入蛋液，擠花袋擠注麵糊，利用烤焙蒸氣，烤爐不可以開爐，烤好的泡芙體積約漲大 3 倍以上。內部空心，可以擠入不同的內餡，如布丁餡，表面可以放西點圓片或長片，就是市售的脆皮泡芙或閃電脆皮泡芙。

脆皮泡芙表面冷凍西點製作

原料名稱	用量（g）	百分比（%）	製程說明
無鹽奶油	60	25	4種原料，奶油、細砂糖、奶粉低筋麵粉裝入1斤PE袋，用手揉勻，然後將此麵糰壓平，約3mm厚，移到冰箱凍硬，然後用圓環切出直徑5公分圓片或切出長15公分、寬2公分長片，放在麵糊表面。配方中可以加入即溶咖啡粉或可可粉。
砂糖	50	21	
全脂奶粉	10	4	
低筋麵粉	120	50	
合計	240	100	

泡芙餅皮製作與烤焙

原料名稱	用量（g）	百分比（%）	製程說明
水	180	100	1. 用厚雪平鍋或不鏽鋼鍋放入水、奶油、鹽煮沸，然後將麵粉加入，再用木棒充分攪拌，到鍋底有結疤時熄火。
無鹽奶油	150	83	
食鹽	2	1	2. 將麵糰放入攪拌缸內，溫度降到約40℃時，再將全蛋、香草水慢慢加入用槳狀拌打器攪拌成麵糊狀，放入擠花袋。
高筋麵粉	180	100	
全蛋	270	150	3. 用1公分平口花嘴擠每個約40g 18個，200℃烤20分鐘，關上火再烤15分鐘。
香草水	2	1	
合計	784	40g×18個	

泡芙奶油布丁餡製作

原料名稱	用量（g）	百分比（%）	製程說明
牛奶	700	100	1. 不鏽鋼鍋放入全蛋、蛋黃、細砂糖、鹽、玉米澱粉用打蛋器拌均勻，另一鍋放牛奶煮到60℃，將此熱牛奶倒入蛋糖澱粉糊中拌勻，並繼續用小火或隔水加熱讓布丁糊澱粉完全糊化。
全蛋	105	15	
蛋黃	70	10	
細砂糖	140	20	
鹽	4	0.6	2. 布丁糊趁熱加入無鹽奶油，拌勻。
玉米澱粉	91	13	3. 泡芙可以先用低溫烤乾。
無鹽奶油	45	14.3	4. 布丁餡刮入擠花袋內，用長管尖花嘴，趁熱把布丁餡定量擠入泡芙內。每個約充填餡料55g冷藏。
合計	1,155	55g×18個	

臺灣外銷小泡芙很有名，小泡芙通常要分三段生產，首先在鋼板帶烤爐生產，一排十幾個擠出口，擠出小麵糊，烤完後，還要再一次用低溫慢速將餅體水分烤到 2% 以下，最後收集放在定位擠注機，將巧克力或奶油夾心霜擠到小泡芙內，經冷卻隧道將巧克力固化，定量包裝成商品。小泡芙也有將巧克力淋掛在小泡芙外表上，是蠻好吃的點心！

小博士解說

1. 烘焙原料有兩大類，柔性材料與硬性材料。原料營養成分可分蛋白質、脂肪、醣類、礦物質與維生素、水六項，烘焙是高溫處理，六項成分中蛋白質會固化，脂肪和醣類會軟化流變。麵粉有麵筋成分，麵筋是蛋白質，全蛋是蛋白質，鹽能促進麵筋凝結，所以麵粉、全蛋、蛋白、牛奶、鹽等是烘焙製作硬性材料，糖類、油脂、膨脹劑是烘焙製作柔性材料。了解材料的柔性和硬性的特性，可以調整配方做出理想產品。

2. 泡芙的麵粉是硬性材料和結構材料，使用高筋麵粉體積愈大內部空心愈大，低筋麵粉伸展性差體積小。流質油做成泡芙比較不易保持形狀，固體油脂容易保持泡芙外型完整。配方的水和全蛋在熬煮時促成麵粉糊化，在高溫時變成水蒸汽，造成泡芙的膨脹。烤焙泡芙的上半段時間必須緊閉爐門和排氣孔，保持爐內水蒸汽維持漂亮泡芙外表，下半段時間將泡芙烤乾，以便灌入布丁餡。

第11章
餅乾品管

11.1　餅乾定義與特色

11.2　餅乾分類

11.3　餅乾製程與設備

11.4　原材料品管

11.5　製程品管

11.6　成品品管

11.7　餅乾包裝標示與營養標示

11.8　餅乾工業市場與發展趨勢

11.9　餅乾製作注意事項

11.1 餅乾定義與特色

顏文俊

定義

根據 CNS 國家標準中餅乾的定義，餅乾是一種烘焙麵食，以麵粉為主，添加糖類、油脂、乳製品、蛋類、核果、澱粉、可可粉或調味劑、膨脹劑、香料、乳化劑、著色劑等作為原料，調製麵糰或麵糊，經成型，高溫烘烤成多孔、酥脆、含水率較低，可以保存較長時間之產品，再與奶油霜、果醬、巧克力、糖霜、棉花糖、牛軋糖等結合或裝飾成再次加工品，演變成各種高價伴手禮或婚慶禮盒。

目前國內餅乾市場蓬勃發展，原本國內本地廠商產品占大部分，現在因市場國際化、自由化、多樣化，進口餅乾琳瑯滿目，大致分成歐美日高級品與東南亞、大陸廉價品，導致國內廠商競爭壓力很大，我們似乎仍有很大發展空間。最近許多新的餅乾工廠不斷創設生產，值得大家來努力經營拓展。

特色

烘焙食品很多，如麵包、蛋糕、西點、中點、餅乾等，餅乾的特色是其含水率較低，水活性低，可在常溫流通，有效期限長，通常需要良好包裝，常溫保存期限通常可達 1 年之久，然而其他烘焙食品含水率通常約 20～40%，是半溼性食品類（HMF），常溫保存最多只能 7 天左右。

餅乾的另外特色是大量自動化生產包裝，通常餅乾每天 8 小時產量可達 8～10 噸，產量很大，蛋糕西點無法比較，但是價格大眾化，薄利多銷。最近國內風行手工製作（home make）精緻多變化的餅乾西點，甚至以禮盒高單價行銷，市場蠻大，推估有數十億市場。

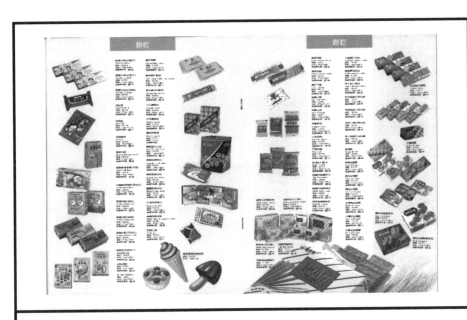

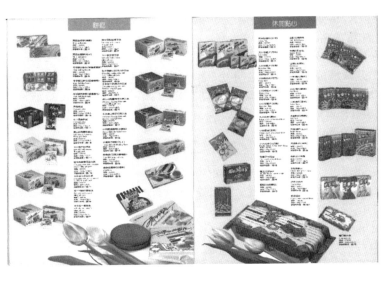

11.2 餅乾分類

顏文俊

餅乾分類方法很多，可以依原料分、依質地分、依口味分、依成型方法分、依製程等分類方法，通常以質地分類及成型方法分類最常用，如果用這兩種分類法交叉分類，就非常詳細。

依質地分類

可大分類爲酥脆類（crispy type）、柔韌類（chewy type）、夾心裝飾類（sandcream and decoration type）三大類。酥脆類是比較傳統餅乾硬酥脆的口感質地，大多數消費者習慣的質地，而柔韌類餅乾是具有柔潤韌勁咬感的餅乾，如軟餅乾（soft cookie，chewy cookie），從歐美流行到本地來，漸受國人歡迎！各種餅乾加以夾心或裝飾變化，可以創造出許多新口味新產品。

1.酥脆類餅乾，又可分類成下列幾種：

(1) 硬質餅乾（hard biscuit）

通常是以加水攪拌麵筋擴展完成之麵糰（dough），疊層壓延成麵糰薄片（dough sheet），經印切或滾切成型，再經烤焙之餅乾，麵糰含油率低，因此質地較硬爲特點，也可均勻撒放砂糖或椰子乾，烤完趁熱噴油光亮，大多數爲甜餅乾。如口糧餅乾、瑪莉牛奶餅、椰子奶滋餅乾、大豆蛋白餅乾等。

(2) 酥質餅乾（short biscuit）

通常麵糰添加多量油脂，含水率低，攪拌麵筋無法擴展之麵糰，經滾模、線切、擠出或凍塊成型再烤焙之餅乾，麵糰含油率高，麵筋又無擴展，因此質地較酥（short），大多爲甜餅乾也有油蔥鹹口味。如ㄋㄟㄋㄟ牛奶餅、酥富餅乾、Oreo 奧利奧餅乾等。

(3) 脆餅乾（cracker）

通常是以加水攪拌麵筋擴展完成之麵糰（dough），疊層壓延成麵糰薄片（dough sheet），經印切或滾切成型，再烤焙之餅乾。餅乾大多趁熱表面噴油，表面有光澤又可加以調味，質地較脆（crispy），大多爲非甜或鹹味。又可分爲①化學型（chemical cracker）、②酵素型（enzyme cracker）、③發酵型（fermentation cracker）等三小類。化學型有奇福餅乾、小點心膨發脆餅等，酵素型有時時餅乾、麗詩餅乾等，發酵型有蘇打發酵脆餅（soda cracker）、奶油發酵脆餅（cream cracker）、乳酪發酵脆餅（cheese cracker）、高纖發酵脆餅（fiber cracker）、蔬菜發酵脆餅（vegetable cracker）等。

(4) 小西餅（cookie）

通常是以含多量蛋、油脂、糖質的較軟麵糊（batter），經擠注、擠出、凍切或刷模成型在鋼帶片上或耐烤模型內烤焙之餅乾，餅乾質地酥鬆，形狀較難控制一致性，大多爲甜餅乾。如儂格酥（langue de chat）、貓舌薄餅、丹麥酥餅、指形小西餅、椰球小西餅、紅糖腰果酥冷凍西點等。最近流行使用刷模成

型或滾刷成型設備生產薄脆小西餅，出爐立即全自動捲成雪茄捲西點，這類小西餅餅乾非常好吃，生產烤爐出來必須立即捲成雪茄狀再澈底烘乾，多用於高檔婚慶伴手禮。

(5) 煎餅（wafer）

通常是以含多量蛋或水的較稀有流動性麵糊，經流注烤模內整模煎烤，開模取出餅乾。又可分成糖油蛋煎餅（Chinese wafer）與華富夾心酥（sugar wafer）二小類。

糖油蛋煎餅含多量雞蛋與蔗糖，質地較硬，又可分成①港式酥蛋捲、②台式厚蛋捲、③傳統瓦片煎餅、④脆笛酥。港式酥蛋捲使用大量雞蛋，攪拌方法特殊形成網狀結構，產生酥脆口感，台式厚蛋捲經常用高速煎模生捲心酥，可以自動充填夾心油霜，傳統瓦片煎餅可添加花生仁、芝麻、椰子絲等，也可趁熱彎曲成瓦片狀或夾紙條成幸運煎餅，枝狀脆笛酥煎模進入麵糊中，沾上一層麵糊經數秒燒烤後連續捲成條狀冷卻截切包裝，可以連續充填薄薄各種巧克力或壓扁成枕狀或片狀，變化很多。

華富夾心酥的麵糊是使用麵粉和澱粉攪拌，很稀的麵糊，不含糖質、雞蛋，必須添加卵磷質乳化添加油脂，才能容易脫模，產品很輕，容易吸溼，無味，必須夾心包裝才能銷售。

(6) 鬆餅（puff pastry）

通常是高筋麵粉攪拌之麵筋完成麵糰，包裹起酥奶油，再疊層壓延成多層次未出筋之油麵之麵糰薄片，烤焙成層次分明的鬆酥餅乾。如各種方塊酥、羅浮法格酥、葡萄法格酥、杏片千層派、眼鏡愛心酥等。

(7) 其他

許多無法歸類之產品如芳露蛋酥、小饅頭等。

2.柔韌類（chewy type）

香檳葡萄夾心塊餅。

3.夾心裝飾類（sandcream and decoration type）

夾心泡芙、果醬塔餅

依成型方法分類

1. 印切成型（stamping cutting）。
2. 滾切成型（rotary cutting）。
3. 滾模成型（rotary molding）。
4. 線切成型（wire cutting）。
5. 擠注成型（depositing）。
6. 刷模成型（stencil molding）。
7. 擠出成型（extruding）。
8. 凍切成型（frozen cutting）。

9. 模煎成型（wafer forming）。
10. 滾圓成型（pan coating）。
11. 其他手工（home made）。

餅乾分類表

成型方式 外觀質地	1 印切 滾切	2 滾模	3 線切	4 擠注	5 擠出	6 凍切	7 刷模 滾刷	8 模煎	9 滾圓	10 手工 其他
A硬質餅乾	A1									A10
B酥質餅乾		B2	B3							B10
脆餅乾 C化學型	C1									
脆餅乾 D生物型	D1									
脆餅乾 E酵素型	E1									
F小西餅				F4	F5	F6	F7		F9	F10
G煎餅							G7	G8		
H千層鬆餅	H1					H6				H10
I柔韌軟餅類				I4	I5					I10
J夾心裝飾類	J1	J2		J4				J8		

（酥脆類）

餅乾分類與產品舉例

質地與成型法		產品舉例
硬質	A1	口糧餅、瑪莉牛奶餅、椰香奶滋餅、動物造型餅
硬質	A10	手工牛奶餅條
酥質	B2	ㄋㄟㄋㄟ牛奶餅、酥富餅乾、Oreo奧利奧餅乾
酥質	B3	蛋黃餅
酥質	B10	
脆餅	C1	奇福餅乾、小點心膨發脆餅
脆餅	D1	時時餅乾、麗詩餅乾
脆餅	E1	乳酪蘇打脆餅、高纖蘇打脆餅、蔬菜蘇打脆餅

餅乾分類與產品舉例（續）

質地與成型法		產品舉例
小西餅曲奇	F4	丹麥小西餅、轉花小西餅、蛋糕餅
	F5	洋芋卡拉棒、毛巾蛋糕捲
	F6	杏仁核桃冰箱西餅
	F7	
	F9	芳露小蛋酥、小饅頭
	F10	
煎餅	G7	貓舌奶油薄餅、雪茄奶油捲
	G8	甜筒杯、華富夾心酥、港式蛋捲、花生煎餅、脆笛捲心酥
千層鬆餅	H1	羅浮法格酥、葡萄法格酥、草莓醬法格酥、杏仁蜜蘭諾
	H6	歡心眼鏡派
	H10	
柔軟	I4	紅糖葡萄乾燕麥酥
	I5	香檳葡萄餡餅條
	I10	
夾心	J1	祈福夾心餅、蘇打夾心餅
	J2	
	J4	
	J8	

市售商品照片

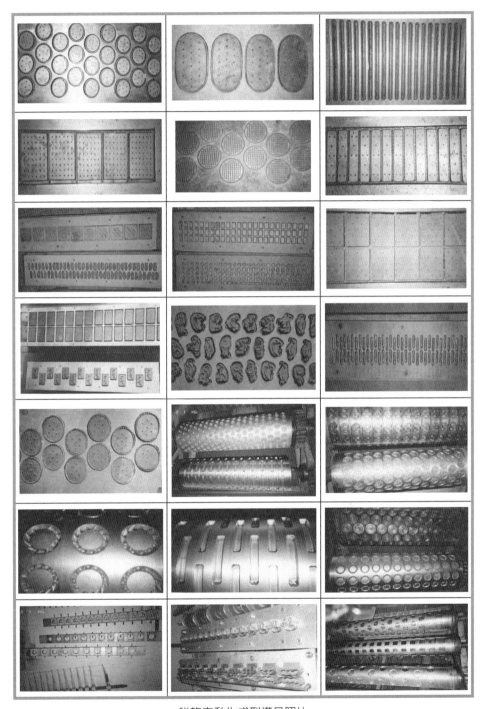

餅乾自動化成型模具照片

產品參考配方

分類代號 / 原料名稱	A1 口糧餅	A1 瑪莉牛奶餅	A1 椰香奶滋餅	A1 紅麴芝麻脆薄餅	A10 手工牛奶餅條	B2 ㄋㄟㄋㄟ牛奶餅	B2 椰子酥富餅	B2 黑色奧多餅	B3 線割酥富餅	C1 祈福餅乾	D1 月見酥乾	E1 乳酪蘇打餅
高筋麵粉									100			
中筋麵粉	100				100	100		100				50
低筋麵粉		100	100	100			100			100	100	50
馬鈴薯澱粉			2.3						5			
粗糖粉		23	20	17		27	30	42	45	10	18	
細砂糖			3	25								
糖水（Bx60）	43								麥芽抽出精	4		
蜂蜜轉化糖						20		22	5			
雪白油	9	4.5	7	5.8					10	12	9	2.5
酥油												
無水奶油		9	7	9	20	45			45	45	7	18
豬油												
全脂奶粉		4.5			5	38	2.7	15	23		2.5	
煉乳		2.3	2.3	3	10		4.5			3		
全蛋液	2.7				17	8	2.7	11	10			
蛋黃											18	
深黑可可粉								23				
椰子粉			7.2				5		酵母水解粉	2		
乳酪粉		1			2							4
紅麴粉				3								
白芝麻				4.6						即發酵母		0.8
膨脹劑	2.2	1	2.5	1.5		1	1.5	1		2.5	5	0.1
鹽	1.2	0.5	1.0	1	0.2	1	1	0.6	1.3	1.5	1	0.5
水	27	27	25	24	20	0	0	0	18	30	23	27
噴棕櫚油		11	10	10						10	7	8
表面刷醬油奶水撒砂糖							25					
醣化與蛋白分解酵素											0.1	

產品參考配方（續）

分類代號	F4	F5	F6	F9		G7		G8				
產品名稱 配方（g） 原料名稱	丹麥小西餅	轉花小西餅	洋芋卡拉棒	核桃冰箱西餅	芳露小蛋酥	雪茄奶油捲	貓舌白色戀人	華富夾心酥	港式蛋捲	格狀煎餅	脆笛捲心酥	甜筒杯
高筋麵粉	100								12			
中筋麵粉		100	50			100	100					
低筋麵粉				100				100	88	100	100	100
馬鈴薯粉片			50									
玉米澱粉	4.6		馬鈴薯澱粉		100	樹薯澱粉		13		樹薯澱粉		50
粗糖粉	46	50	15	32		110	100		88	80	48	
細砂糖					40							10
熟糯米粉			2		2							
白油	9		20								2.4	
蜂蜜轉化糖	4.6				2						10	
椰子油								4				10
奶油				65								
無水奶油	46	60				90	90			45		
1/8核桃仁				20				豬油	96			
全脂奶粉	23	0.5				3.5				10		
洋蔥粉			1									
全蛋液	9	25			18	25	90		120	24	10	
蛋黃				7.2	蛋白	25						
黑胡椒調味			2.5									
卵磷脂			0.2					2.3			0.3	05
膨脹劑			6		0.5			1.1		0.5		
鹽	1.4	1	0.5			1.1	1		0.6	2		
水	18	0	150			40		20		18	120	210
餅皮夾心率								1.2			0.9	

11.3 餅乾製程與設備

顏文俊

餅乾生產線說明

1. 硬質餅乾製程

原料品管驗收→倉管→領料→配方準備→攪拌→出筋麵糰鬆弛→進料壓延
→折疊壓延→三段壓延壓薄→麵帶鬆弛→帆布帶上印切或滾切→餅乾生片微黏
帆布帶→灑鹽或灑糖或刷醬油奶水→轉接入烤爐鋼網帶→進入烤爐內（前段膨
脹，中段烘乾，後段著色或融糖）→出爐→噴油〔椰子油（coconut oil）或軟
質棕油（palm olein），油溫 60℃〕→抽風冷卻→整列分行排餅→送入餅乾包
裝機→自動下餅→自動包裝→裝箱入庫。

2. 酥質餅乾製程

原料品管驗收→倉管→領料→配方準備→攪拌→鬆鬆麵糰→平均進料→滾模
成型機→滾模產出餅乾生麵塊轉黏帆布帶→灑鹽或灑糖或刷醬油奶水→轉接入
烤爐鋼網帶→進入烤爐內（烘乾著色）→出爐→抽風冷卻 →分行整列排餅→
送入餅乾包裝機→自動下餅→自動包裝→箱入庫。

3. 脆質餅乾製程

原料品管驗收→倉管→領料→配方準備→攪拌→出筋麵糰鬆弛或發酵數小時
→進料壓延→折疊壓延→三段壓延壓薄→麵帶鬆弛→帆布帶上印切或滾切→餅
乾生片微黏帆布帶→灑鹽或灑糖或刷醬油奶水→轉接入烤爐鋼網帶→進入烤爐
內（前段膨脹，中段烘乾，後段著色或融糖）→出爐→噴油〔椰子油（coconut
oil）或軟質棕油（palm olein），油溫 60℃〕→抽風冷卻→整列分行排餅→送
入餅乾包裝機→自動下餅→自動包裝→裝箱入庫。

4. 小西餅

原料品管驗收→倉管→領料→配方準備→攪拌→麵糊→平均送進料斗→擠注
成型機（丹麥曲奇）、線切成型機（曲奇）、擠出成型機（蛋糕餅捲）、滾刷
成型機（貓舌薄餅白色戀人）→生麵糊擠出於烤爐鋼板帶→進入烤爐內（烘乾
著色）→出爐→抽風冷卻 →分行整列排餅或直接放置禮盒內→送入餅乾包裝
機或自動封禮盒鐵罐→自動入盒包裝→裝箱入庫。

5. 煎餅

原料品管驗收→倉管→領料→配方準備→攪拌→稀麵糊→送入進料斗→擠注
煎餅機（硬質煎餅、夾心酥餅皮烤焙機、刷模成型機）→烤爐→餅皮出爐→抽
風冷卻 →夾心酥四層夾心切塊、橢圓煎餅捲成雪茄捲→送入餅乾包裝機自動
封禮盒鐵罐→自動入盒包裝→裝箱入庫。

6. 千層酥鬆餅

原料品管驗收→倉管→領料→配方準備→高筋麵粉加冰塊水攪拌→出筋冷麵
糰→進料擠出麵皮→擠上起酥奶油層→捲麵皮約四捲→分段壓扁→切斷麵皮片
→折疊約 7 層→多段震動壓麵機→轉直角再折疊約 7 層→多段震動壓薄機→三
輪麵帶壓薄→控制不同速度壓到 3mm 厚→鬆弛→灑糖灑杏仁角或刷蛋白霜→

各種成型模具（印切、擠果醬、分條翻面等）→入烤爐鋼片帶→進入烤爐（前段膨脹，中段烘乾，後段著色或融糖）→出爐→抽風冷卻→包裝入箱入庫。

設備保養注意事項

1. 餅乾烤爐有短有長有寬有窄，烤爐烤帶有鋼片帶（steel band）、密鋼網帶（heavy mesh）、疏鋼網帶（light mesh），使用哪種是看要生產什麼種類餅乾需要，而且會影響產品產量。譬如刷模或滾刷生產奶油雪茄捲，要選擇鋼片帶和短烤爐，而且出爐就要接上捲餅機，捲餅後才能吹冷定型，再以低溫烘乾脆餅。至於硬質餅乾就要密鋼網帶，烤爐愈長產量愈大，譬如長60米寬80公分的烤爐生產口糧8小時約6,500公斤，蜂蜜椰奶香約4,500公斤。烤爐烤帶很貴，使用和保養方法非常重要，烤爐使用加熱時溫度通常是250度以上，烤帶熱漲伸長很大，下班冷卻慢慢恢復原來長度，就必須靠粗條鋼彈簧來保持一定的張力，或主軸靠重物自然下垂重力牽引保持張力。烤爐烤帶很長，烤爐內部需要有多支撐小滾軸，各小滾軸必須要用耐熱潤滑脂潤滑培林，每天檢查小滾軸滾動性，這會影響烤帶輸送品質。烤帶蛇行是很危險的事情，要防範，除了人為調整左右偏向之外，現在多用電眼照射烤帶邊緣自動調整氣壓控制閥調整左右，保持正中央。

2. 生產曲奇丹麥小西餅是麵糊擠注類，所以使用鋼片帶烤爐，進入烤爐前段很長，可以安裝3種成型器，擠注拉花、模孔擠出線切、連續刷滾成型，麵糊斗可以分區，分別儲放不同顏色麵糊，也可連續薄片狀擠出灑糖灑椰子等，變化無窮。烤爐出來立即冷卻，進入空調包裝間，用人工或機械手把曲奇三片三片放入禮盒內，這就是丹麥酥餅一線化生產。這條生產線也可生產類似目前市售雪燒的蛋糕餅，麵糊擠注到鋼片帶上，表面灑糖粉，經烤焙後自然龜裂花紋很漂亮，但是烤爐尾端底部要水刷洗乾淨，蛋糕餅擠注一行10個，這時生產線的包裝段會縮短安插入一台夾心機，蛋糕餅一行正面滑下，另一行滾翻下來反面朝上，夾心材料可以用棉花糖（marshmallow），也有用奶油霜，夾心定量擠到翻面的蛋糕餅上並切斷，再用機器軟吸盤吸取正面的蛋糕餅，準確壓到夾心上，稍微壓下然後鬆開，這樣兩片一套的夾心蛋糕餅，我們稱為蛋糕派，接著進入巧克力淋掛機吹風披覆巧克力，再來進入冷卻隧道，讓表面巧克力固化，這種巧克力要稍微有可塑性，才不會龜裂，接著包裝入盒入庫。

3. 餅乾有時需要趁熱噴上一層椰子油或軟質棕油，噴油的油溫要預熱到50℃，餅乾表面變成金黃色漂亮又香，可以讓餅乾不易吸溼，油脂溫度太高會影響油脂品質，噴油比率有一定的品質要求，要注意。餅乾在冷卻過程可能會自然破裂，冷卻方法也非常重要。

4. 從餅乾印切模具照片觀察，沒有正圓形和正方形的印切模，因為餅乾生產線經過三滾輪壓薄麵皮，沿著前進方向有一定的張力，當印切好單片餅乾皮片會稍微縮短，即使壓薄麵皮帶有稍微鬆弛減少張力，但是烤焙時仍會收縮，這樣的收縮約十分之一長度，收縮後就是正圓正方的餅乾。收縮方向只有輸送帶前進方向，左右寬度通常不會改變。

11.4 原材料品管

顏文俊

原材料分類

1. 主原料
麵粉、糖類、油脂、蛋品、乳製品等。

1. 副原料
核果、巧克力、澱粉、膨發穀片、果醬等。

3. 食品添加物
膨脹劑、乳化劑、食用色素、膠凝劑、調味劑、營養添加劑、香料等。

4. 食品包裝材料

麵粉品管

種類	小麥（HRS，HRW，SRW，SWW）、高筋麵粉、中筋麵粉、低筋麵粉
特性	小麥粒磨粉，含有麥麩蛋白，加水攪拌成麵筋
功能	硬性材料，構成餅乾多孔架構
品管	1. 物性： 　(1) Amylography　　(2) Farinograph 　(3) Extensigraph　　(4) Mixograph 2. 化性： 　(1) 含水率　　　(2) 灰分 　(3) 溼筋度　　　(4) 吸水量 3. 烘焙特性： 　(1) 擴張度（Spread）　(2) 漲高度（height）　(3) 膨脹率 = $\dfrac{擴張度}{漲高度}$

糖質品管

種類	砂糖（蔗糖）、細砂糖、二砂、紅糖、澱粉糖、醇糖、寡糖、飴糖、蜂蜜、乳糖
特性	甘蔗汁提煉或澱粉用酵素水解之甜味料
功能	1. 澱粉老化抑制　　2. 甜味賦予、芳香賦予 3. 油脂氧化抑制　　4. 果膠之凝膠作用 5. 保香性　　　　　6. 防腐效果 7. 食品個體賦予　　8. 降低成本
品管	1. 含水率 2. DE值 3. 夾雜物 4. 顆粒大小均勻度

油脂品管

種類	白油、瑪琪琳、奶油、無水奶油、豬油、椰子油、棕櫚油、CB、CBE、CBR、CBS
特性	有乳脂、月桂酸系油、植物脂、油酸系油、烯酸系油、次亞烯酸系油、深海魚油等
功能	1. 構成細胞膜重要物質　　2. 提供人體必須脂肪酸 3. 油溶性維生素之媒體　　4. 增加人類對食品之飽食感及美味口感 5. 提供食品之可塑性、酥性、抱氣性、安定性、乳化性、延展性、良好熱媒、防止老化
品管	1. 含水率　　　　　2. 酸價 3. 過氧化價　　　　4. 透明融點 5. A.O.M.安定性　6. S.F.I. 7. 抱氣性　　　　　8. 稠度

蛋品品管

種類	鮮蛋、洗選蛋、液蛋、冷凍蛋液、乾燥蛋粉
特性	蛋的構造
功能	1. 提供營養、蛋白價100分 2. 熱凝固性 3. 起泡性
品管	1. 含水率 2. 原料溫度 3. 風味 4. 微生物檢查 5. 蛋白係數、蛋黃係數 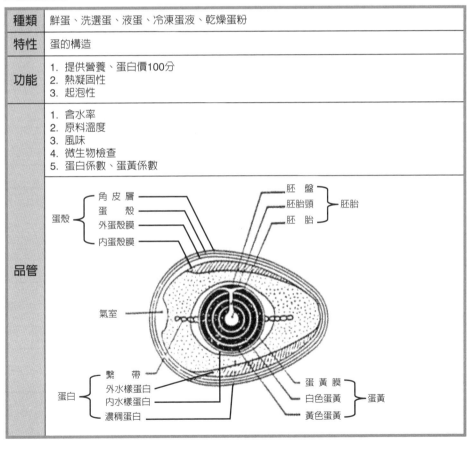

乳製品品管

種類	加工乳、發酵乳、全脂奶粉、脫脂奶粉、煉乳、奶油（butter）、乳油（cream）、乳酪（cheese）
特性	牛奶經殺菌、發酵、乾燥、濃縮、分離、凝固等製程
功能	1. 蛋白質重要來源 2. 鈣質重要來源 3. 風味賦予 4. 打發性
品管	1. 含水率 2. 含油率 3. 溶解度 4. 夾雜物

核果品管

種類	花生、腰果、杏仁、核桃、椰仁、榛果、南瓜子等
特性	核果果仁乾燥，含有高比率油脂
功能	1. 提供口感 2. 香脆可口 3. 提供營養
品管	1. 含水率 2. 不良率 3. 油脂酸價 4. 風味

幾種食品之包裝材質

食品包裝名稱	包裝材質
營養口糧餅包	PET 12μ / PE 20μ / CPP 40μ
高纖蘇打餅包	PET 12μ / VM CPP 25μ
秀逗酸糖糖粒包	PET 23μ / VM CPP 25μ
殺菌調理料理軟袋	PET / PE / AI / PE / CPP
月餅、長崎蛋糕、豆乾	KOP 23μ / PE 20μ / CPP 25μ
果凍蓋 easy open	PET/Ad/VMPET/PE/Appeal

幾種食品包材透溼透氧比較

材質與厚度		透溼度（g/m2.24小時）	透氧度（cc/m2.24小時）
PVDC	30μ	1～2	10～30
LDPE	40μ	18～25	5,000～8,000
CPP	30μ	8～10	3,000～5,000
OPP	20μ	7～10	1,000～2,000
PET	12μ	25～40	100～200
KOP	23μ	3～5	10
MST	#300	30～50	1～50
NY	15μ	150～200	30～50
PET 12μ / PE 40μ		10	100～200
OPP 12μ / CPP 40μ		6	1,000,000

小博士解說

巧克力之品名及標示之規定

一、本規定依據食品安全衛生管理法第二十二條第一項第十款、第二十五條第二項及第二十八條第一項訂定之。

二、以可可脂、可可粉或可可膏等可可製品為原料，並可添加糖、乳製品或食品添加物製成不含內餡固體型態之產品，其品名標示應遵守下列規定：

(一)品名標示為「黑巧克力」者，其總可可固形物含量至少百分之三十、可可脂至少百分之十八、非脂可可固形物至少百分之十四。

(二)品名標示為「白巧克力」者，其可可脂含量至少百分之二十、牛奶固形物至少百分之十四。

(三)品名標示為「牛奶巧克力」者，其總可可固形物含量至少百分之二十五、非脂可可固形物至少百分之二點五、牛奶固形物至少百分之十二。

(四)品名標示為「巧克力」者，其原料及含量應以前三款為限。

三、以前點所定巧克力添加其他食品原料製成之固體型態產品，並以巧克力為品名者，其巧克力含量至少百分之二十五。其產品應於品名前加標示「含餡」或「加工」或等同之字義。

四、第二點及前點巧克力有添加其他植物油者，其添加量不得超過該產品總重量之百分之五。其產品應於品名附近加標示「添加植物油」或等同之字義。

五、品名標示為「巧克力抹醬或糖漿」或等同之字義者，應以可可脂、可可粉或可可膏等可可製品為原料，並得添加其他食品原料製成半固體型態或流體型態，其總可可固形物含量至少百分之五或可可脂至少百分之二。

六、本規定之標示方式：

(一)包裝巧克力依上述之規定標示，其字體長寬不得小於0.2公分

(二)具稅籍登記之食品販賣業者，販售散裝巧克力應於販售場所依上述規定標示，並得以卡片標籤標示牌立牌標示，字體長寬不得小於0.2公分，其他標示型式不得小於二公分。

11.5 製程品管

顏文俊

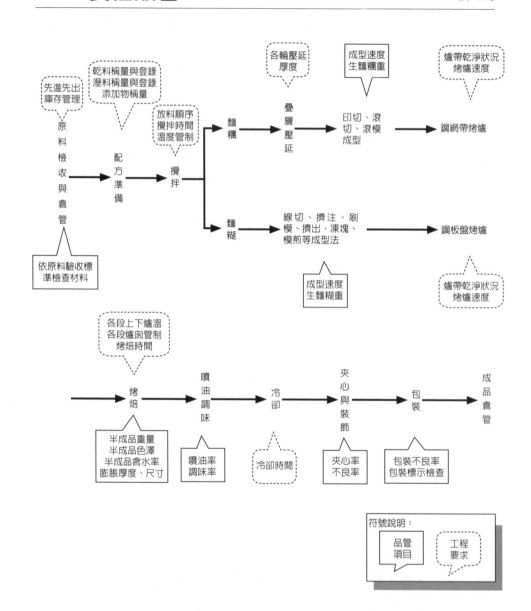

餅乾工廠製程品質管制表舉例

管制項目與標準值 / 產品名稱	1.成型次數(次/分)	2.生麵糰重(g/片)	3.灑糖鹽率(%)	4.烘焙時間(分/秒)	5.成品重量(g/片)	6.成品厚度(mm/片)	7.成品規格長/寬(mm/mm)	8.噴油率(%)	9.成品含水率(%)	10.標準產量(kg)	11.生產線與備註
運動口糧	98	117/6	0	7/20	90/6	93/10	74×58	0	5	8,300	A
牛奶瑪莉餅	131	40/5	0	5/53	31/5	52/10	62圓	0	1		A
蜂蜜椰奶香	135	30/5	7糖	4/03	52/10	39/5	76×41	10	2	5,200	A
芝麻薄脆餅	147	22/5	0	4/40	39/10	20/5	62圓	10	2	3,600	A
祈福賜福餅	106	42/10	鹽	4/30	37/10	57/10	50圓	16	2	5,000	A
麥麩蘇打餅	97	36/5	0	6/00	58/10	35/10	84×41	5	3	4,000	A
乳酪蘇打餅	88	45/5	鹽	5/30	84/13	50/10	48×50	10	4	5,800	A
芳露蛋球酥	12盤	10/10	0	11/26	45/50	球狀	球狀	0	3	1,800	C

11.6 成品品管

顏文俊

1. 外觀品質
(1) 式樣；(2) 尺寸；(3) 膨脹厚度；(4) 外表質地色澤；(5) 烤焙均勻度。

2. 內部品質
(1) 組織結構；(2) 顆粒質地；(3) 內部顏色；(4) 香氣味道；(5) 口感。

3. 化驗品質
(1) 重量；(2) 含水率；(3) 噴油率；(4) 調味率；(5) 微生物檢驗。

4. 包裝品質
(1) 包裝不良率；(2) 封口品質；(3) 包裝標示；(4) 製造批號或日期。

5. 安定性試驗
留樣：常溫保存及虐待試驗。

食品股份有限公司
餅乾類新產品品質完成報告書(品管室)

成品規格標準書（舉例）

產品規格標準書

產品名稱	餅		文件編號	FESI-0010
產品簡稱		產品貨號 303118	版　本	1.0
制訂日期	1999.01.15	修訂日期	頁　數	1 / 1

項　　　目	規　　　格	備　　　註
一、外部品質		
1. 成品外觀	在各階段都不能有夾雜物的存在，不得有污染、破損、潮濕。	
二、烤焙前		
1. 成型次數	80 ±5 次/分	
2. 生麵糰重	43.0 ±5.0 g/5 片	
3. 烘焙時間	9 分 36 秒 ±30 秒	
三、烤焙後		
1. 成品淨重	76.0 ±10.0g/10 片	
2. 成品厚度	60.0 ±10.0mm/10 片	
3. 成品規格	(58.0 ±8.0)×(35.0 ±3.0)mm	
4. 水分含量	4.0 %以下	
四、包裝		
1. 成品淨重	23 ±3 g（3 片/包）	
1.1. 弓ㄟ補給站	一箱 12 入，一盒 6 包／150 g	

11.7 餅乾包裝標示與營養標示

顏文俊

1. 品名。
2. 內容物名稱；其為2種以上混合物時，應依其含量多寡由高至低分別標示之。
3. 淨重、容量或數量。
4. 食品添加物名稱；混合2種以上食品添加物，以功能性命名者，應分別標明添加物名稱。
5. 製造廠商或國內負責廠商名稱、電話號碼及地址。國內通過農產品生產驗證者，應標示可追溯之來源；有中央農業主管機關公告之生產系統者，應標示生產系統。
6. 原產地（國）。
7. 有效日期。
8. 營養標示。
9. 含基因改造食品原料，含有致過敏性內容物名稱之醒語資訊。
10. 其他經中央主管機關公告之事項。

小博士解說

現代消費者要求：安心、潔淨、綠色、共好。

潔淨標章Clean Label概念：簡單配方、安心好料、回歸初心、友善食品。

潔淨標章Clean Label食品要求：
　　①減少食品添加物。②成分簡單。③最少加工製成。④資訊透明。⑤消費者能理解。

現代飲食健康要求：
　　2高：高纖維、高鈣。
　　6低：低糖、低油脂、低鈉、低膽固醇、低GI、低熱量。

食品市場趨勢：
　　重視安全、健康、美味、無負擔、低熱量、低糖、低油脂、低鈉鹽、低碳足跡、在地食材、透明包裝、潔淨標示、輕食、全穀、高纖維、高鈣、低GI飲食、方便、創新、流行潮。

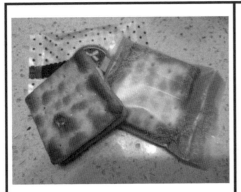

品名：牛軋夾心餅	營養標示		
內容物：			
蘇打餅(麵粉、豬油、蛋、酵母、小蘇打)、麥芽飴、砂糖、海藻糖、奶粉、龍眼乾、蔓越莓、葡萄乾、奶油、蛋白鹽、蘭姆酒	每一份量 18 公克 本包裝含 12 份		
		每份	每100克
	熱量	78 大卡	435 大卡
	蛋白質	1.4 公克	8.0 公克
淨重：216 公克	脂肪	2.4 公克	13.5 公克
本品含有奶蛋製品不適合其過敏體質者食用。	飽和脂肪	1.0 公克	5.3 公克
	反式脂肪	0 公克	0 公克
原產地 台灣	碳水化合物	12.7 公克	70.8 公克
製造者 0910023515 顏 新北市	糖	5.8 公克	32.4 公克
	鈉	47 毫克	260 毫克
保存期限至	2022 年 6 月 1 日		

品名：杏仁椰香酥餅	營養標示		
內容物：			
低筋麵粉、糖粉、奶油、雞蛋、杏仁粉、椰子粉、奶粉、鹽	每一份量 16 公克 本包裝含 2 份		
		每份	每100克
	熱量	84 大卡	526 大卡
	蛋白質	1.0 公克	6.0 公克
淨重：32 公克	脂肪	4.7 公克	29.1 公克
本品含有杏仁奶製品不適合其過敏體質者食用	飽和脂肪	2.7 公克	17.2 公克
	反式脂肪	0 公克	0 公克
原產地 台灣	碳水化合物	9.4 公克	59.0 公克
製造者 0910023515 顏 新北市	糖	4.0 公克	25.0 公克
	鈉	12 毫克	73 毫克
保存期限至	2022 年 6 月 1 日		

品名：土鳳梨酥	營養標示		
原料：鳳梨餡(鳳梨、麥芽飴、砂糖、海藻糖、大豆油)、麵粉、奶油、糖粉、麥芽糖、煉乳、奶粉、雞蛋、鹽 (奶蛋素)	每一份量 50 公克 本包裝含 8 份		
		每份	每100克
	熱量	208.0 大卡	415.0 大卡
	蛋白質	2.2 公克	4.3 公克
淨重：400 公克	脂肪	7.4 公克	14.8 公克
本產品含有奶蛋不適合其過敏體質者食用。	飽和脂肪	4.6 公克	9.1 公克
	反式脂肪	0 公克	0 公克
原產地 台灣	碳水化合物	33.0 公克	65.9 公克
製造者 091002351 顏文俊	糖	16.1 公克	32.2 公克
	鈉	59 毫克	119 毫克
保存期限至	2022/07/01		

11.8 餅乾工業市場與發展趨勢　　　　　顏文俊

1. 餅乾工業市場

目前國內餅乾市場約 59 億，總規模似乎無成長，進口比率增加，東南亞印尼、馬來西亞、越南進口的餅乾數量居多品質和價位與國產競爭性強。

2. SWOT分析

(1) 優勢：國產餅乾較進口產品新鮮，了解國人口味，可以迅速變化。

(2) 劣勢：國產產品同質性高，不夠創新，國外進口原料價格貴。

(3) 機會：國人生活品味提高，廠商可發展高級品，「健康食品管理法」實施帶動商機。

(4) 威脅：飽食時代中餅乾已是休閒食品之一，進口品都是各國最暢銷品，競爭力強。

3. 發展趨勢

商品必須結合國人之營養需求，創新口味，具教育性，提供更健康、更美味之餅乾，市場潛力仍很大！

新產品開發進度規劃

進度規劃 執行項目	責責單位
規劃 1.各部門提「進度規劃」	各部門
2.提新產品執行企劃書	專業負責人
產品研究發展 1.研究試作	研究室
2.試作評估	研發會議
3.現場試產	製造課
4.試產驗證	研發會議
5.試產評估	研發會議
6.新產品上市前品評	企劃部
7.規格確認	研究室
包裝圖案部分 1.提設計申請	企劃部
2.優敗色稿階段	設計部
3.企劃確認階段	企劃部
4.完稿進行階段	設計部
5.發稿階段	設計部
6.打樣階段	設計部
7.紙箱製作階段	設計部
行銷企劃 1.首批生產	廠長室
2.商品行銷與通路舖貨	業務部
3.廣告與新產品市調	企劃部
執行進度追蹤	研發會議

產品價目表

訂婚禮盒

貨號	品名	規格	75折促銷參考批發價	建議零售價
500062	丹麥酥餅禮盒	675g*6入/箱	盒 156	盒 260
500086	金情人禮盒	900g*6入/箱	盒 234	盒 390
500093	方戀情人禮盒	740g*6入/箱	盒 234	盒 390
500741	團戀情人禮盒	840g*6入/箱	盒 234	盒 390
500314	美約會禮盒	820g*6入/箱	盒 216	盒 360
500338	花緊禮盒	550g*6入/箱	盒 204	盒 340
500680	愛花戀禮盒	600g*6入/箱	盒 204	盒 340
500321	圓情諾禮盒	550g*6入/箱	盒 252	盒 420
500345	方情諾禮盒	700g*6入/箱	盒 264	盒 440
500451	方文定禮盒	450g*6入/箱	盒 261	盒 435
500512	香頌情人禮盒	700g*6入/箱	盒 234	盒 390
500550	方香頌情人禮盒	640g*6入/箱	盒 234	盒 390
500581	新方情人禮盒	700g*6入/箱	盒 234	盒 390
500598	新戀情人禮盒	500g*6入/箱	盒 234	盒 390
500697	方戀傳說	620g*6入/箱	盒 276	盒 460
500604	圓戀傳說	580g*6入/箱	盒 276	盒 460
500567	新一生愛戀禮盒	550g*6入/箱	盒 186	盒 310
500505	真情愛戀禮盒	900g*6入/箱	盒 312	盒 520

伴手禮

貨號	品名	規格	參考批發價	建議零售價
500277	金蜜橘	40支*6入/箱	罐 176	罐 220
500260	方罐蛋捲	40支*6入/箱	罐 160	罐 200
500116	方罐奇福	900g*6入/箱	罐 124	罐 155
500475	靍口禮盒	32片*6入/箱	盒 200	盒 280
500536	うへうへ桶	900g*6入/箱	桶 192	桶 250
500635	うへうへ大滿罐	560g*6入/箱	盒 192	盒 250
500659	うへうへ綜合捲	350g*6入/箱	盒 192	盒 250

貨號	品名	規格	參考批發價	建議零售價
506422	家家酒(巧克力)	56g*12入	箱 269	盒 28
506446	家家酒(冰棒)	120g*12入	箱 269	盒 28
506453	家家酒(汽水)	80g*12入	箱 269	盒 28
506477	家家酒(西遊記)	70g*12入	箱 269	盒 28
506484	家家酒(布丁)	57g*12入	箱 269	盒 28
506545	家家酒(果凍)	50g*12入	箱 269	盒 28
506552	家家酒(雨傘)	70g*12入	箱 269	盒 28
506798	家家酒(神奇粉圓)	120g*12入	箱 269	盒 28
506651	小小世界(巧克力森林)	70g*12入	箱 269	盒 28
506675	小小世界(海洋歷險記)	70g*12入	箱 269	盒 28
502806	DIY糖果屋	160g*12入	箱 336	盒 35
501533	營養均衡餅	200g*12入	箱 317	盒 33
506873	菠蘿蒂果凍	50g*12入	箱 269	盒 28
506859	巧克kitty	100g*12入	箱 269	盒 28
506880	布丁狗布丁	56g*12入	箱 269	盒 28
506866	企鵝霜淇淋	60g*12入	箱 269	盒 28
501144	特級高纖餅乾	240g*12入	箱 557	盒 58
501205	日式蘇打	150g*12入	箱 317	盒 33
502134	乳酪條子(原味)	115g*12入	箱 365	盒 38
502783	黑醋栗	140g*12入	箱 365	盒 38
502943	うへうへ補給站	150g*12入	箱 365	盒 38
512447	うへ補給站北海道薄燒	60g*12入	箱 365	盒 38
512430	うへ補給站法式薄捲	58g*12入	箱 365	盒 38
512591	うへうへ補給站(果汁)	150g*12入	箱 365	盒 38
512607	うへうへ補給站(直哪)	150g*12入	箱 365	盒 38
512645	帥奇寶貝牛奶餅	125g*12入	箱 365	盒 38
506682	雙色蛋糕	90g*12入	箱 317	盒 33
506699	果醬夾心蛋糕	85g*12入	箱 269	盒 28
501502	諾芙奇酪蘇打餅	115g*12入	箱 269	盒 28

| 501823 | 新力牙朝維菊葡萄不不果 | 54g*12入 | 箱 336 | 包 33 |

休閒點心

貨號	品名	規格	參考批發價	建議零售價
506316	蒜口脆片燒(巧克力)	200g*12入	箱 480	包 50
505708	餅味超薄脆鮮片	40g*12入	箱 192	包 20
505777	戟片鮮味	30g*12條	盒 144	條 15
505753	香辣鮮味	30g*12條	盒 144	條 15
505791	A CUP香蒜強果子	30g*12杯	箱 192	杯 20
505807	B CUP蝦打餅條	50g*12杯	箱 192	杯 20
505814	C CUP超薄海鮮片	25g*12杯	箱 192	杯 20
505821	D CUP優格脆片丸	40g*12杯	箱 192	杯 20

飲料

貨號	品名	規格	參考批發價	建議零售價
508563	週沛胡蘿蔔素飲料	296g*24入	箱 310	瓶 20

餅乾

貨號	品名	規格	參考批發價	建議零售價
501236	大奇福餅乾	220g*12入	箱 365	盒 38
501243	小奇福餅乾	100g*12入	箱 269	盒 28
501717	奇福敬箱	24條* 4入	箱 890	條 10
501724	奇福餅乾桶	4.2K.G	桶 350	
501267	烤肉派蛋夾心	140g*12入	箱 240	盒 25
511051	純麥高纖蘇打	140g*12入	箱 365	盒 38
511105	胡蘿蔔高纖蘇打	140g*12入	箱 365	盒 38
511167	HCA高纖蘇打	150g*12入	箱 365	盒 38
502011	營養口糧	170g*30入	箱 288	包 12
502455	儂格酥	200g*12入	箱 320	盒 40
502462	雜浮法格酥	110g*10入	箱 288	盒 36
502479	歡心法格酥	110g*10入	箱 288	盒 36
502486	葡萄法格酥	120g*10入	箱 288	盒 36
502547	牙牙嬰兒餅乾(圓圈)	75g*12入	箱 317	盒 33
506125	黑森林派	150g*12入	箱 384	盒 40
506132	6B黑森林派	40g*16入	盒 128	片 10
506187	6B瑞士巧克力派	26g*12入	盒 96	片 10
506361	家家酒(餅乾)	70g*12入	箱 269	盒 28
506378	家家酒(霜淇淋)	60g*12入	箱 269	盒 28
506415	家家酒(比薩漢堡)	70g*12入	箱 269	盒 28

506811	巧克力果子	24g*12入	箱 192	盒 20
512638	無尾熊餅	120g*8入	箱 160	包 25
512683	花餅	80g*12入	箱 288	盒 30
512911	日式蘇打香蔥夾心	160g*12入	箱 317	盒 33
512928	日式蘇打花生夾心	160g*12入	箱 317	盒 33
512799	迷你口糧棒	40g*12入	箱 96	包 10
512850	PLUS IN補給站(抹茶)	60g*6入	盒 120	盒 25
512867	PLUS IN補給站(巧克)	60g*6入	盒 120	盒 25
506897	家家酒(飛機)	170g*12入	箱 336	盒 35
506903	家家酒(巴黎鐵塔)	170g*12入	箱 336	盒 35
501809	英式蘇打	150g*12入	箱 317	盒 33
512874	餅乾工房(大吉嶺紅茶)	40g*6入	盒 58	條 12
512881	餅乾工房(北海道牛奶糖)	50g*6入	盒 58	條 12
512898	餅乾工房(北美小藍莓)	40g*6入	盒 58	條 12
512904	餅乾工房(印度咖哩)	40g*6入	盒 58	條 12
512973	輕便包營養口糧	100g*12入	箱 82	包 10

糖果

貨號	品名	規格	參考批發價	建議零售價
504060	棒棒片	16g*20入	盒 112	條 7
504077	橘子片	16g*20入	盒 112	條 7
506026	軟管巧克力	28g*20入	盒 112	條 7
506538	10元軟管巧克力	40g*20入	盒 160	條 10
504015	維他沙士糖條	36g*20入	盒 80	條 5
504039	維他百香果糖條	36g*20入	盒 80	條 5
504053	維他水果糖條	36g*20入	盒 80	條 5
504084	寶寶糖條	40g*20入	盒 112	條 7
504336	蜜蜜糖包	150g*20入	箱 352	包 22
504343	白殼糖包	150g*20入	箱 352	包 22
504374	沙士糖包	150g*20入	箱 352	包 22
504381	綠色秀逗糖(蘋果)	90g*20入	箱 352	包 22
504398	黑色秀逗糖(烏梅)	90g*20入	箱 352	包 22
504404	紅色秀逗糖(辣椒)	90g*20入	箱 352	包 22
504954	黃色秀逗糖(檸檬)	90g*20入	箱 352	包 22
504480	勇氣果子(橘子)	21g*10入	盒 80	包 10

11.9 餅乾製作注意事項

顏文俊

1. 請從產品照片中找出其餅乾成型分類：

口糧餅乾	A1	奇福餅乾	A1	可口奶滋	A1	高纖 蘇打餅乾	A1
可口美加	A1	掬水 牙牙餅乾	A1	蜂蜜椰奶香	A1	格力高 條餅乾	A1
奧利奧 黑餅乾	B2	丹麥 奶酥西餅	F4	消化餅乾	B2	北海道 奶餅棒	B2
千層蝴蝶派	H6	葡萄法格酥	H1	蜜蘭諾鬆餅	H1	ㄋㄟㄋㄟ 牛奶餅	B2
進口奶酥罐	F4	掬水 情人禮盒	F4	斯那普奶酥	F4	掬水 丹麥酥餅	F4
可口脆笛酥	G8	孔雀捲心餅	G8	義美煎餅	G8	港式 芝麻蛋捲	G8
花生夾心酥	G8	杏仁 白克力餅	F4	掬水 雪茄捲餅	G7	進口 白色戀人	G7

2. 從餅乾成型模機中找出餅乾成型分類：

小圓蘇打餅印模	A1	蔥油蛋薄餅印模	A1	條狀餅乾印模	A1
椰奶香餅乾印模	A1	牛奶餅乾切模	A1	條片狀餅乾印切機	A1
蔬菜餅芝麻小餅模	A1	小方餅乾	A1	口糧餅乾印切模	A1
雞片餅乾印切模	A1	動物餅乾印切模	A1	口糧棒印切模	A1
奇福餅乾印切模	A1	北海道奶奶餅滾模	B2	椰子酥富餅乾滾模	B2
果醬餡餅滾模	B2	北海道奶奶餅滾模	B2	消化餅乾滾模	B2
丹麥酥餅線切機具	F4	千層派鬆餅印切模	H1	貓舌餅全自動滾刷	G7

3. 硬質餅乾、脆質餅乾表面通常都有針孔的原因：
   大片餅乾印打針孔目的是方便餅乾生麵皮的水分能平均烘乾，餅乾表面不會有水氣泡泡發生，尤其厚的口糧餅乾，必須有幾排針孔幫忙水分烘乾，針孔必須確實穿透餅乾片，所以餅乾印切機必須是有彈性帆布輸送帶。

4. 餅乾成型段為什麼要用帆布輸送帶？
   因為帆布的輸送帶有彈性有韌性，而且可以稍微噴溼，印切模具力道大，有帆布才能完整切斷餅乾麵片又不會傷了印切模尖刀口，印切後的獨立餅乾

生麵皮，很可能滑動，帆布噴一點水氣可以防止滑動，酥質餅乾從滾模滾出來，必須有稍微溼潤的帆布黏到輸送帶，再轉換到烤爐鋼網帶進烤爐烘烤。

5. 酥質餅乾麵糰通常不必加水攪拌：
   所以麵糰雖然硬但是不出筋鬆鬆的，酥質麵糰軟度是油脂造成，含水率低，容易烘烤，滾模成型酥質餅乾的產量可以很大量。

6. 餅乾烤爐的加熱方式
   有直接加熱和間接加熱方式，直接加熱方式是瓦斯點火和電熱管烤焙餅乾，間接加熱是使用柴油噴霧燃燒間接加熱熱風，再以這熱風來加熱烘烤餅乾。烤爐烘焙通常分成三段：
   (1) 前段功能膨脹，必須高溫尤其底火大，可以將餅乾膨脹，這段煙囪不宜打開，保持水蒸汽壓力。
   (2) 中段功能烘乾，這段煙囪可以自然打開或小風扇抽排排除水氣，煙囪要注意保溫，冷凝水沿管壁流下，必須中間收集管子排除，防止滴到烤爐餅乾。
   (3) 烤爐後段功能著色或高溫融化糖粒，產生光滑硬脆糖片表面。烤爐走道兩旁比中央容易散熱，因此爐壁的保溫材質非常重要，通常烤爐有安插一些半截電熱管分別輔助兩旁的加熱。每天早上開機電熱管或瓦斯火苗會火力全開，直到到達設定溫度時，就會自動關掉許多加熱管，保持部分加熱管加熱維持烤焙溫度，烤爐速度如果改變，加熱不足，會自動增加主力加熱管。

第12章
冷凍麵食產品

12.1　冷凍麵糰發展與應用

12.2　冷凍麵包麵糰概論

12.3　冷凍麵食工廠設備介紹

12.4　冷凍麵條（一）

12.5　冷凍麵條（二）

12.6　冷凍豆沙包

12.7　冷凍中式餅皮

12.8　冷凍水餃

12.9　冷凍蛋黃酥

12.10　冷凍／冷藏披薩

12.11　冷凍素食春捲

12.1 冷凍麵糰發展與應用

施柱甫

　　將麵糰的製作和醱酵、烘烤作業過程分開，麵糰由經 4〜7 年訓練的「專業人員」製作，儲藏、解凍、醱酵則由「未經專業訓練人員」就可以完成作業，這是冷凍麵糰技術開發之由來。麵糰有 3 種型式分別是：(1) 正常麵糰：溫度一般控制在 24〜34℃；(2) 冷控麵糰：將製作好的麵糰儲存在 0〜10℃；(3) 冷凍麵糰：製作好的麵糰經過急速冷凍並將麵糰儲存在 −18℃。所謂的冷凍麵糰（frozen dough）即指麵糰在 −32℃急速冷凍後，在 −18℃以下溫度保存，在此凍結狀態下的麵糰品質可保存 6 個月。

　　冷凍麵糰技術是 20 世紀 50 年代末期發展的烘焙新技術，由於麵包行業連鎖店經營方式的拓展，帶動了冷凍麵糰的快速發展。90 年代以後，美國 80% 以上的烘焙麵包店使用冷凍麵糰或冷凍烘焙食品，法國的烘焙麵包店生產的烘焙麵包店有 39% 使用冷凍麵糰。冷凍麵糰製作後，可由一般操作人員或家庭主婦醱酵、烘烤即可完成麵包生產供販售或食用，消費者可吃上現烤、現賣和多樣化的新鮮麵包。

　　「廣義」的冷凍麵糰指以麵粉、配料等為原料，經過機器攪拌加工後急速冷凍的商業半成品，經過再加工即可食用的麵包產品；「狹義」的冷凍麵糰則指使用麵粉、配料等為原料並添加冷凍麵糰改良劑，使麵糰中心溫度能迅速通過 −7℃的冰晶點，再冷凍儲藏在 −18℃保存的半成品，經解凍（1〜−4℃）、醒發醱酵（溼度 70〜75%、溫度 32〜43℃）、烘烤等加工以得到可食用的麵包產品。依照連鎖店經營方式的需求，冷凍麵糰發展出來的冷凍技術有如下4 種：(1) UFF 無醱酵冷凍麵糰（unfermented frozen dough）；(2) PFF 預醱酵冷凍麵糰（prefermented frozen dough）；(3) PBF 預烤冷凍麵包（part baked frozen bread/rolls）；(4) FBF 全烤冷凍麵包（fully baked frozen）。

　　針對麵包行業連鎖店經營的方式，「UFF 無醱酵冷凍麵糰和 PBF 預烤冷凍麵包」在專業烘焙房一般常被使用。兩者生產出來的產品、市場使用區域及優勢分述如下：(1) UFF 無醱酵冷凍麵糰技術很成熟，在法國、德國、美國、加拿大市場被廣泛的應用，於終端市場可獲得高的烘焙毛利率、新鮮的麵包和高品質麵包產品；(2) PBF 預烤冷凍麵包技術相對成熟，在西班牙、德國、美國、加拿大和英國有相當大的市場，在終端市場的產品優勢為最有競爭力、製作快、不需要有高熟練操作員工，但產品老化較快。

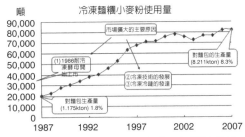

冷凍麵糰之發展狀況：日本冷凍麵糰的發展

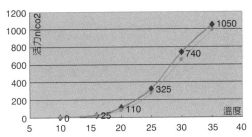

酵母活力曲線：不同溫度下的酵母活力曲線（3小時s）

和麵

分割、搓圓

冷藏

醒發

烘烤

冷凍麵糰費用明細表

單位：萬元

項次	工程名稱	規格	數量	金額	馬力	備註
1	捏合機	—	7	1,400	210	日製
2	醒麵機	—	3	1,100	100	日製
3	壓延機	—	2	600	60	日製
4	切條機	—	2	600	60	日製
5	切塊機	—	2	600	60	日製
6	成型機	—	2	1,000	60	日製
7	切斷機	—	1	300	30	日製
8	揉合機	—	1	500	30	日製
9	包餡機	—	1	500	30	日製
10	輸送機	—	3	150	30	日製
11	急速冷凍機	—	3	4,500	455	日製
12	計量包裝機	—	3	1,500	60	日製
		合計		12,750		

12.2 冷凍麵包麵糰概論
楊書瑩

　　冷凍麵糰產品在歐美、日本等國家幾乎已經成爲市場的主流，即使中國也已蓬勃發展。國外業者幾乎一致認同冷凍麵糰產品勢必成爲未來餐飲烘焙業的主力食品。冷凍麵糰所能提供的產品，包括：各類型麵包、餅乾以及蛋糕等。爲了確保冷凍麵糰產品品質的穩定性，對原料、製程技術以及品質管制的要求，相對比傳統產品更高。

冷凍麵包麵糰的基本材料及配方條調整

1. 麵粉

　　發酵型麵包麵糰，建議採用筋性強之高筋麵包麵粉（蛋白質高於 13%）；破損澱粉含量不要超過 8% 者較優。若添加活性麵筋超過 5% 以上時，會提高麵糰吸水率而形成冰晶，不利冷凍麵糰。麵粉廠在麵粉中添加維生素 C 的量約 150 ppm，應避免與其他原料重複添加。製作裹油類麵包，麵粉延展性需較高。

2. 水

　　水溫接近 0℃(1～2℃)，以冷卻麵糰。加水量較一般麵糰減少 5%。減少加水量，可增加麵糰緊實度，限制自由水游離，減少冰晶形成以及解凍過程中麵糰過度鬆弛。

3. 酵母

　　冷凍過程中所形成之冰晶，使酵母失去活性，造成發酵問題。製作冷凍麵糰可使用新鮮酵母（水分：20%）、乾燥酵母或冷凍型乾酵母。

　　冷凍麵糰配方中酵母量，依配方中的糖量不同，選用低糖（0～10%）或高糖（5～30%）類型，以及增加正常用的 1.5 至 2 倍。提高用量有助於補充損失的發酵能力，但太高用量不利麵糰物理性質及傷害麵糰的氣體保留率。

　　低溫、解凍及冷凍過程中冰晶凝結與融化，受損酵母細胞產生穀胱甘肽，對冷凍麵糰而言是不利的。

4. 鹽

　　製作冷凍麵包麵糰，鹽量可增加，但不可超過 2.2%；鹽可增加麵筋強度並延緩發酵作用。

5. 無活性酵母

　　破損的酵母細胞會產生穀胱甘肽，使麵糰較易鬆弛，縮短麵糰鬆弛時間，減少冷凍前發酵作用。

6. 糖

　　高成分麵糰糖的用量爲 10～25%，利用糖可降低高水分含量產品中自由水的游離性，以減少對酵母細胞的傷害。高玉米糖漿是冷凍麵糰製造業者的新選擇，有助冷凍麵糰冷藏安定性。

7. 油脂

油脂用於高成分產品，其用量為 5～50%，可增加麵糰的可塑性及機械操作適性，有助於冷凍麵糰冷凍保存的安定性與氣體保留。例如：可頌麵包。

8. 脫脂奶粉

用於高成分產品，用量為 0～6%，可做為緩衝劑調整酸鹼值。

9. 全蛋

用於高成分產品，其用量為 0 ～55%，作用為使產品穩定，有助於產品冷凍及解凍過程穩定度。

10. 其他材料

包括：麵包改良劑、活性麵筋、抑菌劑與防黴劑（依照各國法規而異）、黃豆粉等。

有效成分 抑制菌種	丙酸 （Propionic Acid）	山梨酸 （Sorbic Acid）	醋酸 （Acetic Acid）	苯甲酸 （Benzoic Acid）
黴菌	OK	OK	OK	NO
酵母菌	NO	OK	NO	OK
細菌	OK	NO	OK	OK

冷凍麵包麵糰的製程管控

冷凍麵包麵糰製程，使用快速直接法，以冰水控制麵糰溫度在 15℃以下，避免麵糰在冷凍前發酵；中間發酵（麵糰鬆弛）與整型後，直接進入 IQF 急速冷凍，至中心溫度 –18℃以下，進行自動包裝及 –20℃以下冷凍貯藏。

包裝材料必備條件，包括：防水、密閉、可塑性與耐低溫（聚乙烯），以達到最佳隔絕效果。可保護麵糰不會因貯藏而脫水，冷空氣下相對溼度較低，而無包裝的產品容易脫水。此外包裝標示使產品容易分辨以及市場行銷。保存期限愈長愈不利冷凍麵糰產品保存，通常當地銷售 2～6 週，外銷 3～6 個月。

運輸通路與門市的配合

冷凍配送系統鏈不可中斷，產品必須貯藏於 –18 至 –20℃，避免劇烈溫度波動，影響品質。同時避免產品碰撞，產生破碎及裂紋。

使用凍藏發酵箱，溼度 70～75%，第一階段控制麵糰中心溫度在 –18 至 0℃，以及減少麵糰表面凝集水。第二階段控制麵糰中心溫度在 0～20℃，均勻地最後發酵。

最後發酵（26～28℃）在發酵箱中進行，發酵溫度不能超過裹入油的熔點。相對溼度 75～85%，發酵至 75～85% 即可，不要過度發酵。

選擇旋轉烤箱或不轉動的對流烤箱較佳，烤箱溫度要比正常低 5℃，而烘焙時間需延長。一般而言丹麥起酥類：200～210℃；法式長棍：240～250℃。

12.3 冷凍麵食工廠設備介紹

施柱甫

　　麵食技術的進步與發展與麵食加工器具與設備的發展有密切的關係。戰國初期以旋轉石磨來磨漿、磨粉，唐朝畜磨、人工磨的使用促進了麵粉的加工，同時在蒸、煮、烙、烤、煎等熟製功能的陶器、鐵器也有極大的發展，明清時期模具的改良和成型工具及烘烤爐、烘盤、蒸籠等熟製器具的使用，使麵食技術的發展更往前邁向一步。與西方麵食國家在麵食發展及設備的交流，促進了製造上對產品改良、品類創新、生產效率提高；尤其消費的需求和企業生產規模的擴展，使得麵食產業從原料、技術至設備使用獲得更進一步的蓬勃發展。

　　攪拌機在麵食生產上是將麵粉、油、糖、乳等原料進行混和、揉合、攪拌的操作，以調節麵糰的吸水性、膨潤性、可塑性、韌性和原料混和的均勻分散性。調製麵糰時，由於黏性大、流變性能差，攪拌機各部件結構強度較一般攪拌機都要大，其攪拌速度一般為 20～80 RPM 也相對較高。廣泛使用的攪拌機有臥式和立式兩種，臥式攪拌機有結構簡單、卸料和清洗操作方便、製造與維修簡便的特點。攪拌機的攪拌器根據物料黏度和麵糰性質，有 S 形、漿葉形、葉片形、直輥籠形等多種。以下就饅頭及麵條使用設備之功能分述如下：

1. 饅頭製作：攪拌後之麵糰，在醱酵箱內於酵母理想的醱酵溫度27℃及相對溼度75%下，以利酵母在麵糰內醱酵，產生大量CO_2氣體，促使麵糰膨脹鬆軟有彈性，隨同醱酵的進行，麵粉內之酵素促進的水解作用，使澱粉、蛋白質、油脂等逐步分解。基本醱酵後，麵糰油料斗進入，在撥料器作用下落入螺旋推進器內，經出口處切刀切分成定量麵塊，然後直接進入自動成型機形成饅頭形狀，成型後饅頭再經醱酵溫度38℃及相對溼度85%的最後醱酵後，即可進入蒸爐蒸炊20～35分鐘後，冷卻之。

2. 麵條製作：攪拌後之麵糰，經壓延機（或稱麵皮輥壓機）以一組或多組壓輥的作用，將麵糰壓延成麵皮後，經過醒麵使麵條變得光滑，口感更筋道。醒麵後的麵皮在最後一段壓延滾輪以分條機將麵皮切成條狀，再以切麵機將麵條切斷成規格長度後以90～95℃煮熟殺菌，經水洗機洗掉多餘麵筋並降溫。

3. 冷凍麵食產品，即在蒸熟後於＜-18℃下冷凍庫儲存，並於再次解凍或直接加熱食用以利消費者即時食用（RTH，ready to heat）的方便，為確保保質期、品質及食品安全，於蒸熟冷卻後通常都以急速冷凍機（IQF）於-35℃急速冷凍8分鐘使均勻凍結。包裝材料則以聚乙烯、聚丙烯、複合塑料為主，以確保產品在市場流通的衛生安全，包裝後的成品需以金屬檢測機進行異物檢出，以保障消費者食品安全。出庫時並需以冷凍車全程＜-18℃運輸，確保製品新鮮、安全。

冷凍麵食工廠設備介紹

1. 冷凍饅頭（製造流程：攪拌→基本醱酵→壓延→滾圓→最後醱酵→蒸煮→急速凍結→冷凍儲藏）

配料間

　　密閉式防爆集塵機　　　篩粉過篩機　　　　　製冰機

攪拌

　　麵糰攪拌機：原料進行混合、揉合、攪拌，調節原料均勻分散

　　　　立式　　　　　　　臥式

基本醱酵

　　醱酵箱：(1) 醱酵溫度 27℃及相對溼度 75%
　　　　　　(2) 酵母在麵糰內醱酵，產生大量 CO_2 氣體，促使麵糰膨脹鬆軟
　　　　　　　　有彈性

壓延

　　壓麵機：攪拌好的麵糰壓延成麵皮（麵皮捲起、拉長、分割後→滾圓）

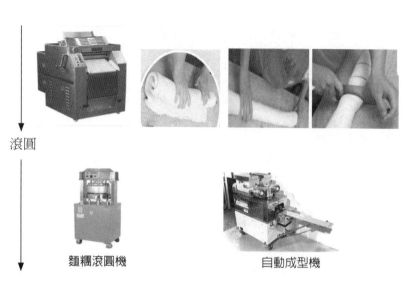

滾圓

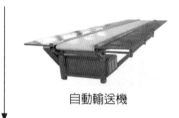

麵糰滾圓機　　　　　　　　　自動成型機

最後醱酵
　醱酵箱：醱酵溫度 38℃及相對溼度 85%

輸送

自動輸送機

蒸炊／冷卻：依饅頭大小，蒸炊時間約20～35分

蒸爐　　　　　　　　　　冷卻室

急速冷凍
　急速冷凍機：
　(1) IQF（–35℃）急速冷凍8分鐘，縮短中心溫度冰晶生成帶（0～–5℃）

(2) 饅頭均勻凍結，降低組織破壞

急速冷凍庫

IQF隧道式冷凍

包裝
　包裝機：穩定性的包材，確保產品在市場流通的衛生安全

金屬檢測
　金屬檢測機：異物檢出，確保食品安全

冷凍
　冷凍庫：產品全程＜-18℃冷凍儲存

出庫
　冷凍車：＜-18℃運輸，確保製品新鮮、安全

2. 冷凍麵條（製造流程：攪拌→複合→壓延→水煮→水洗→急速凍結→冷凍儲
　藏）

配料間

　　密閉式防爆集塵機　　篩粉過篩機　　鹼水攪拌桶　　　冷卻桶

定量

　　自動定量機：配料自動定量後，輸送至真空攪拌設備

真空攪拌

　　真空攪拌機：真空攪拌使麵糰更紮實、有嚼勁

　　　　　　　　　　機體　　　　　　　　　內部

製麵控制

　　　　　　麵糰控制設備

製麵

　　製麵機：自動製麵生產設備，將麵糰桿成平均的厚度，麵皮更加平坦和
　　完整

滾輪複合
　滾輪複合機：麵糰複合後，使麵皮更加平坦和完整

滾輪壓延
　滾輪壓延機：麵皮壓延從厚至薄，增加麵條的彈性

醒麵
　(1) 熟成：麵皮透過醒麵約 20～30 分鐘
　(2) 恆溫恆溼：24～27℃，80～90% RH
　(3) 成品：最佳溫度、溼度下老化，麵條變得光滑，口感更 Q

分條
　分條機：最後一段壓延機切絲刀，將麵皮切成條狀

降溫
　降溫室：(1) 冷風溫度出風 2℃，使麵條溫降至 15℃
　　　　　(2) 除去麵條餘溫、水氣，增強麵條的質地和彈性

切麵

切麵機

水煮
　水煮機：麵條切斷成規格長度，落於麵盒內以 90～95℃熱水煮熟殺菌

水洗

　水洗機：洗掉脫落麵渣與過度糊化澱粉，並降低麵體溫度

急速冷凍

　急速冷凍機：

　(1) IQF（−35℃）急速冷凍 8 分鐘，縮短中心溫度冰晶生成帶（0～5℃）

　(2) 麵條均勻凍結，降低組織破壞

IQF 隧道式冷凍

包裝

　包裝機：穩定性的包材，確保產品在市場流通的衛生安全

金屬檢測

　金屬檢測機：異物檢出，確保食品安全

冷凍儲藏

　冷凍庫：產品全程＜−18℃冷凍儲存

出庫

　冷凍車：＜−18℃運輸，確保製品新鮮、安全

12.4 冷凍麵條（一）

施柱甫

　　冷凍麵條依照生產過程差異、保存方式及品質確保，分為生麵冷凍的「冷凍生麵」和熟麵冷凍的「冷凍熟麵」兩種製成品。「冷凍生麵」是生麵水煮前急速凍結之麵體，其品質保存性優於生鮮麵；「冷凍熟麵」是生麵水煮後將彈牙性與口感最佳之麵體急速凍結，而能長時間的保存品質者。冷凍生麵和冷凍熟麵不同處為冷凍熟麵經過 α 化，一般所謂的「冷凍麵條指冷凍熟麵」。冷凍麵條在家庭（或個人）使用上和快餐業務用時，只需簡單加熱調理（ready to heat）即可完成的單純化、省人化的方便。

　　冷凍麵條 1972 年在日本研究開發成功，1975 年商業化生產上市，是一種食用簡便，易於保存的方便麵。冷凍麵條有油炸方便麵的方便性，口感上較油炸方便麵佳、有麵條剛煮熟的口感，此外冷凍麵條還有品質高、不使用添加劑下的安全性和健康訴求的諸多優點，並且可以隨著消費者的喜好做成湯麵、炒麵、拌麵等多樣性的食用方式。但冷凍麵條除了原料、加工成本外還有凍結成本、冷鏈成本，因此價格也相對較高。

　　冷凍熟麵是以專用小麥粉、澱粉、食鹽、食用鹼等品質改良劑等，製成口感爽滑、柔韌性的烏龍麵、拉麵等品項。剛煮好的麵條口感最好，此時麵條中心與表面之間的水分分布不均勻，形成水分梯度；放置一段時間後水分分布趨向平衡和澱粉產生老化，品質劣變口感就會變差。剛煮好的麵條急速冷凍並在 -18℃下低溫凍藏，微生物和酶對食品的作用被控制住，這樣可延長冷凍熟麵的保存期和確保產品不致產生劣變。急速冷凍使澱粉分子和水分因凍結形成結晶，阻礙澱粉分子相互靠近，而不會產生澱粉老化。

　　冷凍麵條食用時於 5～15℃解凍、沸水煮 20～60 秒即可食用（ready to heat），此時解凍復熱之麵條回復到最佳食用狀態，麵條內外維持原來的水分梯度；研究指出，外側水分 80%，內部水分 50% 是最佳的水分分布，在生麵條煮熟未立即冷凍時，外側的水分往內部擴散，則麵條將失去韌性無法回復到最佳食用狀態，因此保持麵條內、外的水分梯度是冷凍麵條生產及品質確保的重要關鍵。冷凍麵條的保質期為 1 年。

品名	冷凍麵條
成分	麵粉、水、澱粉、小麥蛋白、蛋白粉、食用鹽、大豆油
產地	臺灣
重量	150g±10% / 5包 / 袋
有效日期	標示於包裝上
保存期限	1年
保存方式	請保存於冷凍攝氏-18℃，充分加熱後食用
解凍方式	不需解凍，可直接冷凍拆開後下鍋拌煮

冷凍麵條製程

配料
↓　小麥粉、澱粉、食鹽、品質改良劑
真空攪拌
　　1. 加水量＜35%，水分過多麵帶表面產生黏性或麵帶過軟
　　2. 真空攪拌優點：(1)可增加較多水分，致煮麵時間縮短、麵條密度增加
　　　　　　　　　　　　(2)使麵糰品溫降低，以免麵帶太軟及麵帶表面黏滯性增加
分散
↓　加水量增加，麵糰麵筋展開，攪拌時產生較大麵塊，麵塊較容易打散
麵帶熟成
　　真空攪拌後靜置20～50分鐘，使內部麵筋結構鬆弛，形成柔軟可塑性麵帶；麵帶熟
　　成使水分分布均勻，在氧化作用下部分雙硫鍵形成，使麵條內部結構良好和外觀色
↓　澤透明
複合、壓延
↓　依麵帶和麵條厚度規格、麵帶速度，設定壓延比生產
煮麵
↓　煮麵水溫 95～100°C
冷卻
　　冷卻水溫 0～5°C
　　1. 除去餘熱，避免熱能向麵條中心移動，改變麵條內水分分布梯度
　　2. 抑制表面澱粉持續膨潤
　　3. 洗除麵體外部黏性物質
↓　4. 賦予麵條適當的剛性
冷凍、儲藏
　　1. 快速冷凍：縮短麵條中心溫度冰晶生成帶（−0～5°C）時間，生成較小冰晶，減少
　　　　麵條組織擠壓
　　2. −40°C±5°C×30分鐘
　　3. 冷凍儲藏於−18°C以下，保持麵條的水分分布梯度
↓　4. 冷凍儲藏波動，麵條表面失水、失去透明感、復熱口感不佳
成品包裝、裝箱
↓
冷凍儲藏
　　冷凍庫＜−18°C，保質期 1 年
　　製品生菌數：1.0×10^5cfu/g
↓　大腸桿菌群（coliform）、沙門氏細菌、金黃葡萄球菌：陰性
出庫

12.5 冷凍麵條（二）

楊書瑩

　　目前市面上冷凍麵條以烏龍麵和中式麵條為主。本文針對配方、攪拌真空度、麵條水煮控制、水分梯度、急速冷凍與品質變化進行討論。

冷凍麵條配方說明

原料名稱	%	說明
麵粉	100	1. 麵粉蛋白質含量： (1) 烏龍麵：10% (2) 中式麵條：11.5～12.0% 2. 麵條寬／厚度： (1) 烏龍麵：3.5/3.0 mm (2) 中式麵條：2.0/1.2～1.5 mm 3. 耐凍膠類： 三仙膠、卡德蘭膠
修飾澱粉鹽	0～20	
水	36～40	
鹽	2～3	
耐凍膠類	0～0.5	

攪拌真空度與麵條水煮水分控制

　　以攪拌真空度 0、380 以及 760mmHg，分別製作寬厚度（2.0/1.2mm）中式麵條，比較攪拌真空度與麵條水煮水分對品質差異。真空度 760mmHg 組水煮時（下圖左），水分上升較慢；冷凍後復熱時（下圖右），水分增加與硬度下降較慢。目前冷凍麵業者認為將烏龍麵水煮後，水分控制在 65～68%，中式麵條為 58～60%，較為適當。

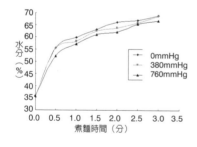
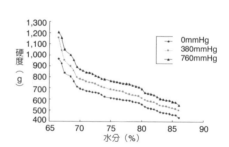

麵條水分梯度

　　真空攪拌與冷凍可以更好地保持麵條水分梯度，麵條煮熟後中心水分低，外層水分高；室溫或冷藏時，熟麵條的含水量由內層擴散至外層，水分梯度逐漸散失。

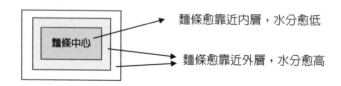

單一急速冷凍（individually quick frozen）

一般冷凍跟急速冷凍對產品的差異，在於前者凍結時間較長，大量形成「冰晶」現象，使產品脫水而品質下降；後者冷凍穿透速率為 3 公分 / 小時，在 −40℃（−40°F）下，冷凍 30 分鐘內，將產品中心溫度降至 −18℃以下，相對前者，急速冷凍設備成本更高。食品中 90% 自由水形成冰晶，形成冰晶的溫度區間為 −1～−5℃，急速冷凍設備下，產品可快速通過此區間，形成冰晶最少，減少品質傷害。

冷凍麵條品質變化

冷凍麵條在 −18℃以下保存期限可達 1 年，但是如果貯藏期間，溫度波動過大，也會形成凍傷（凍燒，水分流失）（下圖左）與微生物汙染（下圖右）的狀況。

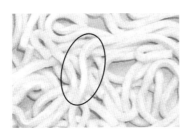 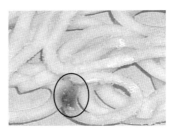

冷凍麵條凍傷　　　　　　　微生物汙染

冷鏈系統（cold chain system）

冷鏈系統是低溫控制的供應鏈，包括：自生產、包裝、儲存、運輸、銷售至消費者等過程，其相關設備和物流，都必須在規定的低溫範圍保存以維持品質。適用於新鮮農產品、海鮮、冷凍食品、化學品和醫藥產品。

冷鏈系統是良好生產規範（GMP，good manufacturing practice）的延伸，製作流程需遵守良好生產規範，同時製造冷凍麵糰的工廠也需由衛生監管機構認證。

小博士解說
1. 真空攪拌機利用真空原理，可將水分滲透至麵粉顆粒中心，同時給予麵糰 / 條較緊實的結構。
2. 麵條愈細愈不容易保持水分梯度。

12.6 冷凍豆沙包

施柱甫

　　包子是用低筋或中筋麵粉與酵母、水和麵揉製成的麵糰，再加內餡蒸製而成，常用的內餡有葷（鹹）口味、蔬（素）食和甜口味等，蒸熟後的麵皮色澤白亮，口感細緻如西式麵包。各式包子 Q 彈的外皮、美味的內餡，食用時加熱（ready to heat）即可享用即食食品的便利性，包子可謂是美味又方便的美食。

　　包子本稱饅頭傳爲諸葛亮發明，是人們生活中不可或缺的主食或點心，在亞洲各國並發展出各種特色的包子。在菲律賓稱爲「燒包（siopao）」外型如饅頭，內餡有豬肉、雞肉、羊肉、蝦仁等；在日本叫做「中華饅（中華まん）」最常見的內餡是豬肉餡；在蒙古稱作「Бууз，buuz」多用羊肉絲、犛牛肉做餡；在越南叫做「bánh bao，餅包」，內餡有豬肉、蘑菇、雞蛋、蔬菜等，與臺灣的肉包使用的內餡相似。（摘自：維基百科）

　　包子使用的麵皮有「速發麵皮」與「老酵麵皮」兩種製作方式：速發麵皮以麵粉加入酵母揉製成麵糰，醱酵時間較短；傳統方式的天然醱酵以種麵（又稱老麵）揉製成麵糰。麵糰製作過程「溫度」對麵糰醱酵極爲重要，溫度影響著澱粉酶和酵母的作用活力。醱酵中麵糰的「軟硬」也影響醱酵，硬的麵糰（水量少）醱酵慢其麵筋網絡緊實，會抑制 CO_2 產生的膨脹程度；軟的麵糰（水量多）醱酵快，容易產生 CO_2 的膨脹並散失氣體，一般來說包子的醱酵麵糰不宜太硬。此外醱酵「時間」則影響麵皮品質，時間長醱酵過度，麵皮酸味強，包子加熱時易變軟；醱酵時間短，膨發不足，麵皮呈現暗色。

　　常見的葷（鹹）食包內餡常以豬肉、高麗菜、香菇等食材爲主，配以蔥、薑、胡椒的調味，整體的口感是增加肉包鮮香、美味的關鍵；蔬（素）食包內餡以高麗菜、雪裡紅、韭菜食材爲主，添加粉絲、木耳及香菇增進風味和柔嫩口感；甜口味包是以植物果實、種子等爲原料加工成泥茸，再以糖、油炒製的甜味餡，餡料帶有不同果實香味和細滑綿密的口感，通常使用的有豆沙、棗泥、芋泥等數種。以紅豆泥做的餡料，香甜的紅豆香，是簡單美味的正餐或點心，而粵式甜點奶皇包內餡是以牛油、雞蛋、牛奶、麵粉、鹹蛋黃等原料調製而成。

　　包子皮與餡成型後通常以蒸氣蒸熟，使製品內澱粉膨脹、蛋白質熱變性成爲熟製品。蒸熟使包子更加鬆軟、避免黏連，膨鬆使其形成光亮柔軟的外皮和熟麵的香味，因此要掌握蒸的時間及蒸熟度。蒸的時間長了成品黃帶黑，失去原有食材的色香味，時間短了無熟食香味且黏牙。蒸熟的包子除即食外，爲保持成品品質，急速冷凍後於 –18 ℃以下冷凍儲存，可保存長達 1 年。

冷凍豆沙包製程

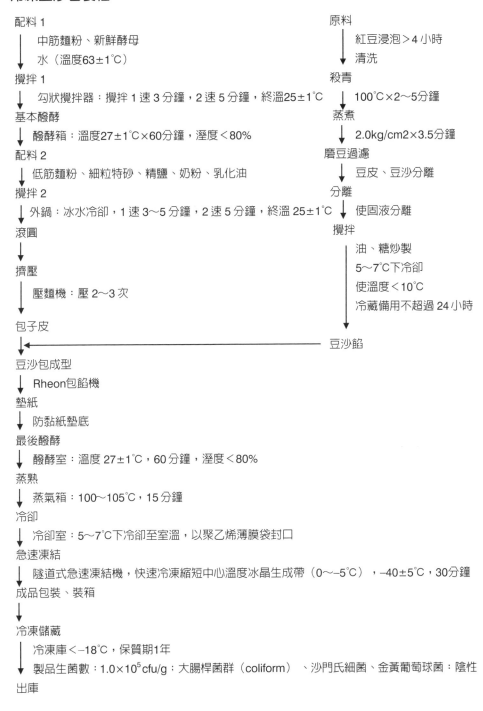

配料 1
↓ 中筋麵粉、新鮮酵母
↓ 水（溫度63±1℃）
攪拌 1
↓ 勾狀攪拌器：攪拌 1 速 3 分鐘，2 速 5 分鐘，終溫25±1℃
基本醱酵
↓ 醱酵箱：溫度27±1℃×60分鐘，溼度＜80%
配料 2
↓ 低筋麵粉、細粒特砂、精鹽、奶粉、乳化油
攪拌 2
↓ 外鍋：冰水冷卻，1 速 3〜5 分鐘，2 速 5 分鐘，終溫 25±1℃
滾圓
↓
擠壓
↓ 壓麵機：壓 2〜3 次
↓
包子皮
↓←————————————————————— 豆沙餡

原料
↓ 紅豆浸泡＞4 小時
↓ 清洗
殺青
↓ 100℃×2〜5分鐘
蒸煮
↓ 2.0kg/cm2×3.5分鐘
磨豆過濾
↓ 豆皮、豆沙分離
分離
↓ 使固液分離
攪拌
↓ 油、糖炒製
↓ 5〜7℃下冷卻
↓ 使溫度＜10℃
↓ 冷藏備用不超過 24 小時

豆沙包成型
↓ Rheon包餡機
墊紙
↓ 防黏紙墊底
最後醱酵
↓ 醱酵室：溫度 27±1℃，60 分鐘，溼度＜80%
蒸熟
↓ 蒸氣箱：100〜105℃，15 分鐘
冷卻
↓ 冷卻室：5〜7℃下冷卻至室溫，以聚乙烯薄膜袋封口
急速凍結
↓ 隧道式急速凍結機，快速冷凍縮短中心溫度冰晶生成帶（0〜–5℃），–40±5℃，30分鐘
成品包裝、裝箱
↓
冷凍儲藏
↓ 冷凍庫＜–18℃，保質期1年
↓ 製品生菌數：$1.0×10^5$cfu/g；大腸桿菌群（coliform）、沙門氏細菌、金黃葡萄球菌：陰性
出庫

12.7 冷凍中式餅皮

楊書瑩

　　臺灣傳統銅板美食蛋餅與蔥抓餅，因消費者接受性強與市場銷售通路廣泛等因素，約占麵粉消費市場總量 15～20%。目前這兩種產品已成為中式冷凍產品主流；前者為半熟冷凍型態產品，後者為生麵糰冷凍型態產品。由於這類產品不需要發酵，解凍方便，很多業者或餐廳小量自製冷凍或冷藏麵糰，供應自需。

　　目前這類產品並沒有專用麵粉，業者選擇適用的高、中、低筋麵粉，或依照自己的工作習慣與客戶的喜好，自行調配麵粉。本篇則討論使用不同麵粉，對產品品質差異。

麵粉規格

	水分（%）	蛋白質（%）	灰分（%）	溼麵筋（%）
高筋麵粉	13.9	12.9	0.44	36.0
粉心中筋粉	13.7	11.0	0.40	34.6
一般中筋麵粉	13.7	11.3	0.42	32.6
低筋麵粉	12.6	7.5	0.38	25.1

配方

材料	蛋餅	蔥抓餅
麵粉	100%	100%
鹽	1.5%	1.5%
熱水 75℃	60%	--
*冷水 20℃	15～20%	60～80%
沙拉油	3%	3%
總計	179.5～184.5%	164.5～174.5%

* 說明
1. 蛋餅：半燙麵法
   低筋麵粉冷水量15%，其他麵粉20%。
2. 蔥抓餅：冷水麵法
   低筋麵粉冷水量60%，其他麵粉80%。

製程

蛋餅	蔥抓餅
1. 將麵粉、鹽與熱水放入攪拌缸中攪拌。 2. 放入冷水與沙拉油，再攪拌至麵糰充分攪拌均勻。 3. 鬆弛30分鐘，並切割麵糰：100g。 4. 加熱並壓平成為薄餅。直徑23公分，厚度1.6～1.7mm。 5. 放入急速冷凍庫，−30℃，25分鐘。	1. 將所有材料，放入攪拌缸中，攪拌至麵糰擴展（形成薄膜）。 2. 切割麵糰：100g。 3. 麵皮抹油，捲呈長條狀後再捲成螺旋圓柱形，鬆弛15分鐘。 4. 壓平成為1公分厚麵糰。 5. 放入急速冷凍庫，−30℃，25分鐘。

冷凍後，調理

蛋餅	蔥抓餅
1. 不解凍。 2. 放入平底鍋中，加少量油，加熱並包入餡料後，捲起至全熟。 * 視狀況調整加熱時間。	1. 解凍：室溫。 　　隔夜5℃，低溫解凍。 2. 整型：直徑20公分，厚度3mm薄餅。 3. 放入平底鍋中，加少量油，加熱並包入餡料後，捲起至全熟。 * 視狀況調整加熱時間。

成品外觀

蛋餅	蔥抓餅

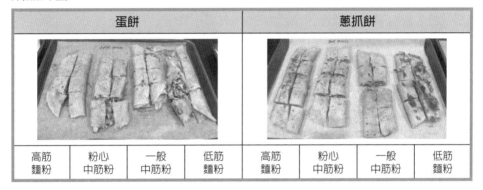

高筋 麵粉	粉心 中筋粉	一般 中筋粉	低筋 麵粉	高筋 麵粉	粉心 中筋粉	一般 中筋粉	低筋 麵粉

產品品質差異比較

1. 以硬質小麥為主所磨製的高筋麵粉、粉心中筋粉與一般中筋粉，無論蛋餅或蔥抓餅，在配方加水量、機械操作性、冷凍後產品破碎率以及熱食與冷卻10分鐘後口感上，都比低筋麵粉為佳。
2. 由低筋麵粉製成的蛋餅或蔥抓餅，冷凍後容易破碎，包覆餡料與摺疊捲起之操作性也較差。
3. 高筋麵粉、粉心中筋粉之筋性較強，量產時麵糰需要充足鬆弛時間，產品操作性（麵糰易擴展性與彈性）會更好。一般中筋粉鬆弛時間較前二者短。
4. 以高筋麵粉、粉心中筋粉與一般中筋粉之價格比較，一般中筋粉較有優勢。
5. 前三種麵粉產品單獨比較麵皮口感時，前二者較佳，但包餡後的整體口感差異性不易分辨。

12.8 冷凍水餃

施柱甫

　　中式包子麵糰一般都需經過醱酵過程，在製作餃子、雲吞、燒賣及春捲等麵皮時，它是麵粉中加適量的水（30～40%）後揉搓成的各種不同麵糰，醒麵一段時間後使麵糰鬆弛製作而成的，而麵皮的品質要求是色澤白、皮薄且柔軟；春捲皮則是加入多量的水使形成麵糊，再塗抹於熱平板鐵盤上形成熟的麵皮。

　　不同麵點外皮的質感與攪拌的水溫有很密切的關係，麵糰攪拌的方式有冷水麵糰、溫水麵糰和沸水麵糰 3 個類別，不同水溫攪拌的特徵分述如下：(1)「冷水麵糰」攪拌的水溫為 20～25℃，在此溫度下麵粉內的蛋白質因吸收水而膨脹，形成細緻的網絡結構，使麵糰有彈性、有咬勁，它適合於水餃皮和麵條製品；(2)「溫水麵糰」攪拌的水溫為 50～55℃，在這溫度下蛋白質接近變性的狀況，但仍具有網絡的結構，特殊的麵糰結構狀態使其可塑性高，適合於捏製花式麵點；(3)「沸水麵糰」亦稱燙麵，攪拌的水溫為 70～75℃，這個水溫麵粉產生糊化作用，沒有網絡結構、麵糰缺乏彈性、比較柔軟、容易熟，外皮具有韌度可以兜住湯汁，因此燙麵糰適合做燒賣、蒸餃、蔥油餅、鍋貼等。

　　水餃皮是冷水麵糰，是用冷水攪拌做成麵糰的，冷水麵糰的麵皮有彈性且耐煮，正常的柔軟度是麵粉與水的比例為 2.5：1，並攪拌製成軟硬適度的麵糰。現在市售餃子皮以機器製作，都使用高筋麵粉加水量也相對比較少，餃子皮有嚼勁、很 Q，買現成的餃子皮方便省事，使消費者趨之若鶩。

　　水餃大都以絞肉為基本餡料，最普遍的是豬肉、雞肉、牛肉和海鮮，再搭配各種蔬菜、豆製品、乾貨就可以調配出多種餃子餡；包餃子最重要的是煮熟後不能破皮露餡「皮的封口要捏緊」。製作水餃時，即配合不同餡料，將水餃皮、餃子餡分別裝入水餃成型機包餡成型，生餃子以隧道式急速凍結後，包裝、裝箱後於＜－18℃冷凍庫儲藏，其保質期長達 1 年。

水餃皮＆冷凍水餃製程

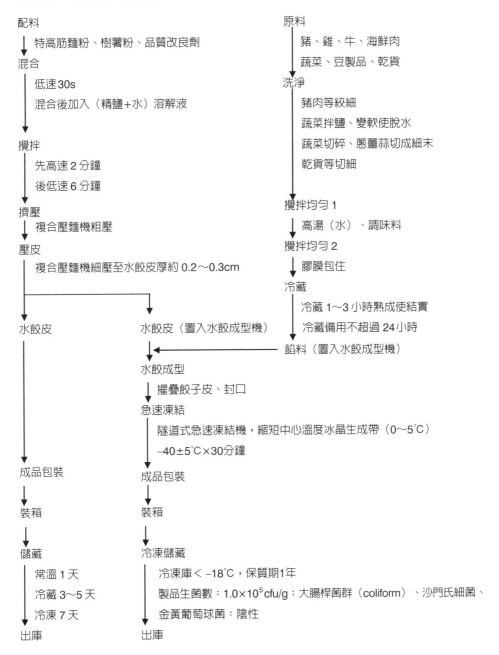

配料
└─ 特高筋麵粉、樹薯粉、品質改良劑
混合
　　低速30s
　　混合後加入（精鹽＋水）溶解液

攪拌
　　先高速 2 分鐘
　　後低速 6 分鐘
擠壓
└─ 複合壓麵機粗壓
壓皮
　　複合壓麵機細壓至水餃皮厚約 0.2～0.3cm

水餃皮　　　　水餃皮（置入水餃成型機）

成品包裝　　　成品包裝

裝箱　　　　　裝箱

儲藏　　　　　冷凍儲藏
　常溫 1 天　　　冷凍庫＜ –18℃，保質期1年
　冷藏 3～5 天　　製品生菌數：1.0×10⁵cfu/g；大腸桿菌群（coliform）、沙門氏細菌、
　冷凍 7 天　　　金黃葡萄球菌：陰性
出庫　　　　　出庫

原料
　　豬、雞、牛、海鮮肉
　　蔬菜、豆製品、乾貨
洗淨
　　豬肉等絞細
　　蔬菜拌鹽、變軟使脫水
　　蔬菜切碎、蔥薑蒜切成細末
　　乾貨等切細

攪拌均勻 1
└─ 高湯（水）、調味料
攪拌均勻 2
└─ 膠膜包住
冷藏
　　冷藏 1～3 小時熟成使結實
　　冷藏備用不超過 24 小時
餡料（置入水餃成型機）

水餃成型
└─ 擢疊餃子皮、封口
急速凍結
　　隧道式急速凍結機，縮短中心溫度冰晶生成帶（0～5℃）
　　–40±5℃×30分鐘

12.9 冷凍蛋黃酥

楊書瑩

　　蛋黃酥是台式油酥皮月餅，不僅是中秋節餽贈親友的伴手禮，也是一般大眾喜愛的臺灣特色小吃。內餡由鹹鴨蛋黃與及紅豆沙或其他口味豆沙組成，甜而不膩，香酥可口。蛋黃酥屬於高單價糕點，又具有節慶特色，油酥皮的可耐冷凍，適合做成冷凍麵糰類產品，中秋節前製作，節前解凍再烘焙，可為月餅量產做準備。

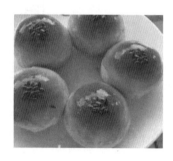

蛋黃酥配方

油皮：15公克／個		油酥：10公克／個	
材料名稱	烘焙（%）	材料名稱	烘焙（%）
中筋麵粉	100	低筋麵粉	100
細砂糖	20	酥油或奶油	50
酥油或奶油	40		
水	40		
合計	200	合計	150
內餡			
紅豆餡、棗泥餡、蓮蓉餡、核桃豆餡等等		20公克／個	
鹹蛋黃，每顆蛋黃酥用半個或一顆		15〜30公克／個	

✛ 知識補充站

　　早期中秋節是烘焙業者最為忙碌的時間，現在有供應商提供冷凍油酥皮、各式豆餡、鹹蛋黃等半成品，業者只需組合麵皮與餡料，再完成烘焙及可販售。

冷凍蛋黃酥製程

油皮
↓　　中筋麵粉過篩，加入糖、油脂、水，攪拌均勻，麵糰捲起即可
↓　　麵糰鬆弛 20～30 分鐘。分割，每個 15 公克

油酥
↓　　低筋麵粉過篩，與油脂混合均勻
↓　　分割，每個 10 公克

油皮與油酥擀捲
↓　　油皮包覆油酥成麵糰，壓平→擀開→捲成圓柱形。鬆弛 20 分鐘
↓　　圓柱形麵糰兩邊向內摺→壓平→擀成直徑 8～9 公分圓形麵片

鹹蛋黃處裡
↓　　鹹蛋黃放入防黏烤盤，表面噴米酒。160～165℃，烤 3～5 分鐘
↓　　至表面微出油，冷卻備用。不可烤乾

包餡
↓　　豆餡包覆烤過放冷鹹蛋黃，整形成球狀

組合
↓　　將油酥麵皮包覆內餡，整形成圓球狀

IQF，急速冷凍
↓　　急速冷凍將產品中心溫度降至-18℃以下
↓　　蛋黃酥為立體狀，冷凍穿透速率 3 公分 / 小時為佳
↓　　儲藏於-20℃冷凍庫

解凍
↓　　溫度 15～20℃，溼度 65～70%下，解凍至中心溫度 0～5℃以上
↓　　蛋黃酥表面保持乾燥，但不可結皮，以利刷蛋液
↓　　刷蛋液 2～3 次，撒上烤過黑芝麻

烘焙
↓　　上火 / 下火：190/160℃，15分鐘
↓　　烤盤轉向，上火 / 下火：170/160℃，10分鐘

冷卻、包裝

12.10 冷凍 / 冷藏披薩 楊書瑩

　　披薩的發源地是義大利的拿坡里，在全球頗受歡迎，如今披薩店分布世界各地。披薩作法是以發酵過麵餅皮上面覆蓋番茄醬、起司及其他配料，並由烤爐烘焙而成。據統計，在義大利大約有兩萬多間披薩店，全球最大的披薩連鎖店是美國的必勝客，達美樂披薩則是全美第二大披薩連鎖店。

　　生 / 熟麵皮可單獨冷藏或冷凍，亦可將冷藏 / 冷凍分成生麵皮配生配料，或是熟麵皮整型裝飾完成之後放入或冷凍。冷藏溫度以 1～5℃ 為理想，冷藏披薩在整型及裝飾完畢後，立即用保鮮膜將其包妥放入冰箱內冷藏，冷藏時間不宜超過 48 小時，如果時間過久則會影響餅皮的膨脹性，使烤好後的成品變硬而不鬆脆。冷凍生麵皮在冷凍庫保存 3 天左右。

　　起司的種類以莫札瑞拉起司（Mozzarella）較常見，融點較高的乳酪如帕馬森起司（Parmesan Cheese）或巧達起司（Cheddar Cheese），可防止烤焦之慮。也可混用不同起司，包括羅馬起司（Romano）、義大利鄉村軟酪（Ricotta）或蒙特里傑克起司（Monterey Jack）等。

　　生的冷凍披薩餅皮在使用前，宜先解凍並適度發酵。熟麵皮配生 / 熟配料可直接烘焙，熟麵皮配熟配料可直接用微波。

披薩麵皮配方（方型）

材料名稱	百分比（%）	數量（公克）	製作程序
中筋麵粉	100	600	1. 所有材料攪拌均勻至完全擴展。 2. 發酵盤抹油，放入攪拌完成的麵糰，麵糰溫度：26～28℃。 3. 基本發酵60分鐘，發酵後麵糰溫度：26～28℃。 4. 整型成球狀。 5. 中間發酵：室溫24℃，30分鐘。 6. 整型：烤盤抹油，麵糰鋪平烤盤。 7. 最後發酵：室溫30分鐘，麵皮扎洞，刷披薩醬料與放置配料。 8. 烤焙：240℃/220℃，約15～20分鐘。 9. 急速冷凍，包裝。
米穀粉	20	120	
水	60	360	
液體油	5	30	
快速低糖酵母	2	12	
鹽	2	12	
魯邦種酸麵糰	30	180	
總量	219	1,314	
＊液體油：抹烤盤用			

披薩蕃茄醬製備

醬料原料	分量	製程
蕃茄糊	800g／罐	1. 奶油或液體油適量（平常炒菜量），與洋蔥丁、大蒜末，炒香。
絞肉	300g	2. 加入絞肉與糖和少量鹽一起炒，放入番茄糊和水，以小火熬煮約3～5分鐘，使醬料濃縮。
奶油或液體油	2大匙	3. 加入白胡椒粉、義式香料混和，放冷備用。
洋蔥丁	1個	* 番茄醬料的使用量：
大蒜末	1大匙	直徑12吋，約90g。
糖	250g	直徑14吋，約140g。
鹽	5g	直徑16吋，約180g。
水	200～250g	方盤1,300g，約550～600g。
白胡椒粉	1大匙	
羅勒葉、披薩草、鼠尾草葉、紅椒粉等義式香料	適量	

披薩裝飾用配料

　　配料依照個人喜好調整，包括：培根、海鮮、火腿、牛肉、冷凍／罐頭玉米粒、青椒、黃椒、紅椒、黑橄欖、小番茄、罐頭鳳梨片、拉絲乳酪等。

碳烤披薩

方形披薩

＋知識補充站
1. 米穀（蓬萊米）粉，可使披薩餅皮口感更酥脆，並降低麵糰筋性。
2. 披薩爐，以上火與下火距離較近者為佳。
3. 在披薩餅皮配方中，加入魯邦種酸麵糰，口感與麵糰組織更佳。添加量（麵粉用量）50%以下，添加過多時披薩餅皮孔洞與多。冷藏或冷凍生披薩餅皮麵糰，不適合添加魯邦種酸麵糰。

12.11 冷凍素食春捲

施柱甫

春捲又稱潤餅是亞洲很普遍的料理，越南用來包米線、生菜，泰國包餡料後再油炸，臺灣則以春捲皮包蝦肉餡後，油炸至酥脆烹調成月亮蝦餅，至於端午節的潤餅則是以素食為主要的節慶飲食習慣，其食材有多樣蔬菜、木耳、豆腐乾、香菇、蛋皮、花生粉末等。

春捲皮的麵糰作法，是高筋麵粉、鹽、水一起攪拌，製作春捲皮使用水量（麵粉量 60%）相對其他的烘焙產品是較多的，很不容易攪拌成麵糰，但仍要以攪拌機強力持續攪拌搓揉麵糰，使黏性增加產生麵筋製成不黏手的稀軟麵糰，麵糊經過攪拌搓揉後，麵糰可以提起但仍會稍微流動，此時讓麵糰醒發1～2 小時後，即可以進行春捲皮製作。

春捲皮製作時將稀麵糰投入麵片成型機料斗，加熱平板鐵盤（不需或微抹油），達到一定溫度時即可下料，使麵糰迅速由平板鐵盤底中央往外抹成一圓形狀。如果平板鐵盤中烤得太久，春捲皮就會失去過多水分變得脆硬。平板鐵盤材質太薄時，因為加熱不均勻或溫度上升太快，容易使麵糰無法順利製作出薄且均勻的春捲皮，平板鐵盤使用的材質愈厚愈好，才能使溫度均勻，製作出薄又嫩的春捲皮。機器連續製作時控制加熱爐溫度（120～180℃）連續生產出帶狀薄片，再由切割裝置切成規格品。春捲皮與餡心送入自動捲餡成型機製成春捲，再經過油炸、冷卻、速凍、包裝、冷凍儲藏，製品檢查衛生要求檢查合格後即可出庫。

潤餅（春捲）皮機

自動捲餡成型機　　　　　潤餅成品

冷凍素食春捲製程

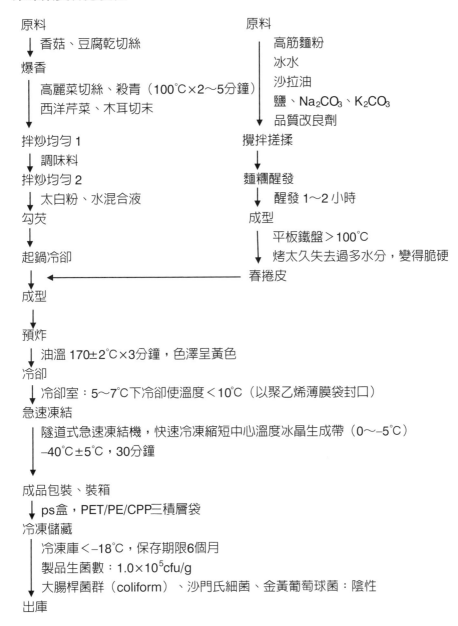

原料
↓ 香菇、豆腐乾切絲
爆香
　↓ 高麗菜切絲、殺青（100℃×2～5分鐘）
　　 西洋芹菜、木耳切末
拌炒均勻 1
↓ 調味料
拌炒均勻 2
↓ 太白粉、水混合液
勾芡
↓
起鍋冷卻
↓
成型
↓
預炸
↓ 油溫 170±2℃×3分鐘，色澤呈黃色
冷卻
↓ 冷卻室：5～7℃下冷卻使溫度＜10℃（以聚乙烯薄膜袋封口）
急速凍結
　↓ 隧道式急速凍結機，快速冷凍縮短中心溫度冰晶生成帶（0～–5℃）
　　 –40℃±5℃，30分鐘
↓
成品包裝、裝箱
↓ ps盒，PET/PE/CPP三積層袋
冷凍儲藏
　↓ 冷凍庫＜–18℃，保存期限6個月
　　 製品生菌數：$1.0×10^5$cfu/g
　　 大腸桿菌群（coliform）、沙門氏細菌、金黃葡萄球菌：陰性
出庫

原料
↓ 高筋麵粉
　 冰水
　 沙拉油
　 鹽、Na_2CO_3、K_2CO_3
　 品質改良劑
攪拌搓揉
↓
麵糰醒發
↓ 醒發 1～2 小時
成型
　↓ 平板鐵盤＞100℃
　　 烤太久失去過多水分，變得脆硬
春捲皮

第13章
預拌粉

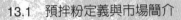

13.1　預拌粉定義與市場簡介

13.2　預拌粉製造

13.3　預拌粉分類（一）：營養強化型預拌粉

13.4　預拌粉分類（二）：穀類預拌粉

13.5　預拌粉分類（三）：甜點類烘焙預拌粉

13.1 預拌粉定義與市場簡介

楊書瑩

預拌粉定義

將兩種或多種成分或物料混合在一起，或混合後再進行銷售，使用時再進一步與其他原物料混合或單獨使用的產品。

預拌粉市場簡介

根據美國 www.millioninsights.com 以及 Meticulous Research 的報導，到 2026 年，全球食品預拌粉市場規模預計將達到 24 億美元，預期在 2021～2026 年間，將以每年 6.1% 的增加速率成長。食品預拌粉是礦物質、維生素、胺基酸和其他營養或保健素材等的組合，可補充或強化食品營養成分；由於飲食中缺乏微量營養素，會導致營養不良和嚴重的健康問題，強化營養素可提高食品和飲料的營養價值，提供身體必須的營養。此外亦可用於控制體重或增加肌肉；添加維生素 D 於食物預拌粉中可以改善體內的新陳代謝和鈣的吸收；食品預拌粉方便食用的訴求，更有助於醫療營養市場的需求，也是促進這類產品市場增長的主要因素。營養不良發生率上升和強化食品使用量增加將進一步促進 2021～2026 年期間，全球食品預拌粉市場的整體市場發展。隨著全球預拌粉產品類型、使用範圍，及其應用層面的不斷擴展下，預估食品預拌粉市場將在未來一段時期快速成長。未來食品預拌粉市場將因成分、功能、形式、應用和地區來做成不同的市場區隔。

亞太地區是食品預拌粉行業的最大市場。由於開發中和已開發亞洲國家的可支配收入增加，人口增加，食品和飲料行業迅速發展，生活品質健康化以及對營養強化食品的需求不斷增長等因素，預測將形成並保有主導地位。緊隨亞太地區之後的是北美地區，由於這個地區的人們愈來愈關注食品安全、慢性病的發生率增加、消費者對創新和健康食品的期望提高，加上他們具有強勁的經濟能力與消費力，預計是下一個預拌粉產品新興市場。

按類型劃分，2017 年具營養成分（維生素與礦物質）的預拌粉，占全球食品預拌粉市場最大宗。主要歸因於消費者對不同功能成分混合物的偏好增加，維生素補充劑的消費量不斷增長，維生素缺乏病例數量不斷增加，對維生素強化食品的需求不斷增加。然而，對於嬰兒產品的需求不斷增加，維生素 B 群的預拌粉成為市場新興產品，且快速增長。

目前有許多以技術領先的食品公司，正在併購或以合資方式建立合作關係，以積極投入預拌粉市場，預期預拌粉至少可增加 2 倍以上麵粉銷售價格。

在全球食品預拌粉市場運營的主要參與者，包括：北美（美國、加拿大）、歐洲（德國、法國、英國、義大利、俄羅斯、西班牙、荷蘭、瑞士、比利時）、亞太地區（中國、日本、韓國、印度、澳大利亞、印度尼西亞、泰國、菲律賓、越南）、中東和非洲（土耳其、沙烏地阿拉伯、阿拉伯聯合大公國、

南非、以色列、埃及、奈及利亞）以及拉丁美洲（巴西、墨西哥、阿根廷、哥倫比亞、智利、秘魯）等國家。知名預拌粉企業公司，包括：Koninklijke DSM NV（荷蘭）、Corbion NV（荷蘭）、Vitablend Nederland BV（荷蘭）、Glanbia Plc（愛爾蘭）、BASF SE（德國）、SternVitamin GmbH & Co. KG（德國）、Hellay Australia Pty. Ltd（澳大利亞）、Jubilant Life Sciences Ltd.（印度）、Watson Foods Co., Inc.（美國）、Farbest-Tallman Foods Corporation（美國）以及 Wright Enrichment Inc.（美國）等。

預拌粉分類

　預拌粉主要成分，包括：麵粉，依照不同產品類型，高筋麵粉、中筋麵粉、低筋麵粉以及全麥，都有其適用的產品；其他選用性原料，包括：糖／糖粉、鹽、奶製品、色素、雞蛋／蛋粉、香料、乳化劑、酵素、營養強化劑、纖維素、礦物質以及化學膨大劑等。依照不同的預拌粉類型，大致上可區分為三大類，其消費族群與商品訴求各異，包括：營養強化型預拌粉、穀類預拌粉以及甜點類烘焙預拌粉，分別說明於後段章節。

　營養強化型預拌粉不但能使消費性飲品的營養更完整，也能提供有特殊營養需求的消費族群。各式的穀類預拌粉與甜點類烘焙預拌粉，使烘焙類與麵食加工產品具更多新口味與創意。預拌粉製造廠商將製作烘焙產品最繁複的稱量過程完全處理完畢，目的就是要將加工操作流程簡化、配方標準化以及作業標準化，使用者只需要添加適當的水、牛奶或油等液體材料，經過簡單的攪拌，即可完成品質均一的產品。這樣的產品可提供加工業者、烘焙連鎖店、大賣場、冷凍麵糰廠商、烘焙連鎖店、餐廳、軍隊與學校團膳、家庭來使用。

　此外，生產預拌粉工廠的技術人員除了對麵粉知識了解之外，還需要具備化學、烘焙學、營養學、食品加工學以及食品科學等相關知識與經驗，工廠相對要有實驗室與廚房配合完成配方開發、產品保存試驗與產品試做等；此外還需要有推廣操作人員與銷售人員搭配做市場行銷等連鎖式的銷售計畫與技術服務。

13.2 預拌粉製造
楊書瑩

　　預拌粉不僅只是「混合」原物料,除了生產預拌粉工廠的設備要求與品管品保良好作業規範之外,還需要考慮其他多種因素。例如:以生產「營養強化型預拌粉」而言,是針對完整而均衡的營養成分作爲訴求,因此可以添加單一營養素或結合多種營養素混合。透過精確稱量過程與提高營養素準確性的前提下,如何使營養成分均勻地分布於預拌粉中?而製造穀類預拌粉與甜點類烘焙預拌粉時,如何將不同顆粒的原物料均勻混合?這將是製造預拌粉產品前必須先了解的課題,分述於後:

1. **營養素的品質**:無論是維生素、礦物質、類胡蘿蔔素或其他天然營養素或化學合成營養素,其品質與作用等同於食品成分。製造這些營養素的過程,必須沒有被汙染的風險。所以基本上選擇品牌與信譽良好的營養素原料是上上策。

2. **營養素的效力**:具有營養訴求的預拌粉,必須要達到其宣稱的效果。無論攝取量低(例如:維生素)者,或攝取量高(例如:纖維素)者,該營養素必須均勻存在預拌粉中。

3. **營養素的穩定性**:許多營養素會與周圍環境發生反應(例如:氧氣,水分)或其他衍生物(例如:金屬鹽類),這將會降低其效力和/或產生不良反應。爲了要確保營養素的穩定性,可利用適度的抗氧化劑來控制氧化、採用特殊的載體,以及包覆技術,保持營養素的穩定。

4. **營養素的配方與使用率**:配方是製造優質產品的關鍵。配製濃縮維生素預拌粉以及維生素與微量礦物質預拌粉時,更需要仔細操作。在設計配方時,必先了解這些營養素對預拌粉質量與營養訴求,同時還必須考慮用途與保存期限。例如:嬰幼兒用食品預拌粉對生菌素要求較爲嚴格。

5. **原料的物理特性**:生產優質預拌粉需要了解粉狀原料的粒徑特性。如何將不同形狀、不同顆粒大小的粉末與穀粒混合在一起,混合後,經過長時間仍保持其均勻性。爲求預拌粉在運輸和使用過程中能確保均勻性與穩定性,粉狀原物料的顆粒大小、形狀、密度和靜電特性等物理特性愈接近愈好。同時避免靜電導致預拌粉分離。

6. **載體和其他輔助成分**:由於預拌粉所需原物料的形狀、顆粒大小以及密度都不同,因此可以利用載體縮小其差距,米粉與麵粉可提供充分的吸附面積。礦物油也有助於吸附細小顆粒粉粒。碳酸鈣可增加預拌粉堆積並改善流動性。

7. **攪拌設備和程序**:乾式攪拌設備爲較常見類型。不同類型預拌粉需要特定的機械設備。對於添加微量營養素的預拌粉,重點在於不要過度攪拌與最短混合時間將預拌粉均勻混合。不僅能提高了生產效率,而且可以減少混合時營

養素的耗損。使用適當的混合設備和流程有助於確保營養強化預拌粉中,營養素的穩定性。再則,生產不同種類的預拌粉時,粉料混合生產排程與設備清空,是另一項重要的品質監控關鍵。

8. **品質管控計畫**:在任何生產操作中,都需要一個完善的品質計畫來確保生產過程品質。就預拌粉操作流程,必須有適當控制稱量,庫存監控系統以及樣品批次品質檢驗,所有預拌粉的半成品與成品都必須被檢驗,並區隔不合格品。監測項目必須經過仔細計畫與通盤考量,包括:定期測量均質性、配方準確性、金屬物殘留、營養素測試。

9. **預拌粉加工過程與添加次序**:每個步驟都會影響預拌粉的質量,多種不同原物料混合前,有時需要先做適當前處理,例如:烘烤/乾燥處理、粉碎處理(通常使用鎚式粉碎機來粉碎結塊物)或調整pH值。

10. **預拌粉原料的貯藏和製程中的輸送**:預拌粉原料的品質也會受到加工及儲存條件的影響。在潮溼或高溫條件下的輸送和貯存可能會導致營養素活性降低。預拌粉原料通常利用物理輸送(螺旋輸送機或風力輸送),對營養素的穩定性或預拌粉混合的均勻性產生負面影響,因此大多採用批次式(2.5噸)的混合桶生產。但無論是連續式生產或批次式生產,都需要做檢測以確保品質穩定。

11. **預拌粉的包裝**:最常使用三層式基層袋,最內層為塑膠膜。其目的為隔絕空氣避免氧化,以及防止受潮,以達到延長保存期限的目的。即便如此,預拌粉的保存期限仍在12個月以內。

12. **包裝袋上的操作說明**:幾乎所有的預拌粉包裝袋上,都會非常仔細的標示操作步驟、其他材料的添加量以及烤焙溫度等。因此,預拌粉製造廠商的研發品管人員一定要再三確認預拌粉品質與操作方法的正確性。

13.3 預拌粉分類（一）：營養強化型預拌粉

楊書瑩

　　根據美國農業部的調查，許多美國人每天只吃不到一份全穀物。而美國食藥署（FDA）的飲食指南，則建議每天攝取全穀類三到五份，因此全穀類與營養強化飲品的營養強化型預拌粉，一直是市場的主流；由於 2019 年底新冠病毒的肆虐，人們對均衡營養、加強免疫力與預防疾病的需求，更使得這類產品銷售，大幅成長。消費者對於食用型營養強化食品意識增強，對預拌粉市場亦創造有利的商機。

　　添加維生素、礦物質、纖維素、核苷酸和胺基酸等營養成分，已然形成食品預拌粉的重要市場。由於消費者對健康的關注和需求量增加，「維生素、礦物質與纖維素」已形成預拌粉重要市場。基於健康功能訴求，該類型產品可涵蓋免疫力，骨骼健康，熱能控制，促進消化，體重管理，維護心臟健康，增強腦部健康與記憶，視力保健等。其中「體重管理」的商品，包括預拌粉與濃縮液已有其市場與市場占有率。針對生命期（孕婦）營養／嬰兒食品、非醫藥處方營養食品、膳食補充劑、營養改善食療飲食以及銀髮族食品，也已形成另類市場，預期將是預拌粉市場的重要產品。

　　營養強化型預拌粉產品使用一定比例的麵粉，但是其保存期限需要比一般麵粉為長（麵粉保存期限通常是 3 個月至 6 個月，營養強化型預拌粉為 6～12 個月）。因此麵粉廠需要先將麵粉做適度的處理，例如：加熱、篩分、除蟲（殺蟲機破壞蟲卵）等步驟，以確保品質穩定，延長保存期限。

　　就營養學而言，全麥麵粉（包含與原來小麥相同成分之麩皮、胚乳與胚芽）已被證實有益於控制體重，減少心血管疾病和預防 II 型糖尿病。一般以小麥胚乳生產的白麵粉，則以添加營養劑（如：鐵和葉酸等）的方式，將磨粉過程中損失的營養素，添加回麵粉中，被稱為營養強化麵粉。因而全麥麵粉或營養強化麵粉也成為營養強化型預拌粉的原料。

　　營養強化型預拌粉與營養強化麵粉不同；營養強化涵蓋兩個部分：一是將加工過程中流失的營養素回添至食品中，使其回復成食品原來的營養素成分。再更進一步則是加入比原本食品中更高的營養素含量，或食品裡原本所沒有包含的營養素也一併加入。由於對營養強化食品的需求不斷增長，許多地區對於營養強化預拌粉的需求不斷增加，以及嬰兒營養製造商對營養預拌粉的利用不斷增加等因素下，發展中國家（例如：拉丁美洲、東南亞和非洲）正積極推動食品預拌粉的市場。此外，具有療效與健康訴求的食品預拌粉需求，也不斷在增長。對於健康訴求以及不斷變化的飲料與食品的趨勢，都是推動預拌粉市場的重要動力。至於全球預拌粉製造工廠在技術方面急需要克服的問題，則是預拌粉的製造流程管控、原物料品質管制、儲存程序、營養強化添加以及機械設備等食安問題。

營養強化型預拌粉研發與基本製程

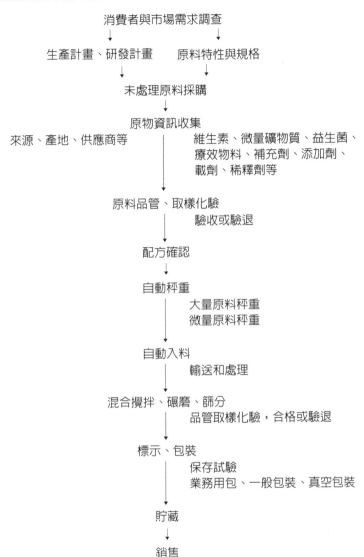

消費者與市場需求調查
↓
生產計畫、研發計畫　　原料特性與規格
↓
未處理原料採購

原物資訊收集
來源、產地、供應商等　　　維生素、微量礦物質、益生菌、
　　　　　　　　　　　　療效物料、補充劑、添加劑、
　　　　　　　　　　　　載劑、稀釋劑等
↓
原料品管、取樣化驗
　　　　　驗收或驗退

配方確認
↓
自動秤重
　　　大量原料秤重
　　　微量原料秤重

自動入料
　　　輸送和處理
↓
混合攪拌、碾磨、篩分
　　　品管取樣化驗，合格或驗退
↓
標示、包裝
　　　保存試驗
　　　業務用包、一般包裝、真空包裝
↓
貯藏
↓
銷售

13.4 預拌粉分類（二）：穀類預拌粉　　楊書瑩

　　在歐美國家流行已久的多穀物麵包，其中添加各種穀類於麵粉中，成為發酵類麵包預拌粉。在大陸也有將五穀以粒狀、片狀、粉狀或萃取物等不同物料型態添加於麵粉中，被廣泛地運用到麵包以及饅頭預拌粉。由於中醫向來就有「藥食同源」的理念，五穀雜糧的藥性既可以用來防治疾病，又沒有副作用，加上經濟實用，更能貼近一般人們的普通飲食。

　　這類產品使用麵粉的比例更高於營養強化型預拌粉，添加的穀類包括：粒狀、片狀、粉狀之大麥、燕麥、黑麥、玉米、裸麥、全麥粉等，以及種子類包括：大豆粉、葵瓜子、亞麻子、芝麻等。但是上述穀類與種子等物料，其中都沒有麵筋成分，在製作麵包與饅頭時，會使麵糰筋性減弱，影響麵糰保氣性，所以需要適量添加活性麵筋。至於一般麵包粉中，經常添加的 α- 澱粉酶、乳化劑、維他命 C、麵質改良劑等添加劑，以及配方中的鹽、辛香料、可可粉、砂糖等調味劑，也是可以適量添加的材料。但這類的預拌粉中，通常不會加入乾酵母粉或快速酵母。

　　在良好條件下，完整穀類的保存期限為 1～2 年，麵粉保存期限通常是 3～6 個月，但是加了其他的穀物與種子類的預拌粉，其保存期限通常比一般麵粉更短。這是為了麵製產品有較細緻柔軟的口感，同時也為了更容易消化吸收，而將穀類經過破碎、粗磨，使穀物顆粒變細所致。被磨成細粉或細顆粒的穀物，其表面積增加衍生而來的問題則是穀物中含有微量脂肪（來自胚芽）容易氧化變質。不同品種和品質的粉末狀的穀物原料，更容易吸溼受潮，一旦水分過高，更容易發霉或形成黃麴毒素，反而對健康造成傷害。因此，將穀物適度去除麩皮，經過不同程度的加熱熟化處理以及經由滾輪壓延，形成不同粗細的片狀產品，例如：燕麥片、大麥片或黑麥片即是最典型的產品。這些產品如果採用具良好阻隔性、密封性佳，並保存於室溫條件下，以確保其保存期限在 12 個月。

　　由於加了其他的穀物與種子類的預拌粉，更能提升營養價值，使原先缺少維生素、礦物質與纖維素的精緻麵粉，有健康取向的新風貌。同時，隨著低溫烘焙、擠壓膨發、超微粒粉碎等食品加工技術的發展與普及，玉米粒、小麥纖維、麥芽萃取物等物料，也愈來愈頻繁地被用於麵包預拌粉。

穀類預拌粉基本製程

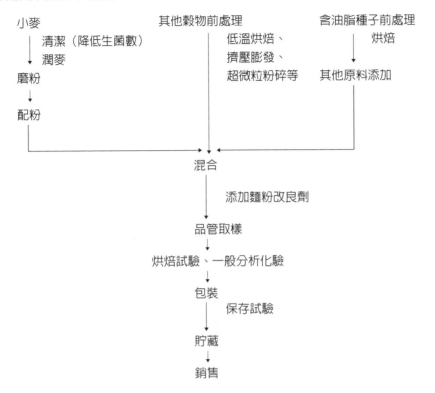

小麥
　　↓ 清潔（降低生菌數）
　　↓ 潤麥
磨粉
　↓
配粉

其他穀物前處理
　　低溫烘焙、
　　擠壓膨發、
　　超微粒粉碎等

含油脂種子前處理
　　　烘焙

其他原料添加

混合
　↓ 添加麵粉改良劑
品管取樣
　↓
烘焙試驗、一般分析化驗
　↓
包裝　　保存試驗
　↓
貯藏
　↓
銷售

➕ 知識補充站
1. 穀類預拌粉通常使用高筋麵粉為主要原料，再添加適當麵粉改良劑。
2. 穀類預拌粉水分含量儘量低，若發霉或產生黃麴毒素，反而對健康造成傷害。

13.5 預拌粉分類（三）：甜點類烘焙預拌粉

楊書瑩

從前生產麵包、甜點、蛋糕的所有步驟，都是蛋糕師傅按照步驟，嚴守著配方的比例非常地辛苦製作而成。甜點類烘焙預拌粉將烘焙時所需之乾粉類原料，按照比例混和均勻再包裝販售。這類產品可簡化烘焙過程中秤量、混合的工作時間，只要添加水、牛奶或雞蛋攪拌均勻，就可成為蛋糕麵糊，直接倒入模型，入烤箱烘烤，就有好吃的蛋糕，非常適合現代人的需求。預拌粉原料，包括：麵粉、糖、發粉，以及其他副原料，如：奶粉、鹽、澱粉等，因種類或口味不同而添加不同香料與調味料。

市面上常見的預拌粉種類，大致有鬆餅粉、蛋糕粉、發糕粉、馬來糕粉、韓國麻糬麵包粉、布朗尼蛋糕粉等。這些預拌粉一方面提供了蛋糕、點心 DIY 的樂趣，一方面也促進各國糕點的流通，例如布朗尼蛋糕粉，布朗尼蛋糕在國外是一種非常普遍的甜點，而早期在臺灣並不像中式點心般隨處可見，所以並不是想要吃的時候就可以吃到，但如果家裡有布朗尼蛋糕預拌粉和烤箱，只要利用布朗尼蛋糕預拌粉，就能在家裡做出這道美式甜點。

1930 年代美國已經研究出工業用預拌粉，1960 年以後被烘焙業者普遍使用。國外經濟發展較國內快，更早面臨缺乏烘焙師的問題，目前臺灣產業逐漸以服務業為導向，烘焙產業人力缺乏，逐漸打開工業用預拌粉的市場。因此，雖然預拌粉在臺灣也漸漸受到重視，不過一般的麵包門市仍然甚少使用工業預拌粉，這是因為預拌粉的價格比較昂貴的關係，對於小門市而言，並不符合經濟效益。1980 年代以後，臺灣也逐漸發展出家庭用小包裝預拌粉，預拌粉才普遍為大眾所知。

使用預拌粉的製程和一般製程無太多差異，如何選購、操作與保存甜點類預拌粉，才能得到品質較佳的產品呢？分別說明如下：

1. 選購：包裝完整，如果包裝破損，預拌粉容易受潮。
2. 過篩：將預拌粉過篩，可使物料更均勻，更易於攪拌。
3. 添加原料溫度：將雞蛋於室溫放置20～30分鐘，稍微退冰再使用，室溫保存雞蛋可直接使用，效果比較好。
4. 攪拌：使用打蛋器攪拌時，要順著同一方向拌打，這樣才能做出完美的糕點。
5. 模型：使用前先將模形預熱後，刷上一層薄油，讓烘焙後的糕點更容易脫模。
6. 烤箱使用前：烤箱使用前要先預熱至適當溫度，否則麵糊容易消泡，烘烤時無法膨脹。
7. 保存：為求品質均一，建議預拌粉最好一次使用完畢。打開後未用完的預拌粉，必須將包裝密封後，放在陰涼處，並儘早使用完畢。沒有拆開包裝的預拌粉，儘量放在通風陰涼處，通常可保存6～12個月左右。

甜點類烘焙預拌粉研發製造與推廣銷售架構

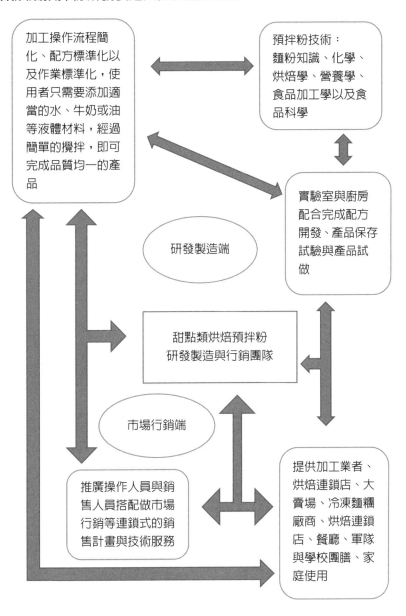

附表
食品添加物使用範圍及限量

第（一）類　防腐劑

編號	品名	使用食品範圍及限量	使用限制
001	己二烯酸 Sorbic Acid	1. 本品可使用於魚肉煉製品、肉製品、海膽、魚子醬、花生醬、醬菜類、水分含量25%以上（含25%）之蘿蔔乾、醃漬蔬菜、豆皮豆乾類及乾酪；用量以Sorbic Acid計為2.0g/kg以下。 2. 本品可使用於煮熟豆、醬油、味噌、烏魚子、魚貝類乾製品、海藻醬類、豆腐乳、糖漬果實類、脫水水果、糕餅、果醬、果汁、乳酪、奶油、人造奶油、番茄醬、辣椒醬、濃糖果漿、調味糖漿及其他調味醬；用量以Sorbic Acid計為1.0g/kg以下。 3. 本品可使用於不含碳酸飲料、碳酸飲料；用量以Sorbic Acid計為0.5g/kg以下。 4. 本品可使用於膠囊狀、錠狀食品；用量以Sorbic Acid計為2.0g/kg以下。	
002	己二烯酸鉀 Potassium Sorbate	1. 本品可使用於魚肉煉製品、肉製品、海膽、魚子醬、花生醬、醬菜類、水分含量25%以上（含25%）之蘿蔔乾、醃漬蔬菜、豆皮豆乾類及乾酪；用量Sorbic Acid計為2.0g/kg以下。 2. 本品可使用於煮熟豆、醬油、味噌、烏魚子、魚貝類乾製品、海藻醬類、豆腐乳、糖漬果實類、脫水水果、糕餅、果醬、果汁、乳酪、奶油、人造奶油、番茄醬、辣椒醬、濃糖果漿、調味糖漿及其他調味醬；用量以Sorbic Acid計為1.0g/kg以下。 3. 本品可使用於不含碳酸飲料、碳酸飲料；用量以Sorbic Acid計為0.5g/kg以下。 4. 本品可使用於膠囊狀、錠狀食品；用量以Sorbic Acid計為2.0g/kg以下。	
003	己二烯酸鈉 Sodium Sorbate	1. 本品可使用於魚肉煉製品、肉製品、海膽、魚子醬、花生醬、醬菜類、水分含量25%以上（含25%）之蘿蔔乾、醃漬蔬菜、豆皮豆乾類及乾酪；用量以Sorbic Acid計為2.0g/kg以下。 2. 本品可使用於煮熟豆、醬油、味噌、烏魚子、魚貝類乾製品、海藻醬類、豆腐乳、糖漬果實類、脫水水果、糕餅、果醬、果汁、乳酪、奶油、人造奶油、番茄醬、辣椒醬、濃糖果漿、調味糖漿及其他調味醬；用量以Sorbic Acid計為1.0g/kg以下。 3. 本品可使用於不含碳酸飲料、碳酸飲料；用量以Sorbic Acid計為0.5g/kg以下。 4. 本品可使用於膠囊狀、錠狀食品；用量以Sorbic Acid計為2.0g/kg以下。	

編號	品名	使用食品範圍及限量	使用限制
004	丙酸鈣 Calcium Propionate	本品可使用於麵包及糕餅；用量以Propionic Acid計為2.5g/kg以下。	
005	丙酸鈉 Sodium Propionate	本品可使用於麵包及糕餅；用量以Propionic Acid計為2.5g/kg以下。	
006	去水醋酸 Dehydroacetic Acid	本品可使用於乾酪、乳酪、奶油及人造奶油；用量以Dehydroacetic Acid計為0.5g/kg以下。	
007	去水醋酸鈉 Sodium Dehydroacetate	本品可使用於乾酪、乳酪、奶油及人造奶油；用量以Dehydroacetic Acid計為0.5g/kg以下。	
008	苯甲酸 Benzoic Acid	1. 本品可使用於魚肉煉製品、肉製品、海膽、魚子醬、花生醬、乾酪、糖漬果實類、脫水水果、水分含量25%以上（含25%）之蘿蔔乾、煮熟豆、味噌、海藻醬類、豆腐乳、糕餅、醬油、果醬、果汁、乳酪、奶油、人造奶油、番茄醬、辣椒醬、濃糖果漿、調味糖漿及其他調味醬；用量以Benzoic Acid計為1.0g/kg以下。 2. 本品可使用於烏魚子、魚貝類乾製品、碳酸飲料、不含碳酸飲料、醬菜類、豆皮豆乾類、醃漬蔬菜；用量以Benzoic Acid為0.6g/kg以下。 3. 本品可使用於膠囊狀、錠狀食品；用量以Benzoic Acid計為2.0g/kg以下。	
009	苯甲酸鈉 Sodium Benzoate	1. 本品可使用於魚肉煉製品、肉製品、海膽、魚子醬、花生醬、乾酪、糖漬果實類、脫水水果、水分含量25%以上（含25%）之蘿蔔乾、煮熟豆、味噌、海藻醬類、豆腐乳、糕餅、醬油、果醬、果汁、乳酪、奶油、人造奶油、番茄醬、辣椒醬、濃糖果漿、調味糖漿及其他調味醬；用量以Benzoic Acid計為1.0g/kg以下。 2. 本品可使用於烏魚子、魚貝類乾製品、碳酸飲料、不含碳酸飲料、醬菜類、豆皮豆乾類、醃漬蔬菜；用量以Benzoic Acid為0.6g/kg以下。 3. 本品可使用於膠囊狀、錠狀食品；用量以Benzoic Acid計為2.0g/kg以下。	
010	對羥苯甲酸乙酯 Ethyl p-Hydroxybenzoate	1. 本品可使用於豆皮豆乾類及醬油；用量以p-Hydroxybenzoic Acid計為0.25g/kg以下。 2. 本品可使用於醋及不含碳酸飲料；用量以p-Hydroxybenzoic Acid計為0.10g/kg以下。 3. 本品可使用於鮮果及果菜之外皮；用量以p-Hydroxybenzoic Acid計為0.012g/kg以下。	

編號	品名	使用食品範圍及限量	使用限制
011	對羥苯甲酸丙酯 Propyl p-Hydroxybenzoate	1. 本品可使用於豆皮豆乾類及醬油；用量以 p-Hydroxybenzoic Acid計為0.25g/kg以下。 2. 本品可使用於醋及不含碳酸飲料；用量以 p-Hydroxybenzoic Acid計為0.10g/kg以下。 3. 本品可使用於鮮果及果菜之外皮；用量以 p-Hydroxybenzoic Acid計為0.012g/kg以下。	
012	對羥苯甲酸丁酯 Butyl p-Hydroxybenzoate	1. 本品可使用於豆皮豆乾類及醬油；用量以 p-Hydroxybenzoic Acid計為0.25g/kg以下。 2. 本品可使用於醋及不含碳酸飲料；用量以 p-Hydroxybenzoic Acid計為0.10g/kg以下。 3. 本品可使用於鮮果及果菜之外皮；用量以 p-Hydroxybenzoic Acid計為0.012g/kg以下。	
013	對羥苯甲酸異丙酯 Isopropyl p-Hydroxybenzoate	1. 本品可使用於豆皮豆乾類及醬油；用量以 p-Hydroxybenzoic Acid計為0.25g/kg以下。 2. 本品可使用於醋及不含碳酸飲料；用量以 p-Hydroxybenzoic Acid計為0.10g/kg以下。 3. 本品可使用於鮮果及果菜之外皮；用量以 p-Hydroxybenzoic Acid計為0.012g/kg以下。	
014	對羥苯甲酸異丁酯 Isobutyl p-Hydroxybenzoate	1. 本品可使用於豆皮豆乾類及醬油；用量以 p-Hydroxybenzoic Acid計為0.25g/kg以下。 2. 本品可使用於醋及不含碳酸飲料；用量以 p-Hydroxybenzoic Acid計為0.10g/kg以下。 3. 本品可使用於鮮果及果菜之外皮；用量以 p-Hydroxybenzoic Acid計為0.012g/kg以下。	
015	聯苯 Biphenyl	本品限用於葡萄柚、檸檬及柑桔外敷之紙張；用量為0.07g/kg以下（以殘留量計）。	
016	二醋酸鈉 Sodium Diacetate（Sodium Hydrogen Diacetate）	1. 本品可使用於包裝烘焙食品；用量0.40%以下。 2. 本品可使用於包裝之肉汁及調味汁；用量為0.25%以下。 3. 本品可使用於包裝之油脂、肉製品及軟糖果；用量為0.10%以下。 4. 本品可使用於包裝之點心食品、湯及湯粉；用量為0.05%以下。	

編號	品名	使用食品範圍及限量	使用限制
017	己二烯酸鈣 Calcium Sorbate	1. 本品可使用於魚肉煉製品、肉製品、海膽、魚子醬、花生醬、醬菜類、水分含量25%以上（含25%）之蘿蔔乾、醃漬蔬菜、豆皮豆乾類及乾酪；用量以Sorbic Acid計為2.0g/kg以下。 2. 本品可使用於煮熟豆、醬油、味噌、烏魚子、魚貝類乾製品、海藻醬類、豆腐乳、糖漬果實類、脫水水果、糕餅、果醬、果汁、乳酪、奶油、人造奶油、番茄醬、辣椒醬、濃糖果漿、調味糖漿及其他調味醬；用量以Sorbic Acid計為1.0g/kg以下。 3. 本品可使用於不含碳酸飲料、碳酸飲料；用量以Sorbic Acid計為0.5g/kg以下。 4. 本品可使用於膠囊狀、錠狀食品；用量以Sorbic Acid計為2.0g/kg以下。	
018	苯甲酸鉀 Potassium Benzoate	1. 本品可使用於魚肉煉製品、肉製品、海膽、魚子醬、花生醬、乾酪、糖漬果實類、脫水水果、水分含量25%以上（含25%）之蘿蔔乾、煮熟豆、味噌、海藻醬類、豆腐乳、糕餅、醬油、果醬、果汁、乳酪、奶油、人造奶油、番茄醬、辣椒醬、濃糖果漿、調味糖漿及其他調味醬；用量以Benzoic Acid計為1.0g/kg以下。 2. 本品可使用於烏魚子、魚貝類乾製品、碳酸飲料、不含碳酸飲料、醬菜類、豆皮豆乾類、醃漬蔬菜；用量以Benzoic Acid為0.6g/kg以下。 3. 本品可使用於膠囊狀、錠狀食品；用量以Benzoic Acid計為2.0g/kg以下。	
019	乳酸鏈球菌素 Nisin	本品可使用於乾酪及其加工製品；用量為0.25g/ kg以下。	
020	雙十二烷基硫酸硫胺明（雙十二烷基硫酸噻胺） Thiamine Dilaurylsulfate	本品可使用於醬油；用量以Laurylsulfate計為0.01g/kg以下。	限用為防腐劑。
021	丙酸 Propionic Acid	本品可使用於麵包及糕餅；用量以Propionic Acid計為2.5g/kg以下。	
022	鏈黴菌素 Natamycin（Pimaricin）	本品可使用於乾酪及經醃漬、乾燥而未加熱處理之加工禽畜肉製品；用量在20mg/kg以下。	
023	對羥苯甲酸甲酯 Methyl p-Hydroxybenzoate	1. 本品可使用於豆皮豆乾類及醬油；用量以p-Hydroxybenzoic Acid計為0.25g/kg以下。 2. 本品可使用於醋及不含碳酸飲料；用量以p-Hydroxybenzoic Acid計為0.10g/kg以下。 3. 本品可使用於鮮果及果菜之外皮；用量以p-Hydroxybenzoic Acid計為0.012g/kg以下。	

編號	品名	使用食品範圍及限量	使用限制
024	二甲基二碳酸酯 （二碳酸二甲酯） Dimethyl Dicarbonate	本品可使用於調味飲料，用量在250mg/kg以下。	本品限用於以水為基底之液態飲料，於最終產品中不得有二甲基二碳酸酯殘留物檢出。

備註：

1. 罐頭一律禁止使用防腐劑，但因原料加工或製造技術關係，必須加入防腐劑者，應事先申請中央衛生主管機關核准後，始得使用。
2. 同一食品依表列使用範圍規定混合使用防腐劑時，每一種防腐劑之使用量除以其用量標準所得之數值（即使用量／用量標準）總和不得大於1。
3. 本表所稱「脫水水果」，包括以糖、鹽或其他調味料醃漬、脫水、乾燥或熬煮等加工方法製成之水果加工品。

本表所稱之食品名稱定義：

1. 「煮熟豆」係指經煮熟調味之豆類，包括豆餡。
2. 「海藻醬類」係指以海藻或海苔爲原料製成供佐餐用之醬菜。
3. 「濃糖果漿」係指由天然果汁或乾果中抽取50%以上，添加入濃厚糖漿中，其總糖度應在50°Brix以上，可供稀釋飲用者。
4. 「含果汁之碳酸飲料」係指含5%以上天然果汁之碳酸飲料。
5. 「罐頭食品」係指在製造過程中，經過脫氧、密封、殺菌等步驟而能防止外界微生物之再汙染且可達到保存目的之食品。
6. 本表爲正面表列，非表列之食品品項，不得使用該食品添加物。

第（二）類　殺菌劑

編號	品名	使用食品範圍及限量	使用限制
003	過氧化氫（雙氧水） Hydrogen Peroxide	本品可使用於魚肉煉製品、除麵粉及其製品以外之其他食品；用量以H_2O_2殘留量計：食品中不得殘留。	

備註：本表爲正面表列，非表列之食品品項，不得使用該食品添加物。

第（三）類　抗氧化劑

編號	品名	使用食品範圍及限量	使用限制
001	二丁基羥基甲苯 Dibutyl Hydroxy Toluene（BHT）	1. 本品可使用於冷凍魚貝類及冷凍鯨魚肉之浸漬液；用量為1.0g/kg以下。 2. 本品可使用於口香糖及泡泡糖；用量為0.75g/kg以下。 3. 本品可使用於油脂、乳酪（butter）、奶油（cream）、魚貝類乾製品及鹽藏品；用量為0.20g/kg以下。 4. 本品可使用於脫水馬鈴薯片（flakes）或粉、脫水甘薯片（flakes），及其他乾燥穀類早餐；用量為0.05g/kg以下。 5. 本品可使用於馬鈴薯顆粒（granules）；用量為0.010g/kg以下。 6. 本品可使用於膠囊狀、錠狀食品；用量為0.40g/kg以下。	
002	丁基羥基甲氧苯 Butyl Hydroxy Anisole（BHA）	1. 本品可使用於冷凍魚貝類及冷凍鯨魚肉之浸漬液；用量為1.0g/kg以下。 2. 本品可使用於口香糖及泡泡糖；用量為0.75g/kg以下。 3. 本品可使用於油脂、乳酪（butter）、奶油（cream）、魚貝類乾製品及鹽藏品；用量為0.20g/kg以下。 4. 本品可使用於脫水馬鈴薯片（flakes）或粉、脫水甘薯片（flakes），及其他乾燥穀類早餐；用量為0.05g/kg以下。 5. 本品可使用於馬鈴薯顆粒（granules）；用量為0.010g/kg以下。 6. 本品可使用於膠囊狀、錠狀食品；用量為0.40g/kg以下。	
003	L-抗壞血酸（維生素C） L-Ascorbic Acid（Vitamin C）	本品可使用於各類食品；用量以Ascorbic Acid計為1.3g/kg以下。	限用為抗氧化劑。
004	L-抗壞血酸鈉 Sodium L-Ascorbate	本品可使用於各類食品；用量以Ascorbic Acid計為1.3g/kg以下。	限用為抗氧化劑。
005	L-抗壞血酸硬脂酸酯 L-Ascorbyl Stearate	本品可使用於各類食品；用量以Ascorbic Acid計為1.3g/kg以下。	限用為抗氧化劑。
006	L-抗壞血酸棕櫚酸酯 L-Ascorbyl Palmitate	本品可使用於各類食品；用量以Ascorbic Acid計為1.3g/kg以下。	限用為抗氧化劑。
007	異抗壞血酸 Erythorbic Acid	本品可使用於各類食品；用量以Ascorbic Acid計為1.3g/kg以下。	限用為抗氧化劑。
008	異抗壞血酸鈉 Sodium Erythorbate	本品可使用於各類食品；用量以Ascorbic Acid計為1.3g/kg以下。	限用為抗氧化劑。

編號	品名	使用食品範圍及限量	使用限制
009	生育醇（維生素E） dl-α-Tocopherol （Vitamin E）	本品可使用於各類食品；用量同營養添加劑生育醇（維生素E）之標準。	
010	沒食子酸丙酯 Propyl Gallate	本品可使用於油脂、乳酪及奶油；用量為0.10g/kg以下。	
011	癒創樹脂 Guaiac Resin	本品可使用於油脂、乳酪及奶油；用量為1.0g/kg以下。	
012	L-半胱氨酸鹽酸鹽 L-Cysteine Monohydrochloride	本品可於麵包及果汁中視實際需要適量使用。	
013	第三丁基氫醌 Tertiary Butyl Hydroquinone	本品可使用於油脂、乳酪及奶油；用量為0.20g/kg以下。	
014	L-抗壞血酸鈣 Calcium L-Ascorbate	本品可使用於各類食品；用量以Ascorbic Acid計為1.3g/kg以下。	限用為抗氧化劑。
015	混合濃縮生育醇 Tocopherols Concentrate, Mixed	本品可使用於各類食品；用量同營養添加劑生育醇（維生素E）之標準。	
016	濃縮d-α-生育醇 d-α-Tocopherol Concentrate	本品可使用於各類食品；用量同營養添加劑生育醇（維生素E）之標準。	
017	乙烯二胺四醋酸二鈉或乙烯二胺四醋酸二鈉鈣 EDTA Na$_2$ or EDTA CaNa$_2$	本品可使用於為防止油脂氧化而引起變味之食品；用量為0.10g/kg以下（以食品重量計）。	EDTA Na$_2$於最終食品完成前必須與鈣離子結合成EDTA CaNa$_2$。
018	亞硫酸鉀 Potassium Sulfite	1. 本品可使用於麥芽飲料（不含酒精）；用量以SO$_2$殘留量計為0.03g/kg以下。 2. 本品可使用於果醬、果凍、果皮凍及水果派餡；用量以SO$_2$殘留量計為0.1g/kg以下。 3. 本品可使用於表面裝飾用途（薄煎餅之糖漿、奶昔及冰淇淋等產品之調味糖漿）；用量以SO$_2$殘留量計為0.04g/kg以下。 4. 本品可使用於含葡萄糖糖漿之糕餅；用量以SO$_2$殘留量計為0.05g/kg以下。	限於食品製造或加工必須時使用。

編號	品名	使用食品範圍及限量	使用限制
019	亞硫酸鈉 Sodium Sulfite	1. 本品可使用於麥芽飲料（不含酒精）；用量以SO_2殘留量計為0.03g/kg以下。 2. 本品可使用於果醬、果凍、果皮凍及水果派餡；用量以SO_2殘留量計為0.1g/kg以下。 3. 本品可使用於表面裝飾用途（薄煎餅之糖漿、奶昔及冰淇淋等產品之調味糖漿）；用量以SO_2殘留量計為0.04g/kg以下。 4. 本品可使用於含葡萄糖糖漿之糕餅；用量以SO_2殘留量計為0.05g/kg以下。	限於食品製造或加工必須時使用。
020	亞硫酸鈉（無水） Sodium Sulfite（Anhydrous）	1. 本品可使用於麥芽飲料（不含酒精）；用量以SO_2殘留量計為0.03g/kg以下。 2. 本品可使用於果醬、果凍、果皮凍及水果派餡；用量以SO_2殘留量計為0.1g/kg以下。 3. 本品可使用於表面裝飾用途（薄煎餅之糖漿、奶昔及冰淇淋等產品之調味糖漿）；用量以SO_2殘留量計為0.04g/kg以下。 4. 本品可使用於含葡萄糖糖漿之糕餅；用量以SO_2殘留量計為0.05g/kg以下。	限於食品製造或加工必須時使用。
021	亞硫酸氫鈉 Sodium Bisulfite	1. 本品可使用於麥芽飲料（不含酒精）；用量以SO_2殘留量計為0.03g/kg以下。 2. 本品可使用於果醬、果凍、果皮凍及水果派餡；用量以SO_2殘留量計為0.1g/kg以下。 3. 本品可使用於表面裝飾用途（薄煎餅之糖漿、奶昔及冰淇淋等產品之調味糖漿）；用量以SO_2殘留量計為0.04g/kg以下。 4. 本品可使用於含葡萄糖糖漿之糕餅；用量以SO_2殘留量計為0.05g/kg以下。	限於食品製造或加工必須時使用。
022	低亞硫酸鈉 Sodium Hydrosulfite	1. 本品可使用於麥芽飲料（不含酒精）；用量以SO_2殘留量計為0.03g/kg以下。 2. 本品可使用於果醬、果凍、果皮凍及水果派餡；用量以SO_2殘留量計為0.1g/kg以下。 3. 本品可使用於表面裝飾用途（薄煎餅之糖漿、奶昔及冰淇淋等產品之調味糖漿）；用量以SO_2殘留量計為0.04g/kg以下。 4. 本品可使用於含葡萄糖糖漿之糕餅；用量以SO_2殘留量計為0.05g/kg以下。	限於食品製造或加工必須時使用。
023	偏亞硫酸氫鉀 Potassium Metabisulfite	1. 本品可使用於麥芽飲料（不含酒精）；用量以SO_2殘留量計為0.03g/kg以下。 2. 本品可使用於果醬、果凍、果皮凍及水果派餡；用量以SO_2殘留量計為0.1g/kg以下。 3. 本品可使用於表面裝飾用途（薄煎餅之糖漿、奶昔及冰淇淋等產品之調味糖漿）；用量以SO_2殘留量計為0.04g/kg以下。 4. 本品可使用於含葡萄糖糖漿之糕餅；用量以SO_2殘留量計為0.05g/kg以下。	限於食品製造或加工必須時使用。

編號	品名	使用食品範圍及限量	使用限制
024	亞硫酸氫鉀 Potassium Bisulfite	1. 本品可使用於麥芽飲料（不含酒精）；用量以SO_2殘留量計為0.03g/kg以下。 2. 本品可使用於果醬、果凍、果皮凍及水果派餡；用量以SO_2殘留量計為0.1g/kg以下。 3. 本品可使用於表面裝飾用途（薄煎餅之糖漿、奶昔及冰淇淋等產品之調味糖漿）；用量以SO_2殘留量計為0.04g/kg以下。 4. 本品可使用於含葡萄糖糖漿之糕餅；用量以SO_2殘留量計為0.05g/kg以下。	限於食品製造或加工必須時使用。
025	偏亞硫酸氫鈉 Sodium Metabisulfite	1. 本品可使用於麥芽飲料（不含酒精）；用量以SO_2殘留量計為0.03g/kg以下。 2. 本品可使用於果醬、果凍、果皮凍及水果派餡；用量以SO_2殘留量計為0.1g/kg以下。 3. 本品可使用於表面裝飾用途（薄煎餅之糖漿、奶昔及冰淇淋等產品之調味糖漿）；用量以SO_2殘留量計為0.04g/kg以下。 4. 本品可使用於含葡萄糖糖漿之糕餅；用量以SO_2殘留量計為0.05g/kg以下。	限於食品製造或加工必須時使用。
026	α－醣基異槲皮苷（α－Glycosyl-isoquercitrin）	1. 本品可用於飲料、蔬果汁、冷凍乳製品、動物膠、布丁、果醬、果凍、糖果、糕餅、湯粉及罐裝湯品，用量為150mg/kg以下。 2. 本品可用於口香糖，用量為1,500mg/kg以下。	
027	迷迭香萃取物 Extracts of Rosemary	1. 本品可用於堅果醬、加工堅果、烘焙製品、調味料及調味醬，用量以鼠尾草酸（carnosic acid）及鼠尾草酚（carnosol）總量計200mg/kg以下（以油脂含量計）。 2. 本品可用於口香糖及泡泡糖、加工蛋製品、仿魚卵製品、脫水馬鈴薯，用量以鼠尾草酸（carnosic acid）及鼠尾草酚（carnosol）總量計200mg/kg以下。 3. 本品可用於油脂含量10%以上之水產製品、油脂含量10%以上肉製品（排除乾製香腸）、脫水肉品，用量以鼠尾草酸及鼠尾草酚總量計150mg/kg以下（以油脂含量計）。 4. 本品可用於乾製香腸、人造奶油及油脂抹醬，用量以鼠尾草酸及鼠尾草酚總量計100mg/kg以下（以油脂含量計）。 5. 本品可用於食用油脂（排除初榨油、橄欖油及橄欖粕油）、植物性烤盤油，以及以馬鈴薯、穀類及澱粉製之零食，用量以鼠尾草酸及鼠尾草酚總量計50mg/kg以下（以油脂含量計）。 6. 本品可用於湯品，用量以鼠尾草酸及鼠尾草酚總量計50mg/kg以下。	限於食品製造或加工必須時使用。

編號	品名	使用食品範圍及限量	使用限制
		7. 本品可用於供冰淇淋產製之乳粉,用量以鼠尾草酸及鼠尾草酚總量計30mg/kg以下(以油脂含量計)。 8. 本品可用於3歲以上族群之膠囊、錠狀、粉狀及液態膳食補充品,用量以鼠尾草酸及鼠尾草酚總量計400mg/kg以下。 9. 本品可用於油脂含量10%以下之水產製品、油脂含量10%以下肉製品(排除乾製香腸),用量以鼠尾草酸及鼠尾草酚總量計15mg/kg以下(以油脂含量計)。 10. 本品可用於麵食類製品之餡料,用量以鼠尾草酸及鼠尾草酚總量計250mg/kg以下(以油脂含量計)。	

備註:
1. 抗氧化劑混合使用時,每一種抗氧化劑之使用量除以其用量標準所得之數值(即使用量/用量標準)總和應不得大於1。
2. 本表爲正面表列,非表列之食品品項,不得使用該食品添加物。
3. 可於各類食品中使用之各類食品範圍,不包括鮮乳及保久乳。

第(四)類 漂白劑

編號	品名	使用食品範圍及限量	使用限制
001	亞硫酸鉀 Potassium Sulfite	1. 本品可使用於金針乾製品;用量以SO_2殘留量計為4.0g/kg以下。 2. 本品可使用於杏乾;用量以SO_2殘留量計為2.0g/kg以下。 3. 本品可使用於白葡萄乾;用量以SO_2殘留量計為1.5g/kg以下。 4. 本品可使用於動物膠、脫水蔬菜及其他脫水水果;用量以SO_2殘留量計為0.50g/kg以下。 5. 本品可使用於糖蜜及糖飴;用量以SO_2殘留量計為0.30g/kg以下。 6. 本品可使用於食用樹薯澱粉;用量以SO_2殘留量計為0.15g/kg以下。 7. 本品可使用於糖漬果實類、蝦類及貝類;用量以SO_2殘留量計為0.10g/kg以下。 8. 本品可使用於蒟蒻:非直接供食用之蒟蒻原料,用量以SO_2殘留量計為0.90g/kg以下;直接供食用之蒟蒻製品,用量以SO_2殘留量計為0.030g/kg以下。 9. 本品可使用於上述食品以外之其他加工食品;用量以SO_2殘留量計為0.030g/kg以下。但飲料(不包括果汁)、麵粉及其製品(不包括烘焙食品)不得使用。	

編號	品名	使用食品範圍及限量	使用限制
002	亞硫酸鈉 Sodium Sulfite	1. 本品可使用於金針乾製品；用量以SO_2殘留量計為4.0g/kg以下。 2. 本品可用於杏乾；用量以SO_2殘留量計為2.0g/kg以下。 3. 本品可使用於白葡萄乾；用量以SO_2殘留量計為1.5g/kg以下。 4. 本品可使用於動物膠、脫水蔬菜及其他脫水水果；用量以SO_2殘留量計為0.50g/kg以下。 5. 本品可使用於糖蜜及糖飴；用量以SO_2殘留量計為0.30g/kg以下。 6. 本品可使用於食用樹薯澱粉；用量以SO_2殘留量計為0.15g/kg以下。 7. 本品可使用於糖漬果實類、蝦類及貝類；用量以SO_2殘留量計為0.10g/kg以下。 8. 本品可使用於蒟蒻：非直接供食用之蒟蒻原料，用量以SO_2殘留量計為0.90g/kg以下；直接供食用之蒟蒻製品，用量以SO_2殘留量計為0.030g/kg以下。 9. 本品可使用於上述食品以外之其他加工食品；用量以SO_2殘留量計為0.030g/kg以下。但飲料（不包括果汁）、麵粉及其製品（不包括烘焙食品）不得使用。	
003	亞硫酸鈉（無水） Sodium Sulfite （Anhydrous）	1. 本品可使用於金針乾製品；用量以SO_2殘留量計為4.0g/kg以下。 2. 本品可用於杏乾；用量以SO_2殘留量計為2.0g/kg以下。 3. 本品可使用於白葡萄乾；用量以SO_2殘留量計為1.5g/kg以下。 4. 本品可使用於動物膠、脫水蔬菜及其他脫水水果；用量以SO_2殘留量計為0.50g/kg以下。 5. 本品可使用於糖蜜及糖飴；用量以SO_2殘留量計為0.30g/kg以下。 6. 本品可使用於食用樹薯澱粉；用量以SO_2殘留量計為0.15g/kg以下。 7. 本品可使用於糖漬果實類、蝦類及貝類；用量以SO_2殘留量計為0.10g/kg以下。 8. 本品可使用於蒟蒻：非直接供食用之蒟蒻原料，用量以SO_2殘留量計為0.90g/kg以下；直接供食用之蒟蒻製品，用量以SO_2殘留量計為0.030g/kg以下。 9. 本品可使用於上述食品以外之其他加工食品；用量以SO_2殘留量計為0.030g/kg以下。但飲料（不包括果汁）、麵粉及其製品（不包括烘焙食品）不得使用。	
004	亞硫酸氫鈉 Sodium Bisulfite	1. 本品可使用於金針乾製品；用量以SO_2殘留量計為4.0g/kg以下。 2. 本品可用於杏乾；用量以SO_2殘留量計為2.0g/kg以下。	

編號	品名	使用食品範圍及限量	使用限制
		3. 本品可使用於白葡萄乾；用量以SO$_2$殘留量計為1.5g/kg以下。 4. 本品可使用於動物膠、脫水蔬菜及其他脫水水果；用量以SO$_2$殘留量計為0.50g/kg以下。 5. 本品可使用於糖蜜及糖飴；用量以SO$_2$殘留量計為0.30g/kg以下。 6. 本品可使用於食用樹薯澱粉；用量以SO$_2$殘留量計為0.15g/kg以下。 7. 本品可使用於糖漬果實類、蝦類及貝類；用量以SO$_2$殘留量計為0.10g/kg以下。 8. 本品可使用於蒟蒻：非直接供食用之蒟蒻原料，用量以SO$_2$殘留量計為0.90g/kg以下；直接供食用之蒟蒻製品，用量以SO$_2$殘留量計為0.030g/kg以下。 9. 本品可使用於上述食品以外之其他加工食品；用量以SO$_2$殘留量計為0.030g/kg以下。但飲料（不包括果汁）、麵粉及其製品（不包括烘焙食品）不得使用。	
005	低亞硫酸鈉 Sodium Hydrosulfite	1. 本品可使用於金針乾製品；用量以SO$_2$殘留量計為4.0g/kg以下。 2. 本品可用於杏乾；用量以SO$_2$殘留量計為2.0g/kg以下。 3. 本品可使用於白葡萄乾；用量以SO$_2$殘留量計為1.5g/kg以下。 4. 本品可使用於動物膠、脫水蔬菜及其他脫水水果；用量以SO$_2$殘留量計為0.50g/kg以下。 5. 本品可使用於糖蜜及糖飴；用量以SO$_2$殘留量計為0.30g/kg以下。 6. 本品可使用於食用樹薯澱粉；用量以SO$_2$殘留量計為0.15g/kg以下。 7. 本品可使用於糖漬果實類、蝦類及貝類；用量以SO$_2$殘留量計為0.10g/kg以下。 8. 本品可使用於蒟蒻：非直接供食用之蒟蒻原料，用量以SO$_2$殘留量計為0.90g/kg以下；直接供食用之蒟蒻製品，用量以SO$_2$殘留量計為0.030g/kg以下。 9. 本品可使用於上述食品以外之其他加工食品；用量以SO$_2$殘留量計為0.030g/kg以下。但飲料（不包括果汁）、麵粉及其製品（不包括烘焙食品）不得使用。	
006	偏亞硫酸氫鉀 Potassium Metabisulfite	1. 本品可使用於金針乾製品；用量以SO$_2$殘留量計為4.0g/kg以下。 2. 本品可用於杏乾；用量以SO$_2$殘留量計為2.0g/kg以下。 3. 本品可使用於白葡萄乾；用量以SO$_2$殘留量計為1.5g/kg以下。	

編號	品名	使用食品範圍及限量	使用限制
		4. 本品可使用於動物膠、脫水蔬菜及其他脫水水果；用量以SO_2殘留量計為0.50g/kg以下。 5. 本品可使用於糖蜜及糖飴；用量以SO_2殘留量計為0.30g/kg以下。 6. 本品可使用於食用樹薯澱粉；用量以SO_2殘留量計為0.15g/kg以下。 7. 本品可使用於糖漬果實類、蝦類及貝類；用量以SO_2殘留量計為0.10g/kg以下。 8. 本品可使用於蒟蒻：非直接供食用之蒟蒻原料，用量以SO_2殘留量計為0.90g/kg以下；直接供食用之蒟蒻製品，用量以SO_2殘留量計為0.030g/kg以下。 9. 本品可使用於上述食品以外之其他加工食品；用量以SO_2殘留量計為0.030g/kg以下。但飲料（不包括果汁）、麵粉及其製品（不包括烘焙食品）不得使用。	
007	亞硫酸氫鉀 Potassium Bisulfite	1. 本品可使用於金針乾製品；用量以SO_2殘留量計為4.0g/kg以下。 2. 本品可用於杏乾；用量以SO_2殘留量計為2.0g/kg以下。 3. 本品可使用於白葡萄乾；用量以SO_2殘留量計為1.5g/kg以下。 4. 本品可使用於動物膠、脫水蔬菜及其他脫水水果；用量以SO_2殘留量計為0.50g/kg以下。 5. 本品可使用於糖蜜及糖飴；用量以SO_2殘留量計為0.30g/kg以下。 6. 本品可使用於食用樹薯澱粉；用量以SO_2殘留量計為0.15g/kg以下。 7. 本品可使用於糖漬果實類、蝦類及貝類；用量以SO_2殘留量計為0.10g/kg以下。 8. 本品可使用於蒟蒻：非直接供食用之蒟蒻原料，用量以SO_2殘留量計為0.90g/kg以下；直接供食用之蒟蒻製品，用量以SO_2殘留量計為0.030g/kg以下。 9. 本品可使用於上述食品以外之其他加工食品；用量以SO_2殘留量計為0.030g/kg以下。但飲料（不包括果汁）、麵粉及其製品（不包括烘焙食品）不得使用。	
008	偏亞硫酸氫鈉 Sodium Metabisulfite	1. 本品可使用於金針乾製品；用量以SO_2殘留量計為4.0g/kg以下。 2. 本品可用於杏乾；用量以SO_2殘留量計為2.0g/kg以下。 3. 本品可使用於白葡萄乾；用量以SO_2殘留量計為1.5g/kg以下。 4. 本品可使用於動物膠、脫水蔬菜及其他脫水水果；用量以SO_2殘留量計為0.50g/kg以下。	

編號	品名	使用食品範圍及限量	使用限制
		5. 本品可使用於糖蜜及糖飴；用量以SO_2殘留量計為0.30g/kg以下。 6. 本品可使用於食用樹薯澱粉；用量以SO_2殘留量計為0.15g/kg以下。 7. 本品可使用於糖漬果實類、蝦類及貝類；用量以SO_2殘留量計為0.10g/kg以下。 8. 本品可使用於蒟蒻：非直接供食用之蒟蒻原料，用量以SO_2殘留量計為0.90g/kg以下；直接供食用之蒟蒻製品，用量以SO_2殘留量計為0.030g/kg以下。 9. 本品可使用於上述食品以外之其他加工食品；用量以SO_2殘留量計為0.030g/kg以下。但飲料（不包括果汁）、麵粉及其製品（不包括烘焙食品）不得使用。	
009	過氧化苯甲醯 Benzoyl Peroxide	1. 本品可於乳清之加工過程中視實際需要適量使用。 2. 本品可使用於乾酪之加工；用量為20mg/kg以下（以牛奶重計）。	

備註：

1. 本表所稱「脫水水果」，包括以糖、鹽或其他調味料醃漬、脫水、乾燥或熱煮等加工方法製成之水果加工品。

2. 本表為正面表列，非表列之食品品項，不得使用該食品添加物。

第（五）類　保色劑

編號	品名	使用食品範圍及限量	使用限制
001	亞硝酸鉀 Potassium Nitrite	1. 本品可使用於肉製品及魚肉製品；用量以NO_2殘留量計為0.07g/kg以下。 2. 本品可使用於鮭魚卵製品及鱈魚卵製品；用量以NO_2殘留量計為0.0050g/kg以下。	生鮮肉類、生鮮魚肉類及生鮮魚卵不得使用。
002	亞硝酸鈉 Sodium Nitrite	1. 本品可使用於肉製品及魚肉製品；用量以NO_2殘留量計為0.07g/kg以下。 2. 本品可使用於鮭魚卵製品及鱈魚卵製品；用量以NO_2殘留量計為0.0050g/kg以下。	生鮮肉類、生鮮魚肉類及生鮮魚卵不得使用。
003	硝酸鉀 Potassium Nitrate	1. 本品可使用於肉製品及魚肉製品；用量以NO_2殘留量計為0.07g/kg以下。 2. 本品可使用於鮭魚卵製品及鱈魚卵製品；用量以NO_2殘留量計為0.0050g/kg以下。	生鮮肉類、生鮮魚肉類及生鮮魚卵不得使用。
004	硝酸鈉 Sodium Nitrate	1. 本品可使用於肉製品及魚肉製品；用量以NO_2殘留量計為0.07g/kg以下。 2. 本品可使用於鮭魚卵製品及鱈魚卵製品；用量以NO_2殘留量計為0.0050g/kg以下。	生鮮肉類、生鮮魚肉類及生鮮魚卵不得使用。

備註：本表為正面表列，非表列之食品品項，不得使用該食品添加物。

第（六）類　膨脹劑

編號	品名	使用食品範圍及限量	使用限制
001	鉀明礬 Potassium Alum	本品可於各類食品中視實際需要適量使用。	限於食品製造或加工必須時使用。
002	鈉明礬 Sodium Alum	本品可於各類食品中視實際需要適量使用。	限於食品製造或加工必須時使用。
003	燒鉀明礬 Burnt Potassium Alum	本品可於各類食品中視實際需要適量使用。	限於食品製造或加工必須時使用。
004	銨明礬 Ammonium Alum	本品可於各類食品中視實際需要適量使用。	限於食品製造或加工必須時使用。
005	燒銨明礬 Burnt Ammonium Alum	本品可於各類食品中視實際需要適量使用。	限於食品製造或加工必須時使用。
006	氯化銨 Ammonium Chloride	本品可於各類食品中視實際需要適量使用。	限於食品製造或加工必須時使用。
007	酒石酸氫鉀 Potassium Bitartrate	本品可於各類食品中視實際需要適量使用。	限於食品製造或加工必須時使用。
008	碳酸氫鈉 Sodium Bicarbonate	本品可於各類食品中視實際需要適量使用。	限於食品製造或加工必須時使用。
009	碳酸銨 Ammonium Carbonate	本品可於各類食品中視實際需要適量使用。	限於食品製造或加工必須時使用。
010	碳酸氫銨 Ammonium Bicarbonate	本品可於各類食品中視實際需要適量使用。	限於食品製造或加工必須時使用。
011	碳酸鉀 Potassium Carbonate	本品可於各類食品中視實際需要適量使用。	限於食品製造或加工必須時使用。
012	合成膨脹劑 Baking Powder	本品可於各類食品中視實際需要適量使用。	限於食品製造或加工必須時使用。
013	酸式磷酸鋁鈉 Sodium Aluminum Phosphate, Acidic	本品可於各類食品中視實際需要適量使用。	限於食品製造或加工必須時使用。
014	燒鈉明礬 Burnt Sodium Alum	本品可於各類食品中視實際需要適量使用。	限於食品製造或加工必須時使用。

備註：

1. 本表爲正面表列，非表列之食品品項，不得使用該食品添加物。
2. 可於各類食品中使用之各類食品範圍，不包括鮮乳及保久乳。

第（七）類　品質改良用、釀造用及食品製造用劑

編號	品名	使用食品範圍及限量	使用限制
001	氯化鈣 Calcium Chloride	本品可使用於各類食品；用量以Ca計為10g/kg以下。	限於食品製造或加工必須時使用。
002	氫氧化鈣 Calcium Hydroxide	本品可使用於各類食品；用量以Ca計為10g/kg以下。	限於食品製造或加工必須時使用。
003	硫酸鈣 Calcium Sulfate	本品可使用於各類食品；用量以Ca計為10g/kg以下。	限於食品製造或加工必須時使用。
004	葡萄糖酸鈣 Calcium Gluconate	本品可使用於各類食品；用量以Ca計為10g/kg以下。	限於食品製造或加工必須時使用。
005	檸檬酸鈣 Calcium Citrate	本品可使用於各類食品；用量以Ca計為10g/kg以下。	限於食品製造或加工必須時使用。
006	磷酸二氫鈣 Calcium Dihydrogen Phosphate	本品可使用於各類食品；用量以Ca計為10g/kg以下。	限於食品製造或加工必須時使用。
007	磷酸氫鈣 Calcium Phosphate, Dibasic	本品可使用於各類食品；用量以Ca計為10g/kg以下。	限於食品製造或加工必須時使用。
008	磷酸氫鈣（無水） Calcium Phosphate, Dibasic（Anhydrous）	本品可使用於各類食品；用量以Ca計為10g/kg以下。	限於食品製造或加工必須時使用。
009	磷酸鈣 Calcium Phosphate, Tribasic	本品可使用於各類食品；用量以Ca計為10g/kg以下。	限於食品製造或加工必須時使用。
010	酸性焦磷酸鈣 Calcium Dihydrogen Pyrophosphate	本品可使用於各類食品；用量以Ca計為10g/kg以下。	限於食品製造或加工必須時使用。
011	甘油醇磷酸鈣 Calcium Glycerophosphate	本品可使用於各類食品；用量以Ca計為10g/kg以下。	限於食品製造或加工必須時使用。
012	乳酸鈣 Calcium Lactate	本品可使用於各類食品；用量以Ca計為10g/kg以下。	限於食品製造或加工必須時使用。
013	硬脂酸乳酸鈣 Calcium Stearoyl Lactylate	本品可使用於各類食品；用量以Ca計為10g/kg以下。	限於食品製造或加工必須時使用。
014	碳酸鈣 Calcium Carbonate	1. 本品可於口香糖及泡泡糖中視實際需要適量使用。 2. 本品可使用於口香糖及泡泡糖以外之其他食品；用量以Ca計為10g/kg以下。	限於食品製造或加工必須時使用。

編號	品名	使用食品範圍及限量	使用限制
015	碳酸銨 Ammonium Carbonate	本品可於各類食品中視為實際需要適量使用。	限於食品製造或加工必須時使用。
016	碳酸鉀 Potassium Carbonate	本品可於各類食品中視為實際需要適量使用。	限於食品製造或加工必須時使用。
017	碳酸鈉、無水碳酸鈉 Sodium Carbonate ; Sodium Carbonate, Anhydrous	本品可於各類食品中視為實際需要適量使用。	限於食品製造或加工必須時使用。
018	碳酸鎂 Magnesium Carbonate	本品可使用於各類食品；用量為5g/kg以下。	限於食品製造或加工必須時使用。
019	硫酸銨 Ammonium Sulfate	本品可於各類食品中視為實際需要適量使用。	限於食品製造或加工必須時使用。
020	硫酸鈉 Sodium Sulfate	本品可於各類食品中視為實際需要適量使用。	限於食品製造或加工必須時使用。
021	硬脂酸鎂 Magnesium Stearate	本品可於各類食品中視為實際需要適量使用。	限於食品製造或加工必須時使用。
022	硫酸鎂 Magnesium Sulfate	本品可於各類食品中視為實際需要適量使用。	限於食品製造或加工必須時使用。
023	氯化鎂 Magnesium Chloride	本品可於各類食品中視為實際需要適量使用。	限於食品製造或加工必須時使用。
024	磷酸二氫銨 Ammonium Phosphate, Monobasic	本品可使用於各類食品；用量以Phosphate計為3g/kg以下。	限於食品製造或加工必須時使用。
025	磷酸氫二銨 Ammonium Phosphate, Dibasic	本品可使用於各類食品；用量以Phosphate計為3g/kg以下。	限於食品製造或加工必須時使用。
026	磷酸二氫鉀 Potassium Phosphate, Monobasic	本品可使用於各類食品；用量以Phosphate計為3g/kg以下。	限於食品製造或加工必須時使用。
027	磷酸氫二鉀 Potassium Phosphate, Dibasic	本品可使用於各類食品；用量以Phosphate計為3g/kg以下。	限於食品製造或加工必須時使用。
028	磷酸鉀 Potassium Phosphate, Tribasic	本品可使用於各類食品；用量以Phosphate計為3g/kg以下。	限於食品製造或加工必須時使用。

編號	品名	使用食品範圍及限量	使用限制
029	磷酸二氫鈉 Sodium Dihydrogen Phosphate	本品可使用於各類食品；用量以Phosphate計為3g/kg以下。	限於食品製造或加工必須時使用。
031	磷酸氫二鈉Sodium Phosphate, Dibasic	本品可使用於各類食品；用量以Phosphate計為3g/kg以下。	限於食品製造或加工必須時使用。
032	磷酸氫二鈉（無水） Sodium Phosphate, Dibasic （Anhydrous）	本品可使用於各類食品；用量以Phosphate計為3g/kg以下。	限於食品製造或加工必須時使用。
033	磷酸鈉 Sodium Phosphate, Tribasic	本品可使用於各類食品；用量以Phosphate計為3g/kg以下。	限於食品製造或加工必須時使用。
034	磷酸鈉（無水） Sodium Phosphate, Tribasic （Anhydrous）	本品可使用於各類食品；用量以Phosphate計為3g/kg以下。	限於食品製造或加工必須時使用。
035	偏磷酸鉀 Potassium Metaphosphate	本品可使用於各類食品；用量以Phosphate計為3g/kg以下。	限於食品製造或加工必須時使用。
036	偏磷酸鈉 Sodium Metaphosphate	本品可使用於各類食品；用量以Phosphate計為3g/kg以下。	限於食品製造或加工必須時使用。
037	多磷酸鉀 Potassium Polyphosphate	本品可使用於各類食品；用量以Phosphate計為3g/kg以下。	限於食品製造或加工必須時使用。
038	多磷酸鈉 Sodium Polyphosphate	本品可使用於各類食品；用量以Phosphate計為3g/kg以下。	限於食品製造或加工必須時使用。
039	醋酸鈉；醋酸鈉（無水） Sodium Acetate; Sodium Acetate（Anhydrous）	本品可於各類食品中視實際需要適量使用。	限於食品製造或加工必須時使用。
040	甘油 Glycerol	本品可於各類食品中視實際需要適量使用。	限於食品製造或加工必須時使用。
041	乳酸硬脂酸鈉 Sodium Stearyl 2-Lactylate	本品可於各類食品中視實際需要適量使用。	限於食品製造或加工必須時使用。
042	皂土 Bentonite	本品可使用於各類食品；於食品中殘留量應在5g/kg以下。	限於食品製造或加工必須時使用。

編號	品名	使用食品範圍及限量	使用限制
043	矽酸鋁 Aluminum Silicate	1. 本品可於膠囊狀、錠狀食品中視實際需要適量使用。 2. 本品可使用於其他各類食品；於食品中殘留量應在5g/kg以下。	限於食品製造或加工必須時使用。
044	矽藻土 Diatomaceous Earth	1. 本品可使用於各類食品；於食品中殘留量應在5g/kg以下。 2. 本品可使用於餐飲業用油炸油之助濾，用量為0.1%以下。	1. 限於食品製造或加工必須時使用。 2. 餐飲業使用於經油炸後直接供食用之油脂助濾時，應置於濾紙上供油炸油過濾使用，不得直接添加於油炸油中，並不得重複使用。
046	滑石粉 Talc	1. 本品可於膠囊狀、錠狀食品中視實際需要適量使用。 2. 本品可使用於其他各類食品；於食品中殘留量應在5g/kg以下。但口香糖及泡泡糖僅使用滑石粉而未同時使用皂土、矽酸鋁及矽藻土時為50g/kg以下。	限於食品製造或加工必須時使用。
047	L-半胱氨酸鹽酸鹽 L-Cysteine Monohydrochloride	本品可於麵包及果汁中視實際需要適量使用。	限於食品製造或加工必須時使用。
048	亞鐵氰化鈉 Sodium Ferrocyanide	本品可使用於食鹽；用量以Anhydrous Sodium Ferrocyanide計為13mg/kg以下。	限於食品製造或加工必須時使用。
049	矽酸鈣 Calcium Silicate	1. 本品可使用於合成膨脹劑；用量為5%以下。 2. 本品可使用於其他食品；用量為2.0%以下。	限於食品製造或加工必須時使用。
050	矽鋁酸鈉 Sodium Silicoaluminate	本品可於各類食品中視實際需要適量使用。	限於食品製造或加工必須時使用。
051	乙烯二胺四醋酸二鈉或乙烯二胺四醋酸二鈉鈣 EDTA Na$_2$ or EDTA CaNa$_2$	1. 本品可使用於非酒精性飲料；用量以EDTA CaNa$_2$計為25ppm以下。 2. 本品可使用於熱殺菌包裝食品；用量以EDTA CaNa$_2$計為250ppm以下。 3. 本品可使用於乳化食品及複合維生素調製品；用量以EDTA CaNa$_2$計為150ppm以下。 4. 本品可使用於為防止褐變之食品；用量以EDTA CaNa$_2$計為350ppm以下（以乾重計）。	EDTA Na$_2$於最終食品完成前必須與鈣離子結合成EDTA CaNa$_2$。

編號	品名	使用食品範圍及限量	使用限制
053	二氧化矽 Silicon Dioxide	1. 本品可於膠囊狀、錠狀食品中視實際需要適量使用。 2. 本品可使用於其他各類食品；用量為2.0%以下。	限於食品製造或加工必須時使用。
054	氧化鈣 Calcium Oxide	本品可使用於各類食品；用量以Ca計為10g/kg以下。	限於食品製造或加工必須時使用。
055	碳酸氫鉀 Potassium Bicarbonate	本品可於各類食品中視實際需要適量使用。	限於食品製造或加工必須時使用。
056	木松香甘油酯 Glycerol Ester of Wood Rosin	1. 本品可於口香糖及泡泡糖中視實際需要適量使用。 2. 本品可使用於飲料加工用之柑桔油；用量以飲料中之最終含量計為100ppm以下。	
057	石油蠟 Petroleum Wax	1. 本品可於口香糖及泡泡糖中視實際需要適量使用。 2. 本品可使用於香辛料微囊；用量為50%以下。	
058	米糠蠟 Rice Bran Wax	1. 本品可於口香糖及泡泡糖中視實際需要適量使用。 2. 本品可使用於糖果及鮮果菜；用量為50ppm以下。	使用於糖果及鮮果菜時限為表皮被膜用。
059	硬脂酸 Stearic Acid	本品可於各類食品中視實際需要適量使用。	限於食品製造或加工必須時使用。
060	己二酸 Adipic Acid	本品可於各類食品中視實際需要適量使用。	限於食品製造或加工必須時使用。
061	硫酸鋁 Aluminum Sulfate	本品可於各類食品中視實際需要適量使用。	限於食品製造中質地改良用。
062	珍珠岩粉 Perlite	1. 本品可使用於各類食品；食品中殘留量應在5g/kg以下。 2. 本品可使用於餐飲業用油炸油之助濾，用量為0.2%以下。	1. 限於食品製造中助濾用。 2. 餐飲業使用於經油炸後直接供食用之油脂助濾時，應置於濾紙上供油炸油過濾使用，不得直接添加於油炸油中，並不得重複使用。
063	硬脂酸鈉 Sodium Stearate	本品可於各類食品中視實際需要適量使用。	限於食品製造或加工必須時使用。
064	硬脂酸鉀 Potassium Stearate	本品可於各類食品中視實際需要適量使用。	限於食品製造或加工必須時使用。

編號	品名	使用食品範圍及限量	使用限制
065	羥丙基纖維素 Hydroxypropyl Cellulose	本品可於各類食品中視實際需要適量使用。	限於食品製造或加工必須時使用。
066	羥丙基甲基纖維素 Hydroxypropyl Methylcellulose（Propylene Glycol Ether of Methylcellulose）	本品可於各類食品中視實際需要適量使用。	限於食品製造或加工必須時使用。
067	聚糊精 Polydextrose	本品可於各類食品中視實際需要適量使用。	一次食用量中本品含量超過15公克之食品，應顯著標示「過量食用對敏感者易引起腹瀉」。
068	食用石膏 Food Gypsum	本品可使用於豆花、豆腐及其製品；用量以Ca計為10g/kg以下。	
069	酸性白土（活性白土）Acid Clay（Active Clay）	本品可使用於油脂之精製；於油脂中之殘留量應在1.0g/kg以下。	
070	酸性焦磷酸鈉 Disodium Dihydrogen Pyrophosphate	本品可使用於各類食品；用量以Phosphate計為3g/kg以下。	限於食品製造或加工必須時使用。
071	棕櫚蠟 Carnauba Wax	本品可於糖果（包括口香糖及巧克力）、膠囊狀及錠狀食品中視實際需要適量使用。	
072	焦磷酸鉀 Potassium Pyrophosphate	本品可使用於各類食品；用量以Phosphate計為3g/kg以下。	限於食品製造或加工必須時使用。
073	焦磷酸鈉 Sodium Pyrophosphate	本品可使用於各類食品；用量以Phosphate計為3g/kg以下。	限於食品製造或加工必須時使用。
074	焦磷酸鈉（無水） Sodium Pyrophosphate（Anhydrous）	本品可使用於各類食品；用量以Phosphate計為3g/kg以下。	限於食品製造或加工必須時使用。
076	三偏磷酸鈉 Sodium Trimetaphosphate	本品可使用於米製品、澱粉製品及麵粉製品；用量以Phosphate計為3g/kg以下。	限於食品製造或加工必須時使用。
077	（尿素）胺甲醯胺 （Urea）Carbamide	本品可使用於口香糖或泡泡糖；用量為30g/kg以下。	限於食品製造或加工必須時使用。
078	偶氮二甲醯胺 Azodicarbonamide	本品可使用於麵粉；用量為45mg/kg以下。	限於食品製造或加工必須時使用。

編號	品名	使用食品範圍及限量	使用限制
079	過氧化苯甲醯 Benzoyl Peroxide	本品可使用於麵粉；用量為60mg/kg以下。	限於食品製造或加工必須時使用。
080	交聯羧甲基纖維素鈉（Cross-Linked Sodium Carboxymethyl Cellulose）	本品可使用於錠狀食品；用量為50g/kg以下。	
081	聚麩胺酸鈉（Sodium γ-Polyglutamate）	1. 本品可使用於麵條；用量為2%以下。 2. 本品可使用於烘焙食品及豆乾；用量為0.5%以下。 3. 本品可使用於粉圓及魚板；用量為0.1%以下。 4. 本品可使用於仙草；用量為0.05%以下。 5. 本品可使用於發酵乳；用量為0.13%以下。 6. 本品可使用於豆腐；用量為0.1%以下。 7. 本品可使用於蛋製品；用量為0.4%以下。 8. 本品可使用於米食；用量為0.1%以下。	限於食品製造或加工必須時使用。
082	聚乙烯吡咯烷酮（Polyvinylpyrrol-idone）	本品可使用於錠狀食品；用量為5%以下。	
083	硬脂酸鈣（Calcium Stearate）	本品可用於各類食品中視實際需要適量使用。	限於食品製造或加工必須時使用。
084	亞鐵氰化鉀 Potassium Ferrocyanide	本品可使用於食鹽；用量以Anhydrous Sodium Ferrocyanide計為13mg/kg以下。	限於食品製造或加工必須時使用。
085	亞鐵氰化鈣 Calcium Ferrocyanide	本品可使用於食鹽；用量以Anhydrous Sodium Ferrocyanide計為13mg/kg以下。	限於食品製造或加工必須時使用。
086	蓖麻油 Castor Oil	本品可使用於膠囊狀、錠狀食品；用量為1g/kg以下。	限於食品製造或加工必須時使用。
087	D-山梨醇 D-Sorbitol	本品可於各類食品中視實際需要適量使用。	1. 限於食品製造或加工必須時使用。 2. 嬰兒食品不得使用。
088	D-山梨醇液70% D-Sorbitol Solution 70%	本品可於各類食品中視實際需要適量使用。	1. 限於食品製造或加工必須時使用。 2. 嬰兒食品不得使用。

編號	品名	使用食品範圍及限量	使用限制
089	D-木糖醇 D-Xylitol	本品可於各類食品中視實際需要適量使用。	1. 限於食品製造或加工必須時使用。 2. 嬰兒食品不得使用。
090	D-甘露醇 D-Mannitol	本品可於各類食品中視實際需要適量使用。	1. 限於食品製造或加工必須時使用。 2. 嬰兒食品不得使用。
091	麥芽糖醇 Maltitol	本品可於各類食品中視實際需要適量使用。	1. 限於食品製造或加工必須時使用。 2. 嬰兒食品不得使用。
092	麥芽糖醇糖漿（氫化葡萄糖漿） Maltitol Syrup（Hydrogenated Glucose Syrup）	本品可於各類食品中視實際需要適量使用。	1. 限於食品製造或加工必須時使用。 2. 嬰兒食品不得使用。
093	異麥芽酮糖醇（巴糖醇） Isomalt（Hydrogenated Palatinose）	本品可於各類食品中視實際需要適量使用。	1. 限於食品製造或加工必須時使用。 2. 嬰兒食品不得使用。
094	乳糖醇 Lactitol	本品可於各類食品中視實際需要適量使用。	1. 限於食品製造或加工必須時使用。 2. 嬰兒食品不得使用。
095	赤藻糖醇 Erythritol	本品可於各類食品中視實際需要適量使用。	
096	檸檬酸三乙酯 Triethyl citrate	本品可使用於膠囊狀、錠狀食品；用量為3.5g/kg以下。	限於食品製造或加工必須時使用。
097	一氧化二氮 （Nitrous oxide）	本品可於各類食品中視實際需要適量使用。	限於食品製造或加工必需時使用。
098	二氧化碳 Carbon Dioxide	本品可於各類食品中視實際需要適量使用。	限於食品製造或加工必須時使用。

備註：1.本表為正面表列，非表列之食品品項，不得使用該食品添加物。

2.可於各類食品中使用之各類食品範圍，不包括鮮乳及保久乳。

第（八）類　營養添加劑

編號	品名	使用食品範圍及限量	使用限制
001	維生素A粉末 Vitamin A（dry form）	1. 形態屬膠囊狀、錠狀且標示有每日食用限量之食品，在每日食用量中，其維生素A之總含量不得高於10,000I.U.（3,000μg R.E.）。 2. 其他一般食品，在每日食用量或每300g食品（未標示每日食用量者）中，其維生素A之總含量不得高於1,050μg R.E.。 3. 嬰兒（輔助）食品，在每日食用量或每300g食品（未標示每日食用量者）中，其維生素A之總含量不得高於600μg R.E.。	限於補充食品中不足之營養素時使用。
002	維生素A油溶液 Vitamin A Oil	1. 形態屬膠囊狀、錠狀且標示有每日食用限量之食品，在每日食用量中，其維生素A之總含量不得高於10,000 I.U.（3,000μg R.E.）。 2. 其他一般食品，在每日食用量或每300g食品（未標示每日食用量者）中，其維生素A之總含量不得高於1,050μg R.E.。 3. 嬰兒（輔助）食品，在每日食用量或每300g食品（未標示每日食用量者）中，其維生素A之總含量不得高於600μg R.E.。	限於補充食品中不足之營養素時使用。
003	維生素A脂肪酸酯油溶液 Vitamin A Fatty Acid Ester, in Oil	1. 形態屬膠囊狀、錠狀且標示有每日食用限量之食品，在每日食用量中，其維生素A之總含量不得高於10,000 I.U.（3,000μg R.E.）。 2. 其他一般食品，在每日食用量或每300g食品（未標示每日食用量者）中，其維生素A之總含量不得高於1,050μg R.E.。 3. 嬰兒（輔助）食品，在每日食用量或每300g食品（未標示每日食用量者）中，其維生素A之總含量不得高於600μg R.E.。	限於補充食品中不足之營養素時使用。
004	鹽酸硫胺明（維生素B$_1$，鹽酸色噻胺） Thiamine Hydrochloride（Vitamin B$_1$）	1. 形態屬膠囊狀、錠狀且標示有每日食用限量之食品，在每日食用量中，其維生素B$_1$之總含量不得高於50mg。 2. 其他一般食品，在每日食用量或每300g食品（未標示每日食用量者）中，其維生素B$_1$之總含量不得高於1.95mg。 3. 嬰兒（輔助）食品，在每日食用量或每300g食品（未標示每日食用量者）中，其維生素B$_1$之總含量不得高於0.9mg。	限於補充食品中不足之營養素時使用。
005	硝酸硫胺明（維生素B$_1$，硝酸噻胺） Thiamine Mononitrate（Vitamin B$_1$）	1. 形態屬膠囊狀、錠狀且標示有每日食用限量之食品，在每日食用量中，其維生素B$_1$之總含量不得高於50mg。 2. 其他一般食品，在每日食用量或每300g食品（未標示每日食用量者）中，其維生素B$_1$之總含量不得高於1.95mg。 3. 嬰兒（輔助）食品，在每日食用量或每300g食品（未標示每日食用量者）中，其維生素B$_1$之總含量不得高於0.9mg。	限於補充食品中不足之營養素時使用。

編號	品名	使用食品範圍及限量	使用限制
006	苯甲醯硫胺明（維生素B₁，苯甲醯噻胺）Dibenzoyl Thiamine（Vitamin B₁）	1. 形態屬膠囊狀、錠狀且標示有每日食用限量之食品，在每日食用量中，其維生素B₁之總含量不得高於50mg。 2. 其他一般食品，在每日食用量或每300g食品（未標示每日食用量者）中，其維生素B₁之總含量不得高於1.95mg。 3. 嬰兒（輔助）食品，在每日食用量或每300g食品（未標示每日食用量者）中，其維生素B₁之總含量不得高於0.9mg。	限於補充食品中不足之營養素時使用。
007	鹽酸苯甲醯硫胺明（維生素B₁，鹽酸苯甲醯噻胺）Dibenzoyl Thiamine Hydrochloride（Vitamin B₁）	1. 形態屬膠囊狀、錠狀且標示有每日食用限量之食品，在每日食用量中，其維生素B₁之總含量不得高於50mg。 2. 其他一般食品，在每日食用量或每300g食品（未標示每日食用量者）中，其維生素B₁之總含量不得高於1.95mg。 3. 嬰兒（輔助）食品，在每日食用量或每300g食品（未標示每日食用量者）中，其維生素B₁之總含量不得高於0.9mg。	限於補充食品中不足之營養素時使用。
008	核黃素（維生素B₂）Riboflavin	1. 形態屬膠囊狀、錠狀且標示有每日食用限量之食品，在每日食用量中，其維生素B₂之總含量不得高於100mg。 2. 其他一般食品，在每日食用量或每300g食品（未標示每日食用量者）中，其維生素B₂之總含量不得高於2.25mg。 3. 嬰兒（輔助）食品，在每日食用量或每300g食品（未標示每日食用量者）中，其維生素B₂之總含量不得高於1.05mg。	限於補充食品中不足之營養素時使用。
009	核黃素磷酸鈉（維生素B₂）Riboflavin Phosphate, Sodium（Vitamin B₂）	1. 形態屬膠囊狀、錠狀且標示有每日食用限量之食品，在每日食用量中，其維生素B₂之總含量不得高於100mg。 2. 其他一般食品，在每日食用量或每300g食品（未標示每日食用量者）中，其維生素B₂之總含量不得高於2.25mg。 3. 嬰兒（輔助）食品，在每日食用量或每300g食品（未標示每日食用量者）中，其維生素B₂之總含量不得高於1.05mg。	限於補充食品中不足之營養素時使用。
010	鹽酸吡哆辛（維生素B₆）Pyridoxine Hydrochloride（Vitamin B₆）	1. 形態屬膠囊狀、錠狀且標示有每日食用限量之食品，在每日食用量中，其維生素B₆之總含量不得高於80mg。 2. 其他一般食品，在每日食用量或每300g食品（未標示每日食用量者）中，其維生素B₆之總含量不得高於2.1mg。 3. 嬰兒（輔助）食品，在每日食用量或每300g食品（未標示每日食用量者）中，其維生素B₆之總含量不得高於0.75mg。	限於補充食品中不足之營養素時使用。

編號	品名	使用食品範圍及限量	使用限制
011	氰鈷胺明（維生素B$_{12}$） Cyanocobalamin （Vitamin B$_{12}$）	1. 形態屬膠囊狀、錠狀且標示有每日食用限量之食品，在每日食用量中，其維生素B$_{12}$之總含量不得高於1,000μg。 2. 其他一般食品，在每日食用量或每300g食品（未標示每日食用量者）中，其維生素B$_{12}$之總含量不得高於3.6μg。 3. 嬰兒（輔助）食品，在每日食用量或每300g食品（未標示每日食用量者）中，其維生素B$_{12}$之總含量不得高於1.35μg。	限於補充食品中不足之營養素時使用。
012	抗壞血酸（維生素C） Ascorbic Acid （Vitamin C）	1. 形態屬膠囊狀、錠狀且標示有每日食用限量之食品，在每日食用量中，其維生素C之總含量不得高於1,000mg。 2. 其他一般食品，在每日食用量或每300g食品（未標示每日食用量者）中，其維生素C之總含量不得高於150mg。 3. 嬰兒（輔助）食品，在每日食用量或每300g食品（未標示每日食用量者）中，其維生素C之總含量不得高於60mg。	限於補充食品中不足之營養素時使用。
013	抗壞血酸鈉（維生素C） Sodium Ascorbate （Vitamin C）	1. 形態屬膠囊狀、錠狀且標示有每日食用限量之食品，在每日食用量中，其維生素C之總含量不得高於1,000mg。 2. 其他一般食品，在每日食用量或每300g食品（未標示每日食用量者）中，其維生素C之總含量不得高於150mg。 3. 嬰兒（輔助）食品，在每日食用量或每300g食品（未標示每日食用量者）中，其維生素C之總含量不得高於60mg。	限於補充食品中不足之營養素時使用。
014	L-抗壞血酸硬脂酸酯（維生素C） L-Ascorbyl Stearate （Vitamin C）	1. 形態屬膠囊狀、錠狀且標示有每日食用限量之食品，在每日食用量中，其維生素C之總含量不得高於1,000mg。 2. 其他一般食品，在每日食用量或每300g食品（未標示每日食用量者）中，其維生素C之總含量不得高於150mg。 3. 嬰兒（輔助）食品，在每日食用量或每300g食品（未標示每日食用量者）中，其維生素C之總含量不得高於60mg。	限於補充食品中不足之營養素時使用。
015	L-抗壞血酸棕櫚酸酯（維生素C） L-Ascorbyl Palmitate （Vitamin C）	1. 形態屬膠囊狀、錠狀且標示有每日食用限量之食品，在每日食用量中，其維生素C之總含量不得高於1,000mg。 2. 其他一般食品，在每日食用量或每300g食品（未標示每日食用量者）中，其維生素C之總含量不得高於150mg。 3. 嬰兒（輔助）食品，在每日食用量或每300g食品（未標示每日食用量者）中，其維生素C之總含量不得高於60mg。	限於補充食品中不足之營養素時使用。

編號	品名	使用食品範圍及限量	使用限制
016	鈣化醇（維生素D_2） Calciferol （Vitamin D_2）	1. 形態屬膠囊狀、錠狀且標示有每日食用限量之食品，在每日食用量中，其維生素D之總含量不得高於800I.U.（20μg）。 2. 其他一般食品及嬰兒（輔助）食品，在每日食用量或每300g食品（未標示每日食用量者）中，其維生素D之總含量不得高於15μg。	限於補充食品中不足之營養素時使用。
017	膽鈣化醇（維生素D_3） Cholecalciferol （Vitamin D_3）	1. 形態屬膠囊狀、錠狀且標示有每日食用限量之食品，在每日食用量中，其維生素D之總含量不得高於800I.U.（20μg）。 2. 其他一般食品及嬰兒（輔助）食品，在每日食用量或每300g食品（未標示每日食用量者）中，其維生素D之總含量不得高於15μg。	限於補充食品中不足之營養素時使用。
018	生育醇（維生素E） dl-α-Tocopherol （Vitamin E）	1. 形態屬膠囊狀、錠狀且標示有每日食用限量之食品，在每日食用量中，其維生素E之總含量不得高於400I.U.（268mg d-α-tocopherol）。 2. 其他一般食品，在每日食用量或每300g食品（未標示每日食用量者）中，其維生素E之總含量不得高於18mg α-T.E.。 3. 嬰兒（輔助）食品，在每日食用量或每300g食品（未標示每日食用量者）中，其維生素E之總含量不得高於7.5mg α-T.E.。	限於補充食品中不足之營養素時使用。
020	（高阿爾發類）混合濃縮生育醇（維生素E） Tocopherols Concentrate Mixed（High-α-type） （Vitamin E）	1. 形態屬膠囊狀、錠狀且標示有每日食用限量之食品，在每日食用量中，其維生素E之總含量不得高於400I.U.（268mg d-α-tocopherol）。 2. 其他一般食品，在每日食用量或每300g食品（未標示每日食用量者）中，其維生素E之總含量不得高於18mg α-T.E.。 3. 嬰兒（輔助）食品，在每日食用量或每300g食品（未標示每日食用量者）中，其維生素E之總含量不得高於7.5mg α-T.E.。	限於補充食品中不足之營養素時使用。
021	濃縮d-α-生育醇（維生素E） d-α-Tocopherol Concentrate （Vitamin E）	1. 形態屬膠囊狀、錠狀且標示有每日食用限量之食品，在每日食用量中，其維生素E之總含量不得高於400I.U.（268mg d-α-tocopherol）。 2. 其他一般食品，在每日食用量或每300g食品（未標示每日食用量者）中，其維生素E之總含量不得高於18mg α-T.E.。 3. 嬰兒（輔助）食品，在每日食用量或每300g食品（未標示每日食用量者）中，其維生素E之總含量不得高於7.5mg α-T.E.。	限於補充食品中不足之營養素時使用。

編號	品名	使用食品範圍及限量	使用限制
022	乙酸d-α-生育醇酯（維生素E）d-α-Tocopheryl Acetate（Vitamin E）	1. 形態屬膠囊狀、錠狀且標示有每日食用限量之食品，在每日食用量中，其維生素E之總含量不得高於400I.U.（268mg d-α-tocopherol）。 2. 其他一般食品，在每日食用量或每300g食品（未標示每日食用量者）中，其維生素E之總含量不得高於18mg α-T.E.。 3. 嬰兒（輔助）食品，在每日食用量或每300g食品（未標示每日食用量者）中，其維生素E之總含量不得高於7.5mg α-T.E.。	限於補充食品中不足之營養素時使用。
023	乙酸dl-α-生育醇酯（維生素E）dl-α-Tocopheryl Acetate（Vitamin E）	1. 形態屬膠囊狀、錠狀且標示有每日食用限量之食品，在每日食用量中，其維生素E之總含量不得高於400I.U.（268mg d-α-tocopherol）。 2. 其他一般食品，在每日食用量或每300g食品（未標示每日食用量者）中，其維生素E之總含量不得高於18mg α-T.E.。 3. 嬰兒（輔助）食品，在每日食用量或每300g食品（未標示每日食用量者）中，其維生素E之總含量不得高於7.5mg α-T.E.。	限於補充食品中不足之營養素時使用。
024	濃縮乙酸d-α-生育醇酯d-α（維生素E）-Tocopheryl Acetate Concentrate（Vitamin E）	1. 形態屬膠囊狀、錠狀且標示有每日食用限量之食品，在每日食用量中，其維生素E之總含量不得高於400I.U.（268mg d-α-tocopherol）。 2. 其他一般食品，在每日食用量或每300g食品（未標示每日食用量者）中，其維生素E之總含量不得高於18mg α-T.E.。 3. 嬰兒（輔助）食品，在每日食用量或每300g食品（未標示每日食用量者）中，其維生素E之總含量不得高於7.5mg α-T.E.。	限於補充食品中不足之營養素時使用。
025	酸式丁二酸d-α-生育醇酯（維生素E）d-α-Tocopheryl Acid Succinate（Vitamin E）	1. 形態屬膠囊狀、錠狀且標示有每日食用限量之食品，在每日食用量中，其維生素E之總含量不得高於400I.U.（268mg d-α-tocopherol）。 2. 其他一般食品，在每日食用量或每300g食品（未標示每日食用量者）中，其維生素E之總含量不得高於18mg α-T.E.。 3. 嬰兒（輔助）食品，在每日食用量或每300g食品（未標示每日食用量者）中，其維生素E之總含量不得高於7.5mg α-T.E.。	限於補充食品中不足之營養素時使用。
026	菸鹼酸 Nicotinic Acid	1. 形態屬膠囊狀、錠狀且標示有每日食用限量之食品，在每日食用量中，其菸鹼素之總含量不得高於100mg N.E.。	限於補充食品中不足之營養素時使用。

編號	品名	使用食品範圍及限量	使用限制
		2. 其他一般食品，在每日食用量或每300g食品（未標示每日食用量者）中，其菸鹼素之總含量不得高於25.5mg N.E.。 3. 嬰兒（輔助）食品，在每日食用量或每300g食品（未標示每日食用量者）中，其菸鹼素之總含量不得高於12mg N.E.。	
027	菸鹼醯胺 Nicotinamide	1. 形態屬膠囊狀、錠狀且標示有每日食用限量之食品，在每日食用量中，其菸鹼素之總含量不得高於100mg N.E.。 2. 其他一般食品，在每日食用量或每300g食品（未標示每日食用量者）中，其菸鹼素之總含量不得高於25.5mg N.E.。 3. 嬰兒（輔助）食品，在每日食用量或每300g食品（未標示每日食用量者）中，其菸鹼素之總含量不得高於12mg N.E.。	限於補充食品中不足之營養素時使用。
028	葉酸 Folic Acid	1. 形態屬膠囊狀、錠狀且標示有每日食用限量之食品，在每日食用量中，其葉酸之總含量不得高於800μg。 2. 其他一般食品，在每日食用量或每300g食品（未標示每日食用量者）中，其葉酸之總含量不得高於600μg。 3. 嬰兒（輔助）食品，在每日食用量或每300g食品（未標示每日食用量者）中，其葉酸之總含量不得高於225μg。	限於補充食品中不足之營養素時使用。
029	抗壞血酸鈣（維生素C） Calcium Ascorbate（Vitamin C）	1. 形態屬膠囊狀、錠狀且標示有每日食用限量之食品，在每日食用量中，其維生素C之總含量不得高於1,000mg。 2. 其他一般食品，在每日食用量或每300g食品（未標示每日食用量者）中，其維生素C之總含量不得高於150mg。 3. 嬰兒（輔助）食品，在每日食用量或每300g食品（未標示每日食用量者）中，其維生素C之總含量不得高於60mg。	限於補充食品中不足之營養素時使用。
030	氧化鈣 Calcium Oxide	1. 一般食品，在每日食用量或每300g食品（未標示每日食用量者）中，其鈣之總含量不得高於1,800mg。 2. 嬰兒（輔助）食品，在每日食用量或每300g食品（未標示每日食用量者）中，其鈣之總含量不得高於750mg。	限於補充食品中不足之營養素時使用。
031	碳酸鈣 Calcium Carbonate	1. 一般食品，在每日食用量或每300g食品（未標示每日食用量者）中，其鈣之總含量不得高於1,800mg。 2. 嬰兒（輔助）食品，在每日食用量或每300g食品（未標示每日食用量者）中，其鈣之總含量不得高於750mg。	限於補充食品中不足之營養素時使用。

編號	品名	使用食品範圍及限量	使用限制
032	還原鐵 Iron，Reduced	1. 形態屬膠囊狀、錠狀且標示有每日食用限量之食品，在每日食用量中，其鐵之總含量不得高於45mg。 2. 一般食品，在每日食用量或每300g食品（未標示每日食用量者）中，其鐵之總含量不得高於22.5mg。 3. 嬰兒（輔助）食品，在每日食用量或每300g食品（未標示每日食用量者）中，其鐵之總含量不得高於15mg。	限於補充食品中不足之營養素時使用。
033	焦磷酸鐵 Ferric Pyrophosphate （Iron Pyrophosphate）	1. 形態屬膠囊狀、錠狀且標示有每日食用限量之食品，在每日食用量中，其鐵之總含量不得高於45mg。 2. 一般食品，在每日食用量或每300g食品（未標示每日食用量者）中，其鐵之總含量不得高於22.5mg。 3. 嬰兒（輔助）食品，在每日食用量或每300g食品（未標示每日食用量者）中，其鐵之總含量不得高於15mg。	限於補充食品中不足之營養素時使用。
034	羰基鐵 Iron, Carbonyl	1. 形態屬膠囊狀、錠狀且標示有每日食用限量之食品，在每日食用量中，其鐵之總含量不得高於45mg。 2. 一般食品，在每日食用量或每300g食品（未標示每日食用量者）中，其鐵之總含量不得高於22.5mg。 3. 嬰兒（輔助）食品，在每日食用量或每300g食品（未標示每日食用量者）中，其鐵之總含量不得高於15mg。	限於補充食品中不足之營養素時使用。
035	電解鐵 Iron, Electrolytic	1. 形態屬膠囊狀、錠狀且標示有每日食用限量之食品，在每日食用量中，其鐵之總含量不得高於45mg。 2. 一般食品，在每日食用量或每300g食品（未標示每日食用量者）中，其鐵之總含量不得高於22.5mg。 3. 嬰兒（輔助）食品，在每日食用量或每300g食品（未標示每日食用量者）中，其鐵之總含量不得高於15mg。	限於補充食品中不足之營養素時使用。
036	檸檬酸鐵銨 Ferric Ammonium Citrate	1. 形態屬膠囊狀、錠狀且標示有每日食用限量之食品，在每日食用量中，其鐵之總含量不得高於45mg。 2. 一般食品，在每日食用量或每300g食品（未標示每日食用量者）中，其鐵之總含量不得高於22.5mg。 3. 嬰兒（輔助）食品，在每日食用量或每300g食品（未標示每日食用量者）中，其鐵之總含量不得高於15mg。	限於補充食品中不足之營養素時使用。

編號	品名	使用食品範圍及限量	使用限制
037	氯化鐵 Ferric Chloride	1. 形態屬膠囊狀、錠狀且標示有每日食用限量之食品,在每日食用量中,其鐵之總含量不得高於45mg。 2. 一般食品,在每日食用量或每300g食品(未標示每日食用量者)中,其鐵之總含量不得高於22.5mg。 3. 嬰兒(輔助)食品,在每日食用量或每300g食品(未標示每日食用量者)中,其鐵之總含量不得高於15mg。	限於補充食品中不足之營養素時使用。
038	檸檬酸鐵 Ferric Citrate	1. 形態屬膠囊狀、錠狀且標示有每日食用限量之食品,在每日食用量中,其鐵之總含量不得高於45mg。 2. 一般食品,在每日食用量或每300g食品(未標示每日食用量者)中,其鐵之總含量不得高於22.5mg。 3. 嬰兒(輔助)食品,在每日食用量或每300g食品(未標示每日食用量者)中,其鐵之總含量不得高於15mg。	限於補充食品中不足之營養素時使用。
039	硫酸亞鐵 Ferrous Sulfate	1. 形態屬膠囊狀、錠狀且標示有每日食用限量之食品,在每日食用量中,其鐵之總含量不得高於45mg。 2. 一般食品,在每日食用量或每300g食品(未標示每日食用量者)中,其鐵之總含量不得高於22.5mg。 3. 嬰兒(輔助)食品,在每日食用量或每300g食品(未標示每日食用量者)中,其鐵之總含量不得高於15mg。	限於補充食品中不足之營養素時使用。
040	乳酸亞鐵 Ferrous Lactate	1. 形態屬膠囊狀、錠狀且標示有每日食用限量之食品,在每日食用量中,其鐵之總含量不得高於45mg。 2. 一般食品,在每日食用量或每300g食品(未標示每日食用量者)中,其鐵之總含量不得高於22.5mg。 3. 嬰兒(輔助)食品,在每日食用量或每300g食品(未標示每日食用量者)中,其鐵之總含量不得高於15mg。	限於補充食品中不足之營養素時使用。
041	檸檬酸亞鐵鈉(琥珀酸檸檬酸鐵鈉) Sodium Ferrous Citrate(Iron and Sodium Succinate Citrate)	1. 形態屬膠囊狀、錠狀且標示有每日食用限量之食品,在每日食用量中,其鐵之總含量不得高於45mg。 2. 一般食品,在每日食用量或每300g食品(未標示每日食用量者)中,其鐵之總含量不得高於22.5mg。 3. 嬰兒(輔助)食品,在每日食用量或每300g食品(未標示每日食用量者)中,其鐵之總含量不得高於15mg。	限於補充食品中不足之營養素時使用。

編號	品名	使用食品範圍及限量	使用限制
042	碘化鉀 Potassium Iodide	1. 本品可使用於食鹽；用量以碘計為20~33mg/kg。 2. 其他一般食品，在每日食用量或每300g食品（未標示每日食用量者）中，其碘之總含量不得高於195μg。 3. 嬰兒（輔助）食品，在每日食用量或每300g食品（未標示每日食用量者）中，其碘之總含量不得高於97.5μg。	限於補充食品中不足之營養素時使用。
043	碘酸鉀 Potassium Iodate	1. 本品可使用於食鹽；用量以碘計為20~33mg/kg。 2. 其他一般食品，在每日食用量或每300g食品（未標示每日食用量者）中，其碘之總含量不得高於195μg。 3. 嬰兒（輔助）食品，在每日食用量或每300g食品（未標示每日食用量者）中，其碘之總含量不得高於97.5μg。	限於補充食品中不足之營養素時使用。
044	甲基柑果苷（維生素P） Methyl Hesperidin	本品可於各類食品中視實際需要適量使用。	限於補充食品中不足之營養素時使用。
045	維生素K_3 Menadione （Vitamin K_3）	1. 形態屬膠囊狀、錠狀且標示有每日食用限量之食品，在每日食用量中，其維生素K_3之總含量不得高於500μg。 2. 本品可使用於一般食品中以補充不足之營養素。在每日食用量中，其維生素K_3之總含量不得高於140μg；未標示每日食用量者，每300g食品中維生素K_3之總含量不得高於140μg。 3. 本品可使用於嬰兒（輔助）食品中以補充不足之營養素。在每日食用量中，其維生素K_3之總含量不得高於20μg；未標示每日使用量者每300g食品中維生素K_3之總含量不得高於20μg。	限於補充食品中不足之營養素時使用。
046	亞麻油二烯酸甘油酯 Triglyceryl Linoleate	本品可於各類食品中視實際需要適量使用。	限於補充食品中不足之營養素時使用。
047	鹽酸L-組織胺酸 L-Histidine Mono-hydrochloride	本品可於各類食品中視實際需要適量使用。	限於補充食品中不足之營養素時使用。
048	L-異白胺酸 L-Isoleucine	本品可於各類食品中視實際需要適量使用。	限於補充食品中不足之營養素時使用。
049	DL-色胺酸 DL-Tryptophan	本品可於各類食品中視實際需要適量使用。	限於補充食品中不足之營養素時使用。

編號	品名	使用食品範圍及限量	使用限制
050	L-色胺酸 L-Tryptophan	本品可於各類食品中視實際需要適量使用。	限於補充食品中不足之營養素時使用。
051	L-α胺基異戊酸 L-Valine	本品可於各類食品中視實際需要適量使用。	限於補充食品中不足之營養素時使用。
052	L-二胺基己酸 L-Lysine	本品可於各類食品中視實際需要適量使用。	限於補充食品中不足之營養素時使用。
053	L-二胺基己酸 L-麩酸酯 L-Lysine L-Glutamate	本品可於各類食品中視實際需要適量使用。	限於補充食品中不足之營養素時使用。
054	鹽酸L-二胺基己酸 L-Lysine Monohydro- chloride	本品可於各類食品中視實際需要適量使用。	限於補充食品中不足之營養素時使用。
055	DL-蛋胺酸 DL-Methionine	本品可於各類食品中視實際需要適量使用。	限於補充食品中不足之營養素時使用。
056	L-蛋胺酸 L-Methionine	本品可於各類食品中視實際需要適量使用。	限於補充食品中不足之營養素時使用。
057	L-苯丙胺酸 L-Phenylalanine	本品可於各類食品中視實際需要適量使用。	限於補充食品中不足之營養素時使用。
058	DL-羥丁胺酸 DL-Threonine	本品可於各類食品中視實際需要適量使用。	限於補充食品中不足之營養素時使用。
059	L-羥丁胺酸 L-Threonine	本品可於各類食品中視實際需要適量使用。	限於補充食品中不足之營養素時使用。
060	生物素 Biotin	本品可於各類食品中視實際需要適量使用。	限於補充食品中不足之營養素時使用。
061	本多酸鈉 Sodium Pantothenate	本品可於各類食品中視實際需要適量使用。	限於補充食品中不足之營養素時使用。
062	本多酸鈣 Calcium Pantothenate	本品可於各類食品中視實際需要適量使用。	限於補充食品中不足之營養素時使用。

編號	品名	使用食品範圍及限量	使用限制
063	氯化鉀 Potassium Chloride	本品可於各類食品中視實際需要適量使用。	限於補充食品中不足之營養素時使用。
064	硫酸鎂 Magnesium Sulfate	1. 本品可使用於一般食品中以補充不足之營養素。在每日食用量中，其鎂之總含量不得高於600mg；未標示每日食用量者，每300g食品中鎂之總含量不得高於600mg。 2. 本品可使用於嬰兒（輔助）食品中以補充不足之營養素。在每日食用量中，其鎂之總含量不得高於105mg；未標示每日食用量者，每300g食品中鎂之總含量不得高於105mg。	限於補充食品中不足之營養素時使用。
065	肌醇 Inositol	本品可於各類食品中視實際需要適量使用。	限於補充食品中不足之營養素時使用。
066	重酒石酸膽鹼 Choline Bitartrate	本品可於各類食品中視實際需要適量使用。	限於補充食品中不足之營養素時使用。
067	氯化膽鹼 Choline Chloride	本品可於各類食品中視實際需要適量使用。	限於補充食品中不足之營養素時使用。
068	硫酸鋅 Zinc Sulfate	1. 形態屬膠囊狀、錠狀且標示有每日食用限量之食品，在每日食用量中，其鋅之總含量不得高於30mg。 2. 本品可使用於一般食品中以補充不足之營養素。在每日食用量中，其鋅之總含量不得高於22.5mg；未標示每日食用量者，每300g食品中鋅之總含量不得高於22.5mg。 3. 本品可使用於嬰兒（輔助）食品中以補充不足之營養素。在每日食用量中，其鋅之總含量不得高於7.5mg；未標示每日食用量者，每300g食品中鋅之總含量不得高於7.5mg。	限於補充食品中不足之營養素時使用。
069	氯化鋅 Zinc Chloride	1. 形態屬膠囊狀、錠狀且標示有每日食用限量之食品，在每日食用量中，其鋅之總含量不得高於30mg。 2. 本品可使用於一般食品中以補充不足之營養素。在每日食用量中，其鋅之總含量不得高於22.5mg；未標示每日食用量者，每300g食品中鋅之總含量不得高於22.5mg。 3. 本品可使用於嬰兒（輔助）食品中以補充不足之營養素。在每日食用量中，其鋅之總含量不得高於7.5mg；未標示每日食用量者，每300g食品中鋅之總含量不得高於7.5mg。	限於補充食品中不足之營養素時使用。

編號	品名	使用食品範圍及限量	使用限制
070	葡萄糖酸鋅 Zinc Gluconate	1. 形態屬膠囊狀、錠狀且標示有每日食用限量之食品，在每日食用量中，其鋅之總含量不得高於30mg。 2. 本品可使用於一般食品中以補充不足之營養素。在每日食用量中，其鋅之總含量不得高於22.5mg；未標示每日食用量者，每300g食品中鋅之總含量不得高於22.5mg。 3. 本品可使用於嬰兒（輔助）食品中以補充不足之營養素。在每日食用量中，其鋅之總含量不得高於7.5mg；未標示每日食用量者，每300g食品中鋅之總含量不得高於7.5mg。	限於補充食品中不足之營養素時使用。
071	氧化鋅 Zinc Oxide	1. 形態屬膠囊狀、錠狀且標示有每日食用限量之食品，在每日食用量中，其鋅之總含量不得高於30mg。 2. 本品可使用於一般食品中以補充不足之營養素。在每日食用量中，其鋅之總含量不得高於22.5mg；未標示每日食用量者，每300g食品中鋅之總含量不得高於22.5mg。 3. 本品可使用於嬰兒（輔助）食品中以補充不足之營養素。在每日食用量中，其鋅之總含量不得高於7.5mg；未標示每日食用量者，每300g食品中鋅之總含量不得高於7.5mg。	限於補充食品中不足之營養素時使用。
072	硬脂酸鋅 Znic Stearate	1. 形態屬膠囊狀、錠狀且標示有每日食用限量之食品，在每日食用量中，其鋅之總含量不得高於30mg。 2. 本品可使用於一般食品中以補充不足之營養素。在每日食用量中，其鋅之總含量不得高於22.5mg；未標示每日食用量者，每300g食品中鋅之總含量不得高於22.5mg。 3. 本品可使用於嬰兒（輔助）食品中以補充不足之營養素。在每日食用量中，其鋅之總含量不得高於7.5mg；未標示每日食用量者，每300g食品中鋅之總含量不得高於7.5mg。	限於補充食品中不足之營養素時使用。
073	硫酸銅 Copper Sulfate	1. 形態屬膠囊狀、錠狀且標示有每日食用限量之食品，在每日食用量中，其銅之總含量不得高於8mg。 2. 本品可使用於一般食品中以補充不足之營養素。在每日食用量中，其銅之總含量不得高於2.5mg；未標示每日食用量者，每300g食品中銅之總含量不得高於2.5mg。 3. 本品可使用於嬰兒（輔助）食品中以補充不足之營養素。在每日食用量中，其銅之總含量不得高於1.0mg；未標示每日食用量者，每300g食品中銅之總含量不得高於1.0mg。	限於補充食品中不足之營養素時使用。

編號	品名	使用食品範圍及限量	使用限制
074	葡萄糖酸銅 Copper Gluconate	1. 形態屬膠囊狀、錠狀且標示有每日食用限量之食品，在每日食用量中，其銅之總含量不得高於8mg。 2. 本品可使用於一般食品中以補充不足之營養素。在每日食用量中，其銅之總含量不得高於2.5mg；未標示每日食用量者，每300g食品中銅之總含量不得高於2.5mg。 3. 本品可使用於嬰兒（輔助）食品中以補充不足之營養素。在每日食用量中，其銅之總含量不得高於1.0mg；未標示每日食用量者，每300g食品中銅之總含量不得高於1.0mg。	限於補充食品中不足之營養素時使用。
075	維生素K_1 Phylloquinone （Vitamin K_1）	本品可於各類食品中視實際需要適量使用。	限於補充食品中不足之營養素時使用。
076	維生素K_2 Menaquinone （Vitamin K_2）	本品可於各類食品中視實際需要適量使用。	限於補充食品中不足之營養素時使用。
077	磷酸鐵 Ferric Phosphate	1. 形態屬膠囊狀、錠狀且標示有每日食用限量之食品，在每日食用量中，其鐵之總含量不得高於45mg。 2. 一般食品，在每日食用量或每300g食品（未標示每日食用量者）中，其鐵之總含量不得高於22.5mg。 3. 嬰兒（輔助）食品，在每日食用量或每300g食品（未標示每日食用量者）中，其鐵之總含量不得高於15mg。	限於補充食品中不足之營養素時使用。
078	葡萄糖酸亞鐵 Ferrous Gluconate	1. 形態屬膠囊狀、錠狀且標示有每日食用限量之食品，在每日食用量中，其鐵之總含量不得高於45mg。 2. 一般食品，在每日食用量或每300g食品（未標示每日食用量者）中，其鐵之總含量不得高於22.5mg。 3. 嬰兒（輔助）食品，在每日食用量或每300g食品（未標示每日食用量者）中，其鐵之總含量不得高於15mg。	限於補充食品中不足之營養素時使用。
079	丁烯二酸亞鐵 Ferrous Fumarate	1. 形態屬膠囊狀、錠狀且標示有每日食用限量之食品，在每日食用量中，其鐵之總含量不得高於45mg。 2. 一般食品，在每日食用量或每300g食品（未標示每日食用量者）中，其鐵之總含量不得高於22.5mg。 3. 嬰兒（輔助）食品，在每日食用量或每300g食品（未標示每日食用量者）中，其鐵之總含量不得高於15mg。	限於補充食品中不足之營養素時使用。

編號	品名	使用食品範圍及限量	使用限制
080	氧化鎂 Magnesium Oxide	1. 本品可使用於一般食品中以補充不足之營養素。在每日食用量中,其鎂之總含量不得高於600mg；未標示每日食用量者,每300g食品中鎂之總含量不得高於600mg。 2. 本品可使用於嬰兒(輔助)食品中以補充不足之營養素。在每日食用量中,其鎂之總含量不得高於105mg；未標示每日食用量者,每300g食品中鎂之總含量不得高於105mg。	限於補充食品中不足之營養素時使用。
081	磷酸鎂 Magnesium Phosphate, Dibasic or Tribasic	1. 本品可使用於一般食品中以補充不足之營養素。在每日食用量中,其鎂之總含量不得高於600mg；未標示每日食用量者,每300g食品中鎂之總含量不得高於600mg。 2. 本品可使用於嬰兒(輔助)食品中以補充不足之營養素。在每日食用量中,其鎂之總含量不得高於105mg；未標示每日食用量者,每300g食品中鎂之總含量不得高於105mg。	限於補充食品中不足之營養素時使用。
082	L-肉酸 L-Carnitine	1. 形態屬膠囊狀、錠狀且標示有每日食用限量之食品,在每日食用量中,其L-Carnitine之總含量不得高於2g。 2. 本品可於特殊營養食品中視實際需要適量使用。	限於補充食品中不足之營養素時使用。
083	氯化錳 Manganese Chloride	1. 形態屬膠囊狀、錠狀且標示有每日食用限量之食品,在每日食用量中,其錳之總含量不得高於9mg。 2. 本品可使用於一般食品中以補充不足之營養素。在每日食用量中,其錳之總含量不得高於5.0mg；未標示每日食用量者,每300g食品中錳之總含量不得高於5.0mg。 3. 本品可使用於嬰兒(輔助)食品中以補充不足之營養素。在每日食用量中,其錳之總含量不得高於1.0mg；未標示每日食用量者,每300g食品中錳之總含量不得高於1.0mg。	限於補充食品中不足之營養素時使用。
084	檸檬酸錳 Manganese Citrate	1. 形態屬膠囊狀、錠狀且標示有每日食用限量之食品,在每日食用量中,其錳之總含量不得高於9mg。 2. 本品可使用於一般食品中以補充不足之營養素。在每日食用量中,其錳之總含量不得高於5.0mg；未標示每日食用量者,每300g食品中錳之總含量不得高於5.0mg。 3. 本品可使用於嬰兒(輔助)食品中以補充不足之營養素。在每日食用量中,其錳之總含量不得高於1.0mg；未標示每日食用量者,每300g食品中錳之總含量不得高於1.0mg。	限於補充食品中不足之營養素時使用。

編號	品名	使用食品範圍及限量	使用限制
085	葡萄糖酸錳 Manganese Gluconate	1. 形態屬膠囊狀、錠狀且標示有每日食用限量之食品,在每日食用量中,其錳之總含量不得高於9mg。 2. 本品可使用於一般食品中以補充不足之營養素。在每日食用量中,其錳之總含量不得高於5.0mg;未標示每日食用量者,每300g食品中錳之總含量不得高於5.0mg。 3. 本品可使用於嬰兒(輔助)食品中以補充不足之營養素。在每日食用量中,其錳之總含量不得高於1.0mg;未標示每日食用量者,每300g食品中錳之總含量不得高於1.0mg。	限於補充食品中不足之營養素時使用。
086	甘油磷酸錳 Manganese Glycerophosphate	1. 形態屬膠囊狀、錠狀且標示有每日食用限量之食品,在每日食用量中,其錳之總含量不得高於9mg。 2. 本品可使用於一般食品中以補充不足之營養素。在每日食用量中,其錳之總含量不得高於5.0mg;未標示每日食用量者,每300g食品中錳之總含量不得高於5.0mg。 3. 本品可使用於嬰兒(輔助)食品中以補充不足之營養素。在每日食用量中,其錳之總含量不得高於1.0mg;未標示每日食用量者,每300g食品中錳之總含量不得高於1.0mg。	限於補充食品中不足之營養素時使用。
087	硫酸錳 Manganese Sulfate	1. 形態屬膠囊狀、錠狀且標示有每日食用限量之食品,在每日食用量中,其錳之總含量不得高於9mg。 2. 本品可使用於一般食品中以補充不足之營養素。在每日食用量中,其錳之總含量不得高於5.0mg;未標示每日食用量者,每300g食品中錳之總含量不得高於5.0mg。 3. 本品可使用於嬰兒(輔助)食品中以補充不足之營養素。在每日食用量中,其錳之總含量不得高於1.0mg;未標示每日食用量者,每300g食品中錳之總含量不得高於1.0mg。	限於補充食品中不足之營養素時使用。
088	氧化亞錳 Manganous Oxide	1. 形態屬膠囊狀、錠狀且標示有每日食用限量之食品,在每日食用量中,其錳之總含量不得高於9mg。 2. 本品可使用於一般食品中以補充不足之營養素。在每日食用量中,其錳之總含量不得高於5.0mg;未標示每日食用量者,每300g食品中錳之總含量不得高於5.0mg。 3. 本品可使用於嬰兒(輔助)食品中以補充不足之營養素。在每日食用量中,其錳之總含量不得高於1.0mg;未標示每日食用量者,每300g食品中錳之總含量不得高於1.0mg。	限於補充食品中不足之營養素時使用。

編號	品名	使用食品範圍及限量	使用限制
089	牛磺酸 Taurine	本品可於各類食品中視實際需要適量使用。	限於補充食品中不足該營養素時使用。
090	L-精胺酸 L-Arginine	本品可於各類食品中視實際需要適量使用。	限於補充食品中不足之營養素時使用。
091	L-醋酸精胺酸 L-Arginine Acetate	本品可於特殊營養食品中視實際需要適量使用。	限於補充食品中不足之營養素時使用。
092	L-天冬胺酸 L-Aspartic Acid	本品可於各類食品中視實際需要適量使用。	限於補充食品中不足之營養素時使用。
093	DL-天門冬酸 DL-Aspartic Acid	本品可於特殊營養食品中視實際需要適量使用。	限於補充食品中不足之營養素時使用。
094	麩醯胺酸 L-Glutamine	本品可於各類食品中視實際需要適量使用。	限於補充食品中不足之營養素時使用。
095	L-白胺酸 L-Leucine	本品可於各類食品中視實際需要適量使用。	限於補充食品中不足之營養素時使用。
096	DL-白胺酸 DL-Leucine	本品可於特殊營養食品中視實際需要適量使用。	限於補充食品中不足之營養素時使用。
097	L-脯胺酸 L-Proline	本品可於各類食品中視實際需要適量使用。	限於補充食品中不足之營養素時使用。
098	L-絲胺酸 L-Serine	本品可於各類食品中視實際需要適量使用。	限於補充食品中不足之營養素時使用。
099	DL-絲胺酸 DL-Serine	本品可於特殊營養食品中視實際需要適量使用。	限於補充食品中不足之營養素時使用。
100	L-酪胺酸 L-Tyrosine	本品可於各類食品中視實際需要適量使用。	限於補充食品中不足之營養素時使用。
101	L-胱胺酸 L-Cystine	本品可於特殊營養食品中視實際需要適量使用。	限於補充食品中不足之營養素時使用。
102	L-醋酸離胺酸 L-Lysine Acetate	本品可於特殊營養食品中視實際需要適量使用。	限於補充食品中不足之營養素時使用。

編號	品名	使用食品範圍及限量	使用限制
103	醋酸鋅 Zinc Acetate	1. 形態屬膠囊狀、錠狀且標示有每日食用限量之食品，在每日食用量中，其鋅之總含量不得高於30mg。 2. 本品可於特殊營養食品中視實際需要適量使用。	限於補充食品中不足之營養素時使用。
104	檸檬酸銅 Cupric Citrate	1. 形態屬膠囊狀、錠狀且標示有每日食用限量之食品，在每日食用量中，其銅之總含量不得高於8mg。 2. 本品可於特殊營養食品中視實際需要適量使用。	限於補充食品中不足之營養素時使用。
105	葡萄糖酸鎂 Magnesium Gluconate	1. 形態屬膠囊狀、錠狀且標示有每日食用限量之食品，在每日食用量中，其鎂之總含量不得高於600mg。 2. 本品可於特殊營養食品中視實際需要適量使用。	限於補充食品中不足之營養素時使用。
106	氫氧化鎂 Magnesium Hydroxide	1. 形態屬膠囊狀、錠狀且標示有每日食用限量之食品，在每日食用量中，其鎂之總含量不得高於600mg。 2. 本品可於特殊營養食品中視實際需要適量使用。	限於補充食品中不足之營養素時使用。
107	醋酸鉻 Chromic Acetate Monohydrate	1. 本品可使用於標示有每日食用限量之食品，在每日食用量中，其鉻之總含量不得高於200μg。 2. 本品可於特殊營養食品中視實際需要適量使用。	限於補充食品中不足之營養素時使用。
108	鉬酸鈉（無水） Sodium Molybdate Anhydrous	1. 形態屬膠囊狀、錠狀且標示有每日食用限量之食品，在每日食用量中，其鉬之總含量不得高於350 μg。 2. 本品可於特殊營養食品中視實際需要適量使用。	限於補充食品中不足之營養素時使用。
109	亞硒酸鈉 Sodium Selenite	1. 形態屬膠囊狀、錠狀且標示有每日食用限量之食品，在每日食用量中，其硒之總含量不得高於200 μg。 2. 本品可於特殊營養食品中視實際需要適量使用。 3. 本品可用於標示有每日食用建議量且適用1歲至3歲幼兒之奶粉，在每日食用量中，其硒之總含量不得高於20 μg。 4. 本品可用於標示有每日食用建議量且適用3歲至7歲幼童之奶粉，在每日食用量中，其硒之總含量不得高於45 μg。	限於補充食品中不足之營養素時使用。
110	脂肪酸磷酸鈉 Sodium Glycerophosphate	本品可於特殊營養食品中視實際需要適量使用。	限於補充食品中不足之營養素時使用。

編號	品名	使用食品範圍及限量	使用限制
111	乳酮糖 Lactulose	1. 本品可於特殊營養食品中視實際需要適量使用。 2. 本品可用於標示有每日食用限量之食品，每日食用量，其乳酮糖總含量不得高於10g。	限於補充食品中不足之營養素時使用。
112	乳鐵蛋白 Lactoferrin	1. 本品可使用於標示有每日食用限量之食品，在每日食用量中，其乳鐵蛋白總量不得高於100mg。 2. 本品可於特殊營養食品中視實際需要適量使用。	限於補充食品中不足之營養素時使用。
113	磷酸二氫鈣 Calcium Dihydrogen Phosphate	1. 一般食品，在每日食用量或每300g食品（未標示每日食用量者）中，其鈣之總含量不得高於1,800mg。 2. 嬰兒（輔助）食品，在每日食用量或每300g食品（未標示每日食用量者）中，其鈣之總含量不得高於750mg。	
114	磷酸氫鈣 Calcium Phosphate, Dibasic	1. 一般食品，在每日食用量或每300g食品（未標示每日食用量者）中，其鈣之總含量不得高於1,800mg。 2. 嬰兒（輔助）食品，在每日食用量或每300g食品（未標示每日食用量者）中，其鈣之總含量不得高於750mg。	
115	磷酸氫鈣（無水） Calcium Phosphate, Dibasic（Anhydrous）	1. 一般食品，在每日食用量或每300g食品（未標示每日食用量者）中，其鈣之總含量不得高於1,800mg。 2. 嬰兒（輔助）食品，在每日食用量或每300g食品（未標示每日食用量者）中，其鈣之總含量不得高於750mg。	
116	磷酸鈣 Calcium Phosphate, Tribasic	1. 一般食品，在每日食用量或每300g食品（未標示每日食用量者）中，其鈣之總含量不得高於1,800mg。 2. 嬰兒（輔助）食品，在每日食用量或每300g食品（未標示每日食用量者）中，其鈣之總含量不得高於750mg。	
117	乳酸鐵 Iron Lactate	1. 形態屬膠囊狀、錠狀且標示有每日食用限量之食品，在每日食用量中，其鐵之總含量不得高於45mg。 2. 一般食品，在每日食用量或每300g食品（未標示每日食用量者）中，其鐵之總含量不得高於22.5mg。 3. 嬰兒（輔助）食品，在每日食用量或每300g食品（未標示每日食用量者）中，其鐵之總含量不得高於15mg。	

編號	品名	使用食品範圍及限量	使用限制
118	乳酸鈣 Calcium Lactate	1. 一般食品，在每日食用量或每300g食品（未標示每日食用量者）中，其鈣之總含量不得高於1,800mg。 2. 嬰兒（輔助）食品，在每日食用量或每300g食品（未標示每日食用量者）中，其鈣之總含量不得高於750mg。	
119	硒酸鈉 Sodium Selenate	本品可於各類食品中視實際需要適量使用。	限於補充食品中不足之營養素時使用。
120	L-丙胺酸 L-Alanine	本品可於各類食品中視實際需要量使用。	限於補充食品中不足之營養素時使用。
121	L-天冬醯胺酸 L-Asparagine	本品可於各類食品中視實際需要量使用。	限於補充食品中不足之營養素時使用。
122	L-組胺酸 L-Histidine	本品可於各類食品中視實際需要量使用。	限於補充食品中不足之營養素時使用。
123	葡萄糖酸乳酸鈣 Calcium Gluconolactate	1. 一般食品，在每日食用量或每300g食品（未標示每日食用量者）中，其鈣之總含量不得高於1,800mg。 2. 嬰兒（輔助）食品，在每日食用量或每300g食品（未標示每日食用量者）中，其鈣之總含量不得高於750mg。	限於補充食品中不足之營養素時使用。
124	5'-胞核苷單磷酸鹽 Cytidine-5'-Monophosphate	1. 本品可於特殊營養食品中視實際需要適量使用。 2. 本品可使用於適用3歲以下幼兒之奶粉；用量為2.50mg/100大卡奶粉以下。	限於補充食品中不足之營養素時使用。
125	5'-尿核苷單磷酸鹽 Uridine-5'-Monophosphate	1. 本品可於特殊營養食品中視實際需要適量使用。 2. 本品可使用於適用3歲以下幼兒之奶粉；用量為1.75mg/100大卡奶粉以下。	限於補充食品中不足之營養素時使用。
126	5'-腺核苷單磷酸鹽 Adenosine-5'-Monophosphate	1. 本品可於特殊營養食品中視實際需要適量使用。 2. 本品可使用於適用3歲以下幼兒之奶粉；用量為1.50mg/100大卡奶粉以下。	限於補充食品中不足之營養素時使用。
127	5'-次黃嘌呤核苷單磷酸鹽 Inosine-5'-Monophosphate	1. 本品可於特殊營養食品中視實際需要適量使用。 2. 本品可使用於適用3歲以下幼兒之奶粉；用量為1.00mg/100大卡奶粉以下。	限於補充食品中不足之營養素時使用。
128	5'-鳥嘌呤核苷單磷酸鹽 Guanosine-5'-Monophosphate	1. 本品可於特殊營養食品中視實際需要適量使用。 2. 本品可使用於適用3歲以下幼兒之奶粉；用量為0.50mg/100大卡奶粉以下。	限於補充食品中不足之營養素時使用。

編號	品名	使用食品範圍及限量	使用限制
129	硫酸鉻 Chromic Sulfate	1. 本品可使用於標示有每日食用限量之食品，在每日食用量中，其鉻之總含量不得高於200μg。 2. 本品可於特殊營養食品中視實際需要適量使用。	限於補充食品中不足之營養素時使用。
130	三氯化鉻 Chromium Chloride	1. 本品可使用於標示有每日食用限量之食品，在每日食用量中，其鉻之總含量不得高於200μg。 2. 本品可於特殊營養食品中視實際需要適量使用。	限於補充食品中不足之營養素時使用。
131	吡啶甲酸鉻 Chromium Picolinate	1. 本品可使用於標示有每日食用限量之食品，在每日食用量中，其鉻之總含量不得高於200μg。 2. 本品可於特殊營養食品中視實際需要適量使用。	限於補充食品中不足之營養素時使用。
132	合成玉米黃素 Synthetic Zeaxanthin	型態屬膠囊狀、錠狀且標示有每日食用限量之食品，在每日食用量中，其zeaxanthin之總含量不得高於10mg。	限於補充食品中不足之營養素時使用。
133	葉黃素 lutein	1. 型態屬膠囊狀、錠狀且標示有每日食用限量之食品，在每日食用量中，其lutein之總含量不得高於30mg。 2. 其他一般食品，在每日食用量或每300g食品（未標示每日食用量者）中，其lutein之總含量不得高於9mg。	限於補充食品中不足之營養素時使用。
134	菸鹼酸鉻（Niacin bound Chromium）	1. 本品可使用於標示有每日食用限量之食品，在每日食用量中，其鉻之總含量不得高於200μg。 2. 本品可於特殊營養食品中視實際需要適量使用。	限於補充食品中不足之營養素時使用。
135	甘氨酸亞鐵（Ferrous Bisglycinate Chelate）	1. 形態屬膠囊狀、錠狀且標示有每日食用限量之食品，在每日食用量中，其鐵之總含量不得高於45mg。 2. 一般食品，在每日食用量或每300g食品（未標示每日食用量者）中，其鐵之總含量不得高於22.5mg。	限於補充食品中不足之營養素時使用。
136	2,3,4-三羥基丁酸鈣（Calcium LThreonate）	形態屬膠囊狀、錠狀且標示有每日食用限量之食品，在每日食用量中，其鈣之總含量不得高於1,800mg。	限於補充食品中不足之營養素時使用。
137	檸檬酸鈣（Calcium Citrate）	1. 一般食品，在每日食用量或每300g食品（未標示每日食用量者中），其鈣之總含量不得高於1,800mg。 2. 嬰兒（輔助）食品，在每日食用量或每300g食品（未標示每日食用量者）中，其鈣之總含量不得高於750mg。	限於補充食品中不足之營養素時使用。

編號	品名	使用食品範圍及限量	使用限制
138	檸檬酸鋅三水化合物（Zinc Citrate Thihydrate）	型態屬膠囊狀、錠狀且標示有每日食用限量之食品，在每日食用量中，其鋅之總含量不得高於22.5mg。	限於補充食品中不足之營養素時使用。
139	合成番茄紅素（Synthetic Lycopene）	型態屬膠囊狀、錠狀且標示有每日食用限量之食品，在每日食用量中，其lycopene之總含量不得高於20mg。	限於補充食品中不足之營養素時使用。
140	葡萄糖酸鈣（Calcium Gluconate）	1. 一般食品，在每日食用量或每300g食品（未標示每日食用量者）中，其鈣之總含量不得高於1,800mg。 2. 嬰兒（輔助）食品，在每日食用量或每300g食品（未標示每日食用量者）中，其鈣之總含量不得高於750mg。	限於補充食品中不足之營養素時使用。
141	3-羥基-3-甲基丁酸鈣（Calcium 3-Hydroxy-3-Methyl Butyrate Monohydrate）	本品可於特殊營養食品中視實際需要適量使用。	不適宜孕婦及未滿18歲者食用。
142	金雀異黃酮（Synthetic Genistein）	型態屬膠囊狀、錠狀且標示有每日食用限量之食品，在每日食用量中，其genistein之總含量不得高於30mg。	1. 限於補充食品中不足之營養素時使用。 2. 產品須加標「孩童、嬰幼兒、孕婦及哺乳婦女不宜食用」之警語。
143	β-胡蘿蔔素 β-Carotene	形態屬膠囊狀、錠狀且標示有每日食用限量之食品，在每日食用量中，其β-胡蘿蔔素換算為維生素A之總含量不得高於10,000I.U.（3,000μg R.E.）。	限於補充食品中不足之營養素時使用。
144	乙酸麥角鈣化醇酯 Ergocalciferol Acetate	形態屬膠囊狀、錠狀且標示有每日食用限量之食品，在每日食用量中，其維生素D之總含量不得高於800 I.U.（20μg）。	限於補充食品中不足之營養素時使用。
145	琥珀酸dl-α-生育醇酯 dl-α-Tocopherol Succinate（dl-α-Tocopheryl acid succinate）	形態屬膠囊狀、錠狀且標示有每日食用限量之食品，在每日食用量中，其維生素E之總含量不得高於400I.U.（268mg d-α-tocopherol）。	限於補充食品中不足之營養素時使用。
146	dl-α-生育醇琥珀酸鈣 dl-α-Tocopherol Calcium Succinate	形態屬膠囊狀、錠狀且標示有每日食用限量之食品，在每日食用量中，其維生素E之總含量不得高於400I.U.（268mg d-α-tocopherol）。	限於補充食品中不足之營養素時使用。

編號	品名	使用食品範圍及限量	使用限制
147	甲萘醌亞硫酸氫鈉 （維生素K₃） Menadione Sodium Bisulfite （Vitamin K₃）	形態屬膠囊狀、錠狀且標示有每日食用限量之食品，在每日食用量中，其維生素K₃之總含量不得高於500 μg。	限於補充食品中不足之營養素時使用。
148	苯磷硫胺 Benfotiamine （Benzoylthiamine Monophosphate）	形態屬膠囊狀、錠狀且標示有每日食用限量之食品，在每日食用量中，其維生素B₁之總含量不得高於50mg。	限於補充食品中不足之營養素時使用。
149	二硫苯甲醯硫胺 Bisbentiamine （Benzoylthiamine Disulfide）	形態屬膠囊狀、錠狀且標示有每日食用限量之食品，在每日食用量中，其維生素B₁之總含量不得高於50mg。	限於補充食品中不足之營養素時使用。
150	雙硫丁異胺 Bisibuthiamine	形態屬膠囊狀、錠狀且標示有每日食用限量之食品，在每日食用量中，其維生素B₁之總含量不得高於50mg。	限於補充食品中不足之營養素時使用。
151	硝酸二硫胺 Bisthiamine Nitrate （Thiamine Disulfide Nitrate）	形態屬膠囊狀、錠狀且標示有每日食用限量之食品，在每日食用量中，其維生素B₁之總含量不得高於50mg。	限於補充食品中不足之營養素時使用。
152	焦磷酸硫胺 Co-Carboxylase （Thiamine Pyrophosphate）	形態屬膠囊狀、錠狀且標示有每日食用限量之食品，在每日食用量中，其維生素B₁之總含量不得高於50mg。	限於補充食品中不足之營養素時使用。
153	環硫胺 Cycothiamine	形態屬膠囊狀、錠狀且標示有每日食用限量之食品，在每日食用量中，其維生素B₁之總含量不得高於50mg。	限於補充食品中不足之營養素時使用。
154	鹽酸基硫胺 Dicethiamine Hydrochloride	形態屬膠囊狀、錠狀且標示有每日食用限量之食品，在每日食用量中，其維生素B₁之總含量不得高於50mg。	限於補充食品中不足之營養素時使用。
155	呋喃硫胺 Fursultiamine	形態屬膠囊狀、錠狀且標示有每日食用限量之食品，在每日食用量中，其維生素B₁之總含量不得高於50mg。	限於補充食品中不足之營養素時使用。
156	鹽酸呋喃硫胺 Fursultiamine Hydrochloride	形態屬膠囊狀、錠狀且標示有每日食用限量之食品，在每日食用量中，其維生素B₁之總含量不得高於50mg。	限於補充食品中不足之營養素時使用。
157	硫辛酸硫胺 Octotiamine	形態屬膠囊狀、錠狀且標示有每日食用限量之食品，在每日食用量中，其維生素B₁之總含量不得高於50mg。	限於補充食品中不足之營養素時使用。
158	丙硫硫胺 Prosultiamine	形態屬膠囊狀、錠狀且標示有每日食用限量之食品，在每日食用量中，其維生素B₁之總含量不得高於50mg。	限於補充食品中不足之營養素時使用。

編號	品名	使用食品範圍及限量	使用限制
159	原硫胺 Prothiamine	形態屬膠囊狀、錠狀且標示有每日食用限量之食品，在每日食用量中，其維生素B_1之總含量不得高於50mg。	限於補充食品中不足之營養素時使用。
160	硫胺素十六烷基硫酸鹽 Thiamine Dicetylsulfate	形態屬膠囊狀、錠狀且標示有每日食用限量之食品，在每日食用量中，其維生素B_1之總含量不得高於50mg。	限於補充食品中不足之營養素時使用。
161	二硫化硫胺 Thiamine Disulfide	形態屬膠囊狀、錠狀且標示有每日食用限量之食品，在每日食用量中，其維生素B_1之總含量不得高於50mg。	限於補充食品中不足之營養素時使用。
162	核黃素磷酸 Riboflavin Phosphate	形態屬膠囊狀、錠狀且標示有每日食用限量之食品，在每日食用量中，其維生素B_2之總含量不得高於100mg。	限於補充食品中不足之營養素時使用。
163	核黃素四丁酸酯 Riboflavin Tetrabutyrate（Riboflavin Butyrate）	形態屬膠囊狀、錠狀且標示有每日食用限量之食品，在每日食用量中，其維生素B_2之總含量不得高於100mg。	限於補充食品中不足之營養素時使用。
164	d-泛醇 d-Panthenol	形態屬膠囊狀、錠狀且標示有每日食用限量之食品，在每日食用量中，其泛酸之總含量不得高於500mg。	限於補充食品中不足之營養素時使用。
165	dl-泛醇 dl-Panthenol	形態屬膠囊狀、錠狀且標示有每日食用限量之食品，在每日食用量中，其泛酸之總含量不得高於500mg。	限於補充食品中不足之營養素時使用。
166	吡哆醛 Pyridoxal	形態屬膠囊狀、錠狀且標示有每日食用限量之食品，在每日食用量中，其維生素B_6之總含量不得高於80mg。	限於補充食品中不足之營養素時使用。
167	吡哆醛鹽酸鹽 Pyridoxal Hydrochloride	形態屬膠囊狀、錠狀且標示有每日食用限量之食品，在每日食用量中，其維生素B_6之總含量不得高於80mg。	限於補充食品中不足之營養素時使用。
168	吡哆醛磷酸鈣 Pyridoxal-5-Phosphate（Calcium Salt）	形態屬膠囊狀、錠狀且標示有每日食用限量之食品，在每日食用量中，其維生素B_6之總含量不得高於80mg。	限於補充食品中不足之營養素時使用。
169	磷酸吡哆醛 Pyridoxal Phosphate	形態屬膠囊狀、錠狀且標示有每日食用限量之食品，在每日食用量中，其維生素B_6之總含量不得高於80mg。	限於補充食品中不足之營養素時使用。
170	吡哆醛磷酸鈉 Pyridoxal Phosphate Sodium	形態屬膠囊狀、錠狀且標示有每日食用限量之食品，在每日食用量中，其維生素B_6之總含量不得高於80mg。	限於補充食品中不足之營養素時使用。
171	吡哆醇 Pyridoxine	形態屬膠囊狀、錠狀且標示有每日食用限量之食品，在每日食用量中，其維生素B_6之總含量不得高於80mg。	限於補充食品中不足之營養素時使用。

編號	品名	使用食品範圍及限量	使用限制
172	吡哆醇-5-磷酸 Pyridoxine-5-Phosphate	形態屬膠囊狀、錠狀且標示有每日食用限量之食品，在每日食用量中，其維生素B_6之總含量不得高於80mg。	限於補充食品中不足之營養素時使用。
173	吡哆胺 Pyridoxamine	形態屬膠囊狀、錠狀且標示有每日食用限量之食品，在每日食用量中，其維生素B_6之總含量不得高於80mg。	限於補充食品中不足之營養素時使用。
174	吡哆胺-5-磷酸 Pyridoxamine-5-Phosphate	形態屬膠囊狀、錠狀且標示有每日食用限量之食品，在每日食用量中，其維生素B_6之總含量不得高於80mg。	限於補充食品中不足之營養素時使用。
175	羥鈷胺 Hydroxocobalamin	形態屬膠囊狀、錠狀且標示有每日食用限量之食品，在每日食用量中，其維生素B_{12}之總含量不得高於1,000μg。	限於補充食品中不足之營養素時使用。
176	醋酸羥鈷胺 Hydroxocobalamin Acetate	形態屬膠囊狀、錠狀且標示有每日食用限量之食品，在每日食用量中，其維生素B_{12}之總含量不得高於1,000μg。	限於補充食品中不足之營養素時使用。
177	鹽酸羥鈷胺 Hydroxocobalamin Hydrochloride	形態屬膠囊狀、錠狀且標示有每日食用限量之食品，在每日食用量中，其維生素B_{12}之總含量不得高於1,000μg。	限於補充食品中不足之營養素時使用。
178	甲鈷胺（甲基鈷胺） Mecobalamin/Methylcobalamin	形態屬膠囊狀、錠狀且標示有每日食用限量之食品，在每日食用量中，其維生素B_{12}之總含量不得高於1,000μg。	限於補充食品中不足之營養素時使用。
179	抗壞血酸鎂 Magnesium Ascorbate	形態屬膠囊狀、錠狀且標示有每日食用限量之食品，在每日食用量中，其維生素C之總含量不得高於1,000mg。	限於補充食品中不足之營養素時使用。
180	抗壞血酸菸鹼醯胺 Niacinamide Ascorbate	形態屬膠囊狀、錠狀且標示有每日食用限量之食品，在每日食用量中，其菸鹼素之總含量不得高於100mg N.E.。	限於補充食品中不足之營養素時使用。
181	抗壞血酸鉀 Potassium Ascorbate	形態屬膠囊狀、錠狀且標示有每日食用限量之食品，在每日食用量中，其鉀之總含量不得高於80mg。	限於補充食品中不足之營養素時使用。
182	硼酸 Boracic Acid/Orthoboric Acid	形態屬膠囊狀、錠狀且標示有每日食用限量之食品，在每日食用量中，其硼之總含量不得高於700μg。	限於補充食品中不足之營養素時使用。
183	天門冬胺酸硼 Boron Aspartate	形態屬膠囊狀、錠狀且標示有每日食用限量之食品，在每日食用量中，其硼之總含量不得高於700μg。	限於補充食品中不足之營養素時使用。
184	檸檬酸硼 Boron Citrate	形態屬膠囊狀、錠狀且標示有每日食用限量之食品，在每日食用量中，其硼之總含量不得高於700μg。	限於補充食品中不足之營養素時使用。
185	甘胺酸硼 Boron Glycinate	形態屬膠囊狀、錠狀且標示有每日食用限量之食品，在每日食用量中，其硼之總含量不得高於700μg。	限於補充食品中不足之營養素時使用。

編號	品名	使用食品範圍及限量	使用限制
186	硼酸鈣／焦硼酸鈣／四硼酸鈣 Calcium Borate/ Calcium Pyroborate/ Calcium Tetraborate	形態屬膠囊狀、錠狀且標示有每日食用限量之食品，在每日食用量中，其硼之總含量不得高於700μg。	限於補充食品中不足之營養素時使用。
187	硼葡萄糖酸鈣 Calcium Borogluconate/ Calcium Diborogluconate	形態屬膠囊狀、錠狀且標示有每日食用限量之食品，在每日食用量中，其硼之總含量不得高於700μg。	限於補充食品中不足之營養素時使用。
188	果糖硼酸鈣 Calcium Fructoborate	形態屬膠囊狀、錠狀且標示有每日食用限量之食品，在每日食用量中，其硼之總含量不得高於700μg。	限於補充食品中不足之營養素時使用。
189	硼酸鎂 Magnesium Borate	形態屬膠囊狀、錠狀且標示有每日食用限量之食品，在每日食用量中，其硼之總含量不得高於700μg。	限於補充食品中不足之營養素時使用。
190	甘油磷酸鈣 Calcium Glycerophosphate	形態屬膠囊狀、錠狀且標示有每日食用限量之食品，在每日食用量中，其鈣之總含量不得高於1,800mg。	限於補充食品中不足之營養素時使用。
191	醋酸鈣 Calcium Acetate	形態屬膠囊狀、錠狀且標示有每日食用限量之食品，在每日食用量中，其鈣之總含量不得高於1,800mg。	限於補充食品中不足之營養素時使用。
192	甘胺酸鈣 Calcium Bisglycinate	形態屬膠囊狀、錠狀且標示有每日食用限量之食品，在每日食用量中，其鈣之總含量不得高於1,800mg。	限於補充食品中不足之營養素時使用。
193	氯化鈣 Calcium Chloride	形態屬膠囊狀、錠狀且標示有每日食用限量之食品，在每日食用量中，其鈣之總含量不得高於1,800mg。	限於補充食品中不足之營養素時使用。
196	檸檬酸蘋果酸鈣 Calcium Citrate Malate	形態屬膠囊狀、錠狀且標示有每日食用限量之食品，在每日食用量中，其鈣之總含量不得高於1,800mg。	限於補充食品中不足之營養素時使用。
197	反丁烯二酸鈣 Calcium Fumarate	形態屬膠囊狀、錠狀且標示有每日食用限量之食品，在每日食用量中，其鈣之總含量不得高於1,800mg。	限於補充食品中不足之營養素時使用。
198	葡乳醛酸鈣 Calcium Glubionate	形態屬膠囊狀、錠狀且標示有每日食用限量之食品，在每日食用量中，其鈣之總含量不得高於1,800mg。	限於補充食品中不足之營養素時使用。
199	葡庚糖酸鈣 Calcium Gluceptate	形態屬膠囊狀、錠狀且標示有每日食用限量之食品，在每日食用量中，其鈣之總含量不得高於1,800mg。	限於補充食品中不足之營養素時使用。

編號	品名	使用食品範圍及限量	使用限制
200	戊二酸鈣 Calcium Glutarate	形態屬膠囊狀、錠狀且標示有每日食用限量之食品，在每日食用量中，其鈣之總含量不得高於1,800mg。	限於補充食品中不足之營養素時使用。
201	氫氧化鈣 Calcium Hydroxide	形態屬膠囊狀、錠狀且標示有每日食用限量之食品，在每日食用量中，其鈣之總含量不得高於1,800mg。	限於補充食品中不足之營養素時使用。
202	乳糖酸鈣 Calcium Lactobionate	形態屬膠囊狀、錠狀且標示有每日食用限量之食品，在每日食用量中，其鈣之總含量不得高於1,800mg。	限於補充食品中不足之營養素時使用。
203	乙醯丙酸鈣 Calcium Levulinate	形態屬膠囊狀、錠狀且標示有每日食用限量之食品，在每日食用量中，其鈣之總含量不得高於1,800mg。	限於補充食品中不足之營養素時使用。
204	蘋果酸鈣 Calcium Malate	形態屬膠囊狀、錠狀且標示有每日食用限量之食品，在每日食用量中，其鈣之總含量不得高於1,800mg。	限於補充食品中不足之營養素時使用。
205	吡酮酸鈣 Calcium Pidolate	形態屬膠囊狀、錠狀且標示有每日食用限量之食品，在每日食用量中，其鈣之總含量不得高於1,800mg。	限於補充食品中不足之營養素時使用。
206	焦磷酸鈣 Calcium Pyrophosphate	形態屬膠囊狀、錠狀且標示有每日食用限量之食品，在每日食用量中，其鈣之總含量不得高於1,800mg。	限於補充食品中不足之營養素時使用。
207	矽酸鈣 Calcium Silicate	形態屬膠囊狀、錠狀且標示有每日食用限量之食品，在每日食用量中，其鈣之總含量不得高於1,800mg。	限於補充食品中不足之營養素時使用。
208	乳酸鈉鈣 Calcium Sodium Lactate	形態屬膠囊狀、錠狀且標示有每日食用限量之食品，在每日食用量中，其鈣之總含量不得高於1,800mg。	限於補充食品中不足之營養素時使用。
209	琥珀酸鈣 Calcium Succinate	形態屬膠囊狀、錠狀且標示有每日食用限量之食品，在每日食用量中，其鈣之總含量不得高於1,800mg。	限於補充食品中不足之營養素時使用。
210	硫酸鈣 Calcium Sulfate	形態屬膠囊狀、錠狀且標示有每日食用限量之食品，在每日食用量中，其鈣之總含量不得高於1,800mg。	限於補充食品中不足之營養素時使用。
211	酪蛋白鈣 Casein Calcium （Calcium Caseinate）	形態屬膠囊狀、錠狀且標示有每日食用限量之食品，在每日食用量中，其鈣之總含量不得高於1,800mg。	限於補充食品中不足之營養素時使用。
212	胺基酸螯合鈣 Calcium Amino Acid Chelate	形態屬膠囊狀、錠狀且標示有每日食用限量之食品，在每日食用量中，其鈣之總含量不得高於1,800mg。	限於補充食品中不足之營養素時使用。
213	氟化鈣 Calcium Fluoride	形態屬膠囊狀、錠狀且標示有每日食用限量之食品，在每日食用量中，其氟之總含量不得高於3mg。	限於補充食品中不足之營養素時使用。

編號	品名	使用食品範圍及限量	使用限制
214	甘胺酸鉻 Chromium (III) Bisglycinate （Chromic Bisglycinate）	形態屬膠囊狀、錠狀且標示每日食用限量之食品，在每日食用量中，其鉻之總含量不得高於200μg。	限於補充食品中不足之營養素時使用。
215	檸檬酸鉻 Chromium (III) Citrate （Chromic Citrate）	形態屬膠囊狀、錠狀且標示有每日食用限量之食品，在每日食用量中，其鉻之總含量不得高於200μg。	限於補充食品中不足之營養素時使用。
216	反丁烯二酸鉻 Chromium (III) Fumarate （Chromic Fumarate）	形態屬膠囊狀、錠狀且標示有每日食用限量之食品，在每日食用量中，其鉻之總含量不得高於200μg。	限於補充食品中不足之營養素時使用。
217	戊二酸鉻 Chromium (III) Glutarate （Chromic Glutarate）	形態屬膠囊狀、錠狀且標示有每日食用限量之食品，在每日食用量中，其鉻之總含量不得高於200μg。	限於補充食品中不足之營養素時使用。
218	HAP螯合鉻 Chromium (III) HAP Chelate（Chromic HAP Chelate）	形態屬膠囊狀、錠狀且標示有每日食用限量之食品，在每日食用量中，其鉻之總含量不得高於200μg。	限於補充食品中不足之營養素時使用。
219	HVP螯合鉻 Chromium (III) HVP Chelate（Chromic HVP Chelate）	形態屬膠囊狀、錠狀且標示有每日食用限量之食品，在每日食用量中，其鉻之總含量不得高於200μg。	限於補充食品中不足之營養素時使用。
220	吡酮酸鉻 Chromium (III) Pidolate（Chromic Pidolate）	形態屬膠囊狀、錠狀且標示有每日食用限量之食品，在每日食用量中，其鉻之總含量不得高於200μg。	限於補充食品中不足之營養素時使用。
221	硫酸鉻鉀 Chromium (III) Potassium Sulfate（Chromic Potassium Sulfate）	形態屬膠囊狀、錠狀且標示有每日食用限量之食品，在每日食用量中，其鉻之總含量不得高於200μg。	限於補充食品中不足之營養素時使用。
222	琥珀酸鉻 Chromium (III) Succinate（Chromic Succinate）	形態屬膠囊狀、錠狀且標示有每日食用限量之食品，在每日食用量中，其鉻之總含量不得高於200μg。	限於補充食品中不足之營養素時使用。
223	硝酸鉻 Chromic Nitrate	形態屬膠囊狀、錠狀且標示有每日食用限量之食品，在每日食用量中，其鉻之總含量不得高於200μg。	限於補充食品中不足之營養素時使用。

編號	品名	使用食品範圍及限量	使用限制
224	氧化銅 Copper Oxide	形態屬膠囊狀、錠狀且標示有每日食用限量之食品，在每日食用量中，其銅之總含量不得高於8mg。	限於補充食品中不足之營養素時使用。
225	依地酸鈣銅 Calcium Copper Edetate	形態屬膠囊狀、錠狀且標示有每日食用限量之食品，在每日食用量中，其銅之總含量不得高於8mg。	限於補充食品中不足之營養素時使用。
226	醋酸銅 Copper (II) Acetate （Cupric Acetate）	形態屬膠囊狀、錠狀且標示有每日食用限量之食品，在每日食用量中，其銅之總含量不得高於8mg。	限於補充食品中不足之營養素時使用。
227	甘胺酸銅 Copper (II) Bisglycinate （Cupric Bisglycinate）	形態屬膠囊狀、錠狀且標示有每日食用限量之食品，在每日食用量中，其銅之總含量不得高於8mg。	限於補充食品中不足之營養素時使用。
228	碳酸銅 Copper (II) Carbonate （Cupric Carbonate）	形態屬膠囊狀、錠狀且標示有每日食用限量之食品，在每日食用量中，其銅之總含量不得高於8mg。	限於補充食品中不足之營養素時使用。
229	氯化銅 Copper (II) Chloride （Cupric Chloride）	形態屬膠囊狀、錠狀且標示有每日食用限量之食品，在每日食用量中，其銅之總含量不得高於8mg。	限於補充食品中不足之營養素時使用。
230	反丁烯二酸銅 Copper (II) Fumarate （Cupric Fumarate）	形態屬膠囊狀、錠狀且標示有每日食用限量之食品，在每日食用量中，其銅之總含量不得高於8mg。	限於補充食品中不足之營養素時使用。
231	戊二酸銅 Copper (II) Glutarate （Cupric Glutarate）	形態屬膠囊狀、錠狀且標示有每日食用限量之食品，在每日食用量中，其銅之總含量不得高於8mg。	限於補充食品中不足之營養素時使用。
232	HAP螯合銅 Copper (II) HAP Chelate （Cupric HAP Chelate）	形態屬膠囊狀、錠狀且標示有每日食用限量之食品，在每日食用量中，其銅之總含量不得高於8mg。	限於補充食品中不足之營養素時使用。
233	HVP螯合銅 Copper (II) HVP Chelate（Cupric HVP Chelate）	形態屬膠囊狀、錠狀且標示有每日食用限量之食品，在每日食用量中，其銅之總含量不得高於8mg。	限於補充食品中不足之營養素時使用。
234	蘋果酸銅 Copper (II) Malate （Cupric Malate）	形態屬膠囊狀、錠狀且標示有每日食用限量之食品，在每日食用量中，其銅之總含量不得高於8mg。	限於補充食品中不足之營養素時使用。

編號	品名	使用食品範圍及限量	使用限制
235	琥珀酸銅 Copper (II) Succinate （Cupric Succinate）	形態屬膠囊狀、錠狀且標示有每日食用限量之食品，在每日食用量中，其銅之總含量不得高於8mg。	限於補充食品中不足之營養素時使用。
236	碘化鈉 Sodium Iodide	形態屬膠囊狀、錠狀且標示有每日食用限量之食品，在每日食用量中，其碘之總含量不得高於195μg。	限於補充食品中不足之營養素時使用。
237	鐵蛋白 Ferritin	形態屬膠囊狀、錠狀且標示有每日食用限量之食品，在每日食用量中，其鐵之總含量不得高於45mg。	限於補充食品中不足之營養素時使用。
238	膽酸亞鐵 Ferrocholinate	形態屬膠囊狀、錠狀且標示有每日食用限量之食品，在每日食用量中，其鐵之總含量不得高於45mg。	限於補充食品中不足之營養素時使用。
239	抗壞血酸亞鐵 Ferrous Ascorbate （Iron (II) Ascorbate）	形態屬膠囊狀、錠狀且標示有每日食用限量之食品，在每日食用量中，其鐵之總含量不得高於45mg。	限於補充食品中不足之營養素時使用。
240	天門冬胺酸亞鐵 Ferrous Aspartate （Iron (II) Aspartate）	形態屬膠囊狀、錠狀且標示有每日食用限量之食品，在每日食用量中，其鐵之總含量不得高於45mg。	限於補充食品中不足之營養素時使用。
241	碳酸亞鐵 Ferrous Carbonate （Iron (II) Carbonate）	形態屬膠囊狀、錠狀且標示有每日食用限量之食品，在每日食用量中，其鐵之總含量不得高於45mg。	限於補充食品中不足之營養素時使用。
242	氯化亞鐵 Ferrous Chloride （Iron (II) Chloride）	形態屬膠囊狀、錠狀且標示有每日食用限量之食品，在每日食用量中，其鐵之總含量不得高於45mg。	限於補充食品中不足之營養素時使用。
243	檸檬酸亞鐵 Ferrous Citrate （Iron (II) Citrate）	形態屬膠囊狀、錠狀且標示有每日食用限量之食品，在每日食用量中，其鐵之總含量不得高於45mg。	限於補充食品中不足之營養素時使用。
244	葡庚糖酸亞鐵 Ferrous Gluceptate （Iron (II) Gluceptate）	形態屬膠囊狀、錠狀且標示有每日食用限量之食品，在每日食用量中，其鐵之總含量不得高於45mg。	限於補充食品中不足之營養素時使用。
245	無水葡萄糖酸亞鐵 Ferrous Gluconate Dehydrate（Iron (II) Gluconate Dehydrate）	形態屬膠囊狀、錠狀且標示有每日食用限量之食品，在每日食用量中，其鐵之總含量不得高於45mg。	限於補充食品中不足之營養素時使用。
246	戊二酸亞鐵 Ferrous Glutarate （Iron (II) Glutarate）	形態屬膠囊狀、錠狀且標示有每日食用限量之食品，在每日食用量中，其鐵之總含量不得高於45mg。	限於補充食品中不足之營養素時使用。

編號	品名	使用食品範圍及限量	使用限制
247	甘胺酸硫酸亞鐵 Ferrous Glycine Sulfate（Iron（II）Glycine Sulfate）	形態屬膠囊狀、錠狀且標示有每日食用限量之食品，在每日食用量中，其鐵之總含量不得高於45mg。	限於補充食品中不足之營養素時使用。
248	蘋果酸亞鐵 Ferrous Malate（Iron（II）Malate）	形態屬膠囊狀、錠狀且標示有每日食用限量之食品，在每日食用量中，其鐵之總含量不得高於45mg。	限於補充食品中不足之營養素時使用。
249	草酸亞鐵 Ferrous Oxalate（Iron（II）Oxalate）	形態屬膠囊狀、錠狀且標示有每日食用限量之食品，在每日食用量中，其鐵之總含量不得高於45mg。	限於補充食品中不足之營養素時使用。
250	琥珀酸亞鐵 Ferrous Succinate（Iron（II）Succinate）	形態屬膠囊狀、錠狀且標示有每日食用限量之食品，在每日食用量中，其鐵之總含量不得高於45mg。	限於補充食品中不足之營養素時使用。
251	單水硫酸亞鐵（乾燥） Ferrous Sulfate Dried（Monohydrate）（Iron（II）Sulfate Dried (Monohydrate)）	1. 形態屬膠囊狀、錠狀且標示有每日食用限量之食品，在每日食用量中，其鐵之總含量不得高於45mg。 2. 一般食品，在每日食用量或每300g食品（未標示每日食用量者）中，其鐵之總含量不得高於22.5mg。 3. 嬰兒（輔助）食品，在每日食用量或每300g食品（未標示每日食用量者）中，其鐵之總含量不得高於15mg。 4. 本品可於特殊營養食品中視實際需要適量使用。	限於補充食品中不足之營養素時使用。
252	酒石酸亞鐵 Ferrous Tartrate（Iron（II）Tartrate）	形態屬膠囊狀、錠狀且標示有每日食用限量之食品，在每日食用量中，其鐵之總含量不得高於45mg。	限於補充食品中不足之營養素時使用。
253	甘油磷酸亞鐵 Ferrous Glycerophosphate（Iron（II）Glycerophosphate）	形態屬膠囊狀、錠狀且標示有每日食用限量之食品，在每日食用量中，其鐵之總含量不得高於45mg。	限於補充食品中不足之營養素時使用。
254	無水硫酸亞鐵 Ferrous Sulfate Dehydrate	形態屬膠囊狀、錠狀且標示有每日食用限量之食品，在每日食用量中，其鐵之總含量不得高於45mg。	限於補充食品中不足之營養素時使用。
255	醋酸鎂 Magnesium Acetate	形態屬膠囊狀、錠狀且標示有每日食用限量之食品，在每日食用量中，其鎂之總含量不得高於600mg。	限於補充食品中不足之營養素時使用。
256	天門冬胺酸鎂 Magnesium Aspartate	形態屬膠囊狀、錠狀且標示有每日食用限量之食品，在每日食用量中，其鎂之總含量不得高於600mg。	限於補充食品中不足之營養素時使用。
257	甘胺酸鎂 Magnesium Bisglycinate	形態屬膠囊狀、錠狀且標示有每日食用限量之食品，在每日食用量中，其鎂之總含量不得高於600mg。	限於補充食品中不足之營養素時使用。

編號	品名	使用食品範圍及限量	使用限制
258	碳酸鎂 Magnesium Carbonate	形態屬膠囊狀、錠狀且標示有每日食用限量之食品,在每日食用量中,其鎂之總含量不得高於600mg。	限於補充食品中不足之營養素時使用。
259	氯化鎂 Magnesium Chloride	形態屬膠囊狀、錠狀且標示有每日食用限量之食品,在每日食用量中,其鎂之總含量不得高於600mg。	限於補充食品中不足之營養素時使用。
260	檸檬酸鎂 Magnesium Citrate	形態屬膠囊狀、錠狀且標示有每日食用限量之食品,在每日食用量中,其鎂之總含量不得高於600mg。	限於補充食品中不足之營養素時使用。
261	反丁烯二酸鎂 Magnesium Fumarate	形態屬膠囊狀、錠狀且標示有每日食用限量之食品,在每日食用量中,其鎂之總含量不得高於600mg。	限於補充食品中不足之營養素時使用。
262	葡庚糖酸鎂 Magnesium Gluceptate	形態屬膠囊狀、錠狀且標示有每日食用限量之食品,在每日食用量中,其鎂之總含量不得高於600mg。	限於補充食品中不足之營養素時使用。
263	戊二酸鎂 Magnesium Glutarate	形態屬膠囊狀、錠狀且標示有每日食用限量之食品,在每日食用量中,其鎂之總含量不得高於600mg。	限於補充食品中不足之營養素時使用。
264	甘油磷酸鎂 Magnesium Glycerophosphate	形態屬膠囊狀、錠狀且標示有每日食用限量之食品,在每日食用量中,其鎂之總含量不得高於600mg。	限於補充食品中不足之營養素時使用。
265	乳酸鎂 Magnesium Lactate	形態屬膠囊狀、錠狀且標示有每日食用限量之食品,在每日食用量中,其鎂之總含量不得高於600mg。	限於補充食品中不足之營養素時使用。
266	蘋果酸鎂 Magnesium Malate	形態屬膠囊狀、錠狀且標示有每日食用限量之食品,在每日食用量中,其鎂之總含量不得高於600mg。	限於補充食品中不足之營養素時使用。
267	吡酮酸鎂 Magnesium Pidolate	形態屬膠囊狀、錠狀且標示有每日食用限量之食品,在每日食用量中,其鎂之總含量不得高於600mg。	限於補充食品中不足之營養素時使用。
268	琥珀酸鎂 Magnesium Succinate	形態屬膠囊狀、錠狀且標示有每日食用限量之食品,在每日食用量中,其鎂之總含量不得高於600mg。	限於補充食品中不足之營養素時使用。
269	甘胺酸錳 Manganese (II) Bisglycinate (Manganous Bisglycinate)	形態屬膠囊狀、錠狀且標示有每日食用限量之食品,在每日食用量中,其錳之總含量不得高於9mg。	限於補充食品中不足之營養素時使用。
270	HAP螯合錳 Manganese (II) HAP Chelate (Manganous HAP Chelate)	形態屬膠囊狀、錠狀且標示有每日食用限量之食品,在每日食用量中,其錳之總含量不得高於9mg。	限於補充食品中不足之營養素時使用。

編號	品名	使用食品範圍及限量	使用限制
271	HVP螯合錳 Manganese (II) HVP Chelate （Manganous HVP Chelate）	形態屬膠囊狀、錠狀且標示有每日食用限量之食品，在每日食用量中，其錳之總含量不得高於9mg。	限於補充食品中不足之營養素時使用。
272	鉬酸銨 Ammonium Molybdate (VI)	形態屬膠囊狀、錠狀且標示有每日食用限量之食品，在每日食用量中，其鉬之總含量不得高於350μg。	限於補充食品中不足之營養素時使用。
273	甘胺酸鉬 Molybdenum Bisglycinate	形態屬膠囊狀、錠狀且標示有每日食用限量之食品，在每日食用量中，其鉬之總含量不得高於350μg。	限於補充食品中不足之營養素時使用。
274	檸檬酸鉬 Molybdenum Citrate	形態屬膠囊狀、錠狀且標示有每日食用限量之食品，在每日食用量中，其鉬之總含量不得高於350μg。	限於補充食品中不足之營養素時使用。
275	反丁烯二酸鉬 Molybdenum Fumarate	形態屬膠囊狀、錠狀且標示有每日食用限量之食品，在每日食用量中，其鉬之總含量不得高於350μg。	限於補充食品中不足之營養素時使用。
276	戊二酸鉬 Molybdenum Glutarate	形態屬膠囊狀、錠狀且標示有每日食用限量之食品，在每日食用量中，其鉬之總含量不得高於350μg。	限於補充食品中不足之營養素時使用。
277	HAP螯合鉬 Molybdenum HAP Chelate	形態屬膠囊狀、錠狀且標示有每日食用限量之食品，在每日食用量中，其鉬之總含量不得高於350μg。	限於補充食品中不足之營養素時使用。
278	HVP螯合鉬 Molybdenum HVP Chelate	形態屬膠囊狀、錠狀且標示有每日食用限量之食品，在每日食用量中，其鉬之總含量不得高於350μg。	限於補充食品中不足之營養素時使用。
279	蘋果酸鉬 Molybdenum Malate	形態屬膠囊狀、錠狀且標示有每日食用限量之食品，在每日食用量中，其鉬之總含量不得高於350μg。	限於補充食品中不足之營養素時使用。
280	琥珀酸鉬 Molybdenum Succinate	形態屬膠囊狀、錠狀且標示有每日食用限量之食品，在每日食用量中，其鉬之總含量不得高於350μg。	限於補充食品中不足之營養素時使用。
281	鉬酸鈉 Sodium Molybdate (VI)	1. 形態屬膠囊狀、錠狀且標示有每日食用限量之食品，在每日食用量中，其鉬之總含量不得高於350μg。 2. 本品可於特殊營養食品中視實際需要適量使用。	限於補充食品中不足之營養素時使用。
282	硫酸鎳 Nickel (II) Sulfate	形態屬膠囊狀、錠狀且標示有每日食用限量之食品，在每日食用量中，其鎳之總含量不得高於350μg。	限於補充食品中不足之營養素時使用。
283	磷酸氫二鉀 Potassium Phosphate, Dibasic	形態屬膠囊狀、錠狀且標示有每日食用限量之食品，在每日食用量中，其磷之總含量不得高於1,200mg。	限於補充食品中不足之營養素時使用。

編號	品名	使用食品範圍及限量	使用限制
284	磷酸二氫鉀 Potassium Phosphate, Monobasic	1. 形態屬膠囊狀、錠狀且標示有每日食用限量之食品，在每日食用量中，其磷之總含量不得高於1,200mg。 2. 本品可於特殊營養食品中視實際需要適量使用。 3. 本品可於適用3歲以下幼兒之奶粉中視實際需要適量使用，且最終產品之鈣磷比需在1.0以上，2.0以下。	限於補充食品中不足之營養素時使用。
285	磷酸氫二鈉 Sodium Phosphate, Dibasic	形態屬膠囊狀、錠狀且標示有每日食用限量之食品，在每日食用量中，其磷之總含量不得高於1,200mg。	限於補充食品中不足之營養素時使用。
286	磷酸二氫鈉 Sodium Dihydrogen Phosphate	形態屬膠囊狀、錠狀且標示有每日食用限量之食品，在每日食用量中，其磷之總含量不得高於1,200mg。	限於補充食品中不足之營養素時使用。
287	硫酸鉀 Potassium Sulfate	形態屬膠囊狀、錠狀且標示有每日食用限量之食品，在每日食用量中，其鉀之總含量不得高於80mg。	限於補充食品中不足之營養素時使用。
288	二氧化硒 Selenium Dioxide	形態屬膠囊狀、錠狀且標示有每日食用限量之食品，在每日食用量中，其硒之總含量不得高於200μg。	限於補充食品中不足之營養素時使用。
289	檸檬酸硒 Selenium Citrate	形態屬膠囊狀、錠狀且標示有每日食用限量之食品，在每日食用量中，其硒之總含量不得高於200μg。	限於補充食品中不足之營養素時使用。
290	HAP螯合硒 Selenium HAP Chelate	形態屬膠囊狀、錠狀且標示有每日食用限量之食品，在每日食用量中，其硒之總含量不得高於200μg。	限於補充食品中不足之營養素時使用。
291	HVP螯合硒 Selenium HVP Chelate	形態屬膠囊狀、錠狀且標示有每日食用限量之食品，在每日食用量中，其硒之總含量不得高於200μg。	限於補充食品中不足之營養素時使用。
292	半胱胺酸硒 Selenium Cysteine	形態屬膠囊狀、錠狀且標示有每日食用限量之食品，在每日食用量中，其硒之總含量不得高於200μg。	限於補充食品中不足之營養素時使用。
293	甲硫胺酸硒 Selenium Methionine	形態屬膠囊狀、錠狀且標示有每日食用限量之食品，在每日食用量中，其硒之總含量不得高於200μg。	限於補充食品中不足之營養素時使用。
294	矽酸 Silicic Acid	形態屬膠囊狀、錠狀且標示有每日食用限量之食品，在每日食用量中，其矽之總含量不得高於84mg。	限於補充食品中不足之營養素時使用。
295	二氧化矽 Silicon Dioxide	形態屬膠囊狀、錠狀且標示有每日食用限量之食品，在每日食用量中，其矽之總含量不得高於84mg。	限於補充食品中不足之營養素時使用。

編號	品名	使用食品範圍及限量	使用限制
296	HAP螯合矽 Silicon HAP Chelate	形態屬膠囊狀、錠狀且標示有每日食用限量之食品,在每日食用量中,其矽之總含量不得高於84mg。	限於補充食品中不足之營養素時使用。
297	HVP螯合矽 Silicon HVP Chelate	形態屬膠囊狀、錠狀且標示有每日食用限量之食品,在每日食用量中,其矽之總含量不得高於84mg。	限於補充食品中不足之營養素時使用。
298	偏矽酸鈉 Sodium Metasilicate	形態屬膠囊狀、錠狀且標示有每日食用限量之食品,在每日食用量中,其矽之總含量不得高於84mg。	限於補充食品中不足之營養素時使用。
299	矽樹脂 Silicon Resin	形態屬膠囊狀、錠狀且標示有每日食用限量之食品,在每日食用量中,其矽之總含量不得高於84mg。	限於補充食品中不足之營養素時使用。
300	氯化亞錫 Tin (II) Chloride/ Stannous Chloride	形態屬膠囊狀、錠狀且標示有每日食用限量之食品,在每日食用量中,其錫之總含量不得高於2mg。	限於補充食品中不足之營養素時使用。
301	偏釩酸鈉 Sodium Metavanadate	形態屬膠囊狀、錠狀且標示有每日食用限量之食品,在每日食用量中,其釩之總含量不得高於182μg。	限於補充食品中不足之營養素時使用。
302	檸檬酸釩 Vanadium Citrate	形態屬膠囊狀、錠狀且標示有每日食用限量之食品,在每日食用量中,其釩之總含量不得高於182μg。	限於補充食品中不足之營養素時使用。
303	HAP螯合釩 Vanadium HAP Chelate	形態屬膠囊狀、錠狀且標示有每日食用限量之食品,在每日食用量中,其釩之總含量不得高於182μg。	限於補充食品中不足之營養素時使用。
304	HVP螯合釩 Vanadium HVP Chelate	形態屬膠囊狀、錠狀且標示有每日食用限量之食品,在每日食用量中,其釩之總含量不得高於182μg。	限於補充食品中不足之營養素時使用。
305	硫酸氧釩 Vanadyl Sulfate	形態屬膠囊狀、錠狀且標示有每日食用限量之食品,在每日食用量中,其釩之總含量不得高於182μg。	限於補充食品中不足之營養素時使用。
306	甘胺酸鋅 Zinc Bisglycinate	形態屬膠囊狀、錠狀且標示有每日食用限量之食品,在每日食用量中,其鋅之總含量不得高於30mg。	限於補充食品中不足之營養素時使用。
307	檸檬酸鋅 Zinc Citrate	形態屬膠囊狀、錠狀且標示有每日食用限量之食品,在每日食用量中,其鋅之總含量不得高於30mg。	限於補充食品中不足之營養素時使用。
308	反丁烯二酸鋅 Zinc Fumarate	形態屬膠囊狀、錠狀且標示有每日食用限量之食品,在每日食用量中,其鋅之總含量不得高於30mg。	限於補充食品中不足之營養素時使用。
309	戊二酸鋅 Zinc Glutarate	形態屬膠囊狀、錠狀且標示有每日食用限量之食品,在每日食用量中,其鋅之總含量不得高於30mg。	限於補充食品中不足之營養素時使用。

編號	品名	使用食品範圍及限量	使用限制
310	甘油酸鋅 Zinc Glycerate	形態屬膠囊狀、錠狀且標示有每日食用限量之食品，在每日食用量中，其鋅之總含量不得高於30mg。	限於補充食品中不足之營養素時使用。
311	HAP螯合鋅 Zinc HAP Chelate	形態屬膠囊狀、錠狀且標示有每日食用限量之食品，在每日食用量中，其鋅之總含量不得高於30mg。	限於補充食品中不足之營養素時使用。
312	HVP螯合鋅 Zinc HVP Chelate	形態屬膠囊狀、錠狀且標示有每日食用限量之食品，在每日食用量中，其鋅之總含量不得高於30mg。	限於補充食品中不足之營養素時使用。
313	蘋果酸鋅 Zinc Malate	形態屬膠囊狀、錠狀且標示有每日食用限量之食品，在每日食用量中，其鋅之總含量不得高於30mg。	限於補充食品中不足之營養素時使用。
314	單甲硫胺酸鋅 Zinc Monomethionine	形態屬膠囊狀、錠狀且標示有每日食用限量之食品，在每日食用量中，其鋅之總含量不得高於30mg。	限於補充食品中不足之營養素時使用。
315	磷酸鋅 Zinc Phosphate	形態屬膠囊狀、錠狀且標示有每日食用限量之食品，在每日食用量中，其鋅之總含量不得高於30mg。	限於補充食品中不足之營養素時使用。
316	琥珀酸鋅 Zinc Succinate	形態屬膠囊狀、錠狀且標示有每日食用限量之食品，在每日食用量中，其鋅之總含量不得高於30mg。	限於補充食品中不足之營養素時使用。
317	L-酒石酸肉酸 L-Carnitin Tartrate	本品可於特殊營養食品中視實際需要適量使用。	限於補充食品中不足之營養素時使用。
318	乙烯二胺四醋酸鐵鈉 Ferric Sodium EDTA, EDTA FeNa	本品可使用於一般食品中以補充不足之營養素。在每日食用量中或每300g食品（未標示每日食用量者）中，其鐵之總含量不得高於22.5mg；其EDTA之總含量不得高於75mg。	1. 限於補充食品中不足之營養素時使用。 2. 尚未准予用於嬰兒（輔助）食品。
319	亞鐵磷酸銨 Ferrous ammonium phosphate	1. 一般食品，在每日食用量或每300g食品（未標示每日食用量者）中，其鐵之總含量不得高於22.5mg。 2. 本品可於特殊營養食品中視實際需要適量使用。	1. 限於補充食品中不足之營養素時使用。 2. 尚未准予用於嬰兒（輔助）食品。
320	氟化鉀 Potassium Fluoride	本品可用於家庭用食鹽，用量以氟離子計為200ppm以下。	1. 限用於重量1,000克以下，具完整包裝之家庭用食鹽。 2. 不得同時添加氟化鈉。 3. 添加氟化鉀之食鹽產品，應符合相關標示規範。

編號	品名	使用食品範圍及限量	使用限制
321	氟化鈉 Sodium Fluoride	本品可用於家庭用食鹽，用量以氟離子計為200ppm以下。	1. 限用於重量1,000克以下，具完整包裝之家庭用食鹽。 2. 不得同時添加氟化鉀。 3. 添加氟化鈉之食鹽產品，應符合相關標示規範。

備註：

1. 特殊營養食品應先經中央衛生主管機關審核認可。
2. 特殊營養食品中所使用之營養添加劑，其種類、使用範圍及用量標準得不受表列規定之限制。
3. 維生素D_2及D_3混合使用時，每一種之使用量除以其用量標準所得之數值（即使用量／用量標準）總和不得大於1。
4. 前述適用3歲以下幼兒之奶粉如同時使用編號124至編號128等五類核甘酸鹽，其每100大卡產品中使用量之總和不得超過5mg。
5. 本表屬正面表列，非表列之食品品項，不得使用該食品添加物。
6. 業者製售添加前述維生素A、D、E、B_1、B_2、B_6、B_{12}、C、菸鹼素及葉酸等10種維生素，而型態屬膠囊狀、錠狀且標示有每日食用限量之食品，應於產品包裝上標示明確的攝取量限制及「多食無益」等類似意義之詞句。
7. 可於各類食品中使用之各類食品範圍，不包括鮮乳及保久乳。強化營養鮮乳得添加生乳中所含之營養素。

第（九）類　著色劑

編號	品名	使用食品範圍及限量	使用限制
001	食用紅色六號 Ponceau 4R	本品可於各類食品中視實際需要適量使用。	生鮮肉類、生鮮魚貝類、生鮮豆類、生鮮蔬菜、生鮮水果、味噌、醬油、海帶、海苔、茶等不得使用。
002	食用紅色七號 Erythrosine	本品可於各類食品中視實際需要適量使用。	生鮮肉類、生鮮魚貝類、生鮮豆類、生鮮蔬菜、生鮮水果、味噌、醬油、海帶、海苔、茶等不得使用。
003	食用紅色七號鋁麗基 Erythrosine Aluminum Lake	本品可於各類食品中視實際需要適量使用。	生鮮肉類、生鮮魚貝類、生鮮豆類、生鮮蔬菜、生鮮水果、味噌、醬油、海帶、海苔、茶等不得使用。

編號	品名	使用食品範圍及限量	使用限制
004	食用黃色四號 Tartrazine	本品可於各類食品中視實際需要適量使用。	生鮮肉類、生鮮魚貝類、生鮮豆類、生鮮蔬菜、生鮮水果、味噌、醬油、海帶、海苔、茶等不得使用。
005	食用黃色四號鋁麗基 Tartrazine Aluminum Lake	本品可於各類食品中視實際需要適量使用。	生鮮肉類、生鮮魚貝類、生鮮豆類、生鮮蔬菜、生鮮水果、味噌、醬油、海帶、海苔、茶等不得使用。
006	食用黃色五號 Sunset Yellow FCF	本品可於各類食品中視實際需要適量使用。	生鮮肉類、生鮮魚貝類、生鮮豆類、生鮮蔬菜、生鮮水果、味噌、醬油、海帶、海苔、茶等不得使用。
007	食用黃色五號鋁麗基 Sunset Yellow FCF Aluminum Lake	本品可於各類食品中視實際需要適量使用。	生鮮肉類、生鮮魚貝類、生鮮豆類、生鮮蔬菜、生鮮水果、味噌、醬油、海帶、海苔、茶等不得使用。
008	食用綠色三號 Fast Green FCF	本品可於各類食品中視實際需要適量使用。	生鮮肉類、生鮮魚貝類、生鮮豆類、生鮮蔬菜、生鮮水果、味噌、醬油、海帶、海苔、茶等不得使用。
009	食用綠色三號鋁麗基 Fast Green FCF Aluminum Lake	本品可於各類食品中視實際需要適量使用。	生鮮肉類、生鮮魚貝類、生鮮豆類、生鮮蔬菜、生鮮水果、味噌、醬油、海帶、海苔、茶等不得使用。
010	食用藍色一號 Brilliant Blue FCF	本品可於各類食品中視實際需要適量使用。	生鮮肉類、生鮮魚貝類、生鮮豆類、生鮮蔬菜、生鮮水果、味噌、醬油、海帶、海苔、茶等不得使用。
011	食用藍色一號鋁麗基 Brilliant Blue FCF Aluminum Lake	本品可於各類食品中視實際需要適量使用。	生鮮肉類、生鮮魚貝類、生鮮豆類、生鮮蔬菜、生鮮水果、味噌、醬油、海帶、海苔、茶等不得使用。

編號	品名	使用食品範圍及限量	使用限制
012	食用藍色二號 Indigo Carmine	本品可於各類食品中視實際需要適量使用。	生鮮肉類、生鮮魚貝類、生鮮豆類、生鮮蔬菜、生鮮水果、味噌、醬油、海帶、海苔、茶等不得使用。
013	食用藍色二號鋁麗基 Indigo Carmine Aluminum Lake	本品可於各類食品中視實際需要適量使用。	生鮮肉類、生鮮魚貝類、生鮮豆類、生鮮蔬菜、生鮮水果、味噌、醬油、海帶、海苔、茶等不得使用。
014	β-胡蘿蔔素 β - Carotene	本品可於各類食品中視實際需要適量使用。	生鮮肉類、生鮮魚貝類、生鮮豆類、生鮮蔬菜、生鮮水果、味噌、醬油、海帶、海苔、茶等不得使用。
015	β-衍-8'-胡蘿蔔醛 β-Apo-8'-Carotenal	本品可於各類食品中視實際需要適量使用。	生鮮肉類、生鮮魚貝類、生鮮豆類、生鮮蔬菜、生鮮水果、味噌、醬油、海帶、海苔、茶等不得使用。
016	β-衍-8'-胡蘿蔔酸乙酯 β-Apo-8'-Carotenoat, Ethyl	本品可於各類食品中視實際需要適量使用。	生鮮肉類、生鮮魚貝類、生鮮豆類、生鮮蔬菜、生鮮水果、味噌、醬油、海帶、海苔、茶等不得使用。
017	4-4'-二酮-β-胡蘿蔔素 Canthaxanthin	本品可於各類食品中視實際需要適量使用。	生鮮肉類、生鮮魚貝類、生鮮豆類、生鮮蔬菜、生鮮水果、味噌、醬油、海帶、海苔、茶等不得使用。
020	蟲漆酸 Laccaic Acid	本品可於各類食品中視實際需要適量使用。	生鮮肉類、生鮮魚貝類、生鮮豆類、生鮮蔬菜、生鮮水果、味噌、醬油、海帶、海苔、茶等不得使用。
021	銅葉綠素 Copper Chlorophyll	1. 本品可使用於口香糖及泡泡糖；用量以Cu計為0.04g/kg以下。 2. 本品可使用於膠囊狀、錠狀食品；用量為0.5g/kg以下。	

編號	品名	使用食品範圍及限量	使用限制
022	銅葉綠素鈉 Sodium Copper Chlorophyllin	1. 本品可使用於乾海帶；用量以Cu計為0.15g/kg以下。 2. 本品可使用於蔬菜及水果之貯藏品、烘焙食品、果醬及果凍；用量以Cu計為0.10g/kg以下。 3. 本品可使用於調味乳、湯類及不含酒精之調味飲料；用量以Cu計為0.064g/kg以下。 4. 本品可使用於口香糖及泡泡糖；用量以Cu計為0.05g/kg以下。 5. 本品可使用於膠囊狀、錠狀食品；用量為0.5g/kg以下。 6. 本品可用於糖果；用量以Cu計為0.02g/kg以下。	
023	鐵葉綠素鈉 Sodium Iron Chlorophyllin	本品可於各類食品中視實際需要適量使用。	生鮮肉類、生鮮魚貝類、生鮮豆類、生鮮蔬菜、生鮮水果、味噌、醬油、海帶、海苔、茶等不得使用。
024	氧化鐵 Iron Oxides	本品可於各類食品中視實際需要適量使用。	生鮮肉類、生鮮魚貝類、生鮮豆類、生鮮蔬菜、生鮮水果、味噌、醬油、海帶、海苔、茶等不得使用。
027	食用紅色四十號 Allura Red AC	本品可於各類食品中視實際需要適量使用。	生鮮肉類、生鮮魚貝類、生鮮豆類、生鮮蔬菜、生鮮水果、味噌、醬油、海帶、海苔、茶等不得使用。
028	核黃素（維生素B_2） Riboflavin	1. 本品可使用於嬰兒食品及飲料；用量以Riboflavin計為10mg/kg以下。 2. 本品可使用於營養麵粉及其他食品；用量以Riboflavin計為56mg/kg以下。	生鮮肉類、生鮮魚貝類、生鮮豆類、生鮮蔬菜、生鮮水果、味噌、醬油、海帶、海苔、茶等不得使用。
029	核黃素磷酸鈉 Riboflavin Phosphate, Sodium	1. 本品可使用於嬰兒食品及飲料；用量以Riboflavin計為10mg/kg以下。 2. 本品可使用於營養麵粉及其他食品；用量以Riboflavin計為56mg/kg以下。	生鮮肉類、生鮮魚貝類、生鮮豆類、生鮮蔬菜、生鮮水果、味噌、醬油、海帶、海苔、茶等不得使用。

編號	品名	使用食品範圍及限量	使用限制
030	二氧化鈦 Titanium Dioxide	本品可於各類食品中視實際需要適量使用。	生鮮肉類、生鮮魚貝類、生鮮豆類、生鮮蔬菜、生鮮水果、味噌、醬油、海帶、海苔、茶等不得使用。
031	食用紅色四十號鋁麗基 Allura Red AC Aluminum Lake	本品可於各類食品中視實際需要適量使用。	生鮮肉類、生鮮魚貝類、生鮮豆類、生鮮蔬菜、生鮮水果、味噌、醬油、海帶、海苔、茶等不得使用。
032	金 Gold（Metallic）	本品可於糕餅裝飾、糖果及巧克力外層中視實際需要適量使用。	
033	葉黃素 Lutein	1. 本品可使用於食品之裝飾及外層、調味醬；用量以lutein計為25mg/kg以下。 2. 本品可使用於糕餅、芥末、魚卵；用量以lutein計為15mg/kg以下。 3. 本品可使用於蜜餞、糖漬蔬菜；用量以lutein計為10mg/kg以下。 4. 本品可使用於冰品、零食點心（包括經調味乳製品）；用量以lutein計為7.5mg/kg以下。 5. 本品可使用於不含酒精飲料、調味加工乾酪、魚肉煉製品、水產品漿料、素肉、燻魚；用量以lutein計為5mg/kg以下。 6. 本品可使用於湯；用量以lutein計為2.5mg/kg以下。 7. 本品可於食用之乾酪外皮、腸衣、特殊營養食品中視實際需要適量使用。	生鮮肉類、生鮮魚貝類、生鮮豆類、生鮮蔬菜、生鮮水果、味噌、醬油、海帶、海苔、茶等不得使用。
034	合成番茄紅素 （Synthetic Lycopene）	本品可使用於各類食品；用量以lycopene計為50mg/kg以下。	生鮮肉類、生鮮魚貝類、生鮮豆類、生鮮蔬菜、生鮮水果、味噌、醬油、海帶、海苔、茶等不得使用。
035	喹啉黃 Quinoline Yellow	本品可於膠囊狀、錠狀食品中視實際需要適量使用。	生鮮肉類、生鮮魚貝類、生鮮豆類、生鮮蔬菜、生鮮水果、味噌、醬油、海帶、海苔、茶等不得使用。
036	喹啉黃鋁麗基 Quinoline Yellow Aluminum Lake	本品可於膠囊狀、錠狀食品中視實際需要適量使用。	生鮮肉類、生鮮魚貝類、生鮮豆類、生鮮蔬菜、生鮮水果、味噌、醬油、海帶、海苔、茶等不得使用。

編號	品名	使用食品範圍及限量	使用限制
037	食用紅色六號鋁麗基 Cochineal Red A	本品可於各類食品中視實際需要適量使用。	生鮮肉類、生鮮魚貝類、生鮮豆類、生鮮蔬菜、生鮮水果、味噌、醬油、海帶、海苔、茶等不得使用。
038	矽酸鋁鉀珠光色素 Potassium aluminum silicate-based pearlescent pigments	本品可用於糖果、膠囊狀、錠狀食品及口香糖，用量為12.5g/kg以下。	
039	焦糖色素 Caramel Colors	第一類：普通焦糖（Plain caramel）：可於各類食品中視實際需要適量使用。 第二類：亞硫酸鹽焦糖（Sulfite caramel）：可於各類食品中視實際需要適量使用。 第三類：銨鹽焦糖（Ammonia caramel）： 1. 本品可使用於糖漬果實、罐頭水果、油醋鹽浸漬果實、果醬、果凍、果皮凍；用量為0.2g/kg以下。 2. 本品可使用於完全防腐之魚卵製品及油醋鹽浸漬蔬菜；用量為0.5g/kg以下。 3. 本品可使用於奶精、冰品、白醋；用量為1.0g/kg以下。 4. 本品可使用於黃豆製飲料；用量為1.5g/kg以下。 5. 本品可使用於調味乳、發酵乳及布丁、奶酪等乳品甜點；用量為2.0g/kg以下。 6. 本品可使用於飲料、乳酪、奶油、人造奶油及其類似製品；用量為5.0g/kg以下。 7. 本品可使用於水果派餡；用量為7.5g/kg以下。 8. 本品可使用於烏醋、點心零食、咖啡及其替代品；用量為10.0g/kg以下。 9. 本品可使用於未熟成乾酪；用量為15.0g/kg以下。 10. 本品可使用於豆皮、豆乾等黃豆製品（不包括醬類及飲料）、釀造醬油、口香糖、特殊營養食品、膳食補充品、味噌；用量為20.0g/kg以下。 11. 本品可使用於湯；用量為25.0g/kg以下。 12. 本品可使用於水產加工品；用量為30.0g/kg以下。 13. 本品可使用於蒸包、蒸糕、糕餅、烘焙食品、穀類、澱粉類點心（如粉圓、西米露、穀類早餐等）、米食加工品（如年糕、麻糬等）、蔬菜、海藻、堅果及種子加工品、巴沙米可醋、非釀造醬油、其他乾酪及其類似製品、穀類早餐（不包括燕麥片）、麵條、餅皮及相關	生鮮肉類、生鮮水產品、生鮮豆類、生鮮蔬菜、生鮮水果等不得使用。

編號	品名	使用食品範圍及限量	使用限制
		製品、調味料、芥末、糖果、可可及巧克力製品、調味糖漿、花生醬及其他調味醬；用量為50.0g/kg以下。 14. 本品可使用於濃色醬油；用量為60.0g/kg以下。 第四類：亞硫酸-銨鹽焦糖（Sulfite ammonia caramel）： 1. 本品可使用於奶精及冰品；用量為1.0g/kg以下。 2. 本品可使用於代糖；用量為1.2g/kg以下。 3. 本品可使用於果醬、果凍、果皮凍；用量為1.5g/kg以下。 4. 本品可使用於調味乳、發酵乳及布丁、奶酪等乳品甜點；用量為2.0g/kg以下。 5. 本品可使用於穀類、澱粉類點心（如西米露、穀類早餐等）及米食加工品（如年糕、麻糬等）；用量為2.5g/kg以下。 6. 本品可使用於乳酪、奶油、人造奶油及其類似製品；用量為5.0g/kg以下。 7. 本品可使用於水果派餡、油醋鹽浸漬果實、糖漬果實類及罐頭水果；用量為7.5g/kg以下。 8. 本品可使用於調味料、點心零食、咖啡及其替代品；用量為10.0g/kg以下。 9. 本品可使用於豆皮、豆乾等黃豆製品（不包括醬類及飲料）、粉圓、蛋製品、特殊營養食品、口香糖、膳食補充品；用量為20.0g/kg以下。 10. 本品可使用於湯；用量為25.0g/kg以下。 11. 本品可使用於魚卵及魚肉煉製品；用量為30.0g/kg以下。 12. 本品可使用於乾酪及其類似製品、蔬菜、海藻、堅果及種子加工品、麵條、蒸包、蒸糕烘焙食品、糕餅、可可及巧克力製品、飲料、醋、糖果、調味糖漿、芥末、花生醬、味噌及其他調味醬；用量為50.0g/kg以下。 13. 本品可使用於醬油；用量為60.0g/kg以下。	

備註：

1. 本表為正面表列，非表列之食品品項，不得使用該食品添加物。

2. 可於各類食品中使用之各類食品範圍，不包括鮮乳及保久乳。

第（十）類　香料

編號	品名	使用食品範圍及限量	使用限制
001	乙酸乙酯 Ethyl Acetate	本品可於各類食品中視實際需要適量使用	限用為香料。
002	乙酸丁酯 Butyl Acetate	本品可於各類食品中視實際需要適量使用。	限用為香料。
003	乙酸苄酯 Benzyl Acetate	本品可於各類食品中視實際需要適量使用。	限用為香料。
004	乙酸苯乙酯 Phenylethyl Acetate	本品可於各類食品中視實際需要適量使用。	限用為香料。
005	乙酸松油腦酯 Terpinyl Acetate	本品可於各類食品中視實際需要適量使用。	限用為香料。
006	乙酸桂皮酯 Cinnamyl Acetate	本品可於各類食品中視實際需要適量使用。	限用為香料。
007	乙酸香葉草酯 Geranyl Acetate	本品可於各類食品中視實際需要適量使用。	限用為香料。
008	乙酸香茅酯 Citronellyl Acetate	本品可於各類食品中視實際需要適量使用。	限用為香料。
009	乙酸沈香油酯 Linalyl Acetate	本品可於各類食品中視實際需要適量使用。	限用為香料。
010	乙酸異戊酯 Isoamyl Acetate	本品可於各類食品中視實際需要適量使用。	限用為香料。
011	乙酸環己酯 Cyclohexyl Acetate	本品可於各類食品中視實際需要適量使用。	限用為香料。
012	乙酸l-薄荷酯 l-Menthyl Acetate	本品可於各類食品中視實際需要適量使用。	限用為香料。
013	乙基香莢蘭醛 Ethyl Vanillin	本品可於各類食品中視實際需要適量使用。	限用為香料。
014	乙醯乙酸乙酯 Ethyl Aceto-acetate	本品可於各類食品中視實際需要適量使用。	限用為香料。
015	丁香醇 Eugenol	本品可於各類食品中視實際需要適量使用。	限用為香料。
016	丁酸 Butyric Acid	本品可於各類食品中視實際需要適量使用。	限用為香料。
017	丁酸乙酯 Ethyl Butyrate	本品可於各類食品中視實際需要適量使用。	限用為香料。
018	丁酸丁酯 Butyl Butyrate	本品可於各類食品中視實際需要適量使用。	限用為香料。

編號	品名	使用食品範圍及限量	使用限制
019	丁酸異戊酯 Isoamyl Butyrate	本品可於各類食品中視實際需要適量使用。	限用為香料。
020	丁酸環己酯 Cyclohexyl Butyrate	本品可於各類食品中視實際需要適量使用。	限用為香料。
021	十一酸內酯 Undecalactone	本品可於各類食品中視實際需要適量使用。	限用為香料。
022	大茴香醛 Anisaldehyde	本品可於各類食品中視實際需要適量使用。	限用為香料。
023	己酸乙酯 Ethyl Caproate	本品可於各類食品中視實際需要適量使用。	限用為香料。
024	己酸丙烯酯 Allyl Caproate	本品可於各類食品中視實際需要適量使用。	限用為香料。
025	壬酸內酯 Nonalactone	本品可於各類食品中視實際需要適量使用。	限用為香料。
026	甲酸香葉草酯 Geranyl Formate	本品可於各類食品中視實際需要適量使用。	限用為香料。
027	甲酸異戊酯 Isoamyl Formate	本品可於各類食品中視實際需要適量使用。	限用為香料。
028	甲酸香茅酯 Citronellyl Formate	本品可於各類食品中視實際需要適量使用。	限用為香料。
029	水楊酸甲酯 （冬綠油） Methyl Salicylate	本品可於各類食品中視實際需要適量使用。	限用為香料。
030	丙酸乙酯 Ethyl Propionate	本品可於各類食品中視實際需要適量使用。	限用為香料。
031	丙酸苄酯 Benzyl Propionate	本品可於各類食品中視實際需要適量使用。	限用為香料。
032	丙酸異戊酯 Isoamyl Propionate	本品可於各類食品中視實際需要適量使用。	限用為香料。
033	甲基 β -荼酮 Methyl β -Na-Phthyl Ketone	本品可於各類食品中視實際需要適量使用。	限用為香料。
034	N-甲基胺基苯甲酸甲酯 Methyl-N-Methyl Anthranilate	本品可於各類食品中視實際需要適量使用。	限用為香料。
035	向日花香醛 Piperonal （Heliotropin）	本品可於各類食品中視實際需要適量使用。	限用為香料。

編號	品名	使用食品範圍及限量	使用限制
036	庚酸乙酯 Ethyl Oenanthate	本品可於各類食品中視實際需要適量使用。	限用為香料。
037	辛醛 Octyl Aldehyde	本品可於各類食品中視實際需要適量使用。	限用為香料。
038	辛酸乙酯 Ethyl Caprylate	本品可於各類食品中視實際需要適量使用。	限用為香料。
039	沈香醇 Linalool	本品可於各類食品中視實際需要適量使用。	限用為香料。
040	苯甲醇 Benzyl Alcohol	本品可於各類食品中視實際需要適量使用。	限用為香料。
041	苯甲醛 Benzaldehyde	本品可於各類食品中視實際需要適量使用。	限用為香料。
042	苯乙酮 Acetophenone	本品可於各類食品中視實際需要適量使用。	限用為香料。
043	苯乙酸乙酯 Ethyl Phenyl Acetate	本品可於各類食品中視實際需要適量使用。	限用為香料。
044	苯乙酸異丁酯 Isobutyl Phenyl Acetate	本品可於各類食品中視實際需要適量使用。	限用為香料。
045	苯乙酸異戊酯 Isoamyl Phenyl Acetate	本品可於各類食品中視實際需要適量使用。	限用為香料。
046	香茅醇 Citronellol	本品可於各類食品中視實際需要適量使用。	限用為香料。
047	香茅醛 Citronellal	本品可於各類食品中視實際需要適量使用。	限用為香料。
048	香葉草醇 Geraniol	本品可於各類食品中視實際需要適量使用。	限用為香料。
049	香莢蘭醛 Vanillin	本品可於各類食品中視實際需要適量使用。	限用為香料。
050	桂皮醛 Cinnamic Aldehyde	本品可於各類食品中視實際需要適量使用。	限用為香料。
051	桂皮醇 Cinnamyl Alcohol	本品可於各類食品中視實際需要適量使用。	限用為香料。
052	桂皮酸 Cinnamic Acid	本品可於各類食品中視實際需要適量使用。	限用為香料。
053	桂皮酸甲酯 Methyl Cinnamate	本品可於各類食品中視實際需要適量使用。	限用為香料。

編號	品名	使用食品範圍及限量	使用限制
054	桂皮酸乙酯 Ethyl Cinnamate	本品可於各類食品中視實際需要適量使用。	限用為香料。
055	癸醛 Decyl Aldehyde	本品可於各類食品中視實際需要適量使用。	限用為香料。
056	癸醇 Decyl Alcohol	本品可於各類食品中視實際需要適量使用。	限用為香料。
057	桉葉油精 Eucalyptol（Cincol）	本品可於各類食品中視實際需要適量使用。	限用為香料。
058	異丁香醇 Isoeugenol	本品可於各類食品中視實際需要適量使用。	限用為香料。
059	異戊酸乙酯 Ethyl Isovalerate	本品可於各類食品中視實際需要適量使用。	限用為香料。
060	異戊酸異戊酯 Isoamyl Iso-valerate	本品可於各類食品中視實際需要適量使用。	限用為香料。
061	異硫氰酸丙烯酯 Allyl Iso-thiocyanate	本品可於各類食品中視實際需要適量使用。	限用為香料。
062	麥芽醇 Maltol	本品可於各類食品中視實際需要適量使用。	限用為香料。
063	乙基麥芽醇 Ethyl Maltol	本品可於各類食品中視實際需要適量使用。	限用為香料。
064	胺基苯甲酸甲酯 Methyl Anthranilate	本品可於各類食品中視實際需要適量使用。	限用為香料。
065	羥香茅醛 Hydroxy Citronellal	本品可於各類食品中視實際需要適量使用。	限用為香料。
066	羥香茅二甲縮醛 Hydroxy Citronellal Dimethyl Acetal	本品可於各類食品中視實際需要適量使用。	限用為香料。
067	l-柴蘇醛 l-Perill-aldehyde	本品可於各類食品中視實際需要適量使用。	限用為香料。
068	紫羅蘭酮 Ionone	本品可於各類食品中視實際需要適量使用。	限用為香料。
069	對甲基苯乙酮 p-Methyl Acetophenone	本品可於各類食品中視實際需要適量使用。	限用為香料。
070	dl-薄荷腦 dl-Menthol	本品可於各類食品中視實際需要適量使用。	限用為香料。
071	l-薄荷腦 l-Menthol	本品可於各類食品中視實際需要適量使用。	限用為香料。

編號	品名	使用食品範圍及限量	使用限制
072	α-戊基桂皮醛 α-Amyl Cinnamic Aldehyde	本品可於各類食品中視實際需要適量使用。	限用為香料。
073	檸檬油醛 Citral	本品可於各類食品中視實際需要適量使用。	限用為香料。
074	環己丙酸丙烯酯 Allyl Cyclohexyl Propionate	本品可於各類食品中視實際需要適量使用。	限用為香料。
075	d-龍腦 d-Borneol	本品可於各類食品中視實際需要適量使用。	限用為香料。
076	安息香 Benzoin	本品可於各類食品中視實際需要適量使用。	限用為香料。
077	酯類 Esters	本品可於各類食品中視實際需要適量使用。	一般認為安全無慮者始准使用。
078	醚類 Ethers	本品可於各類食品中視實際需要適量使用。	一般認為安全無慮者始准使用。
079	酮類 Ketones	本品可於各類食品中視實際需要適量使用。	一般認為安全無慮者始准使用。
080	脂肪酸類 Fatty Acids	本品可於各類食品中視實際需要適量使用。	一般認為安全無慮者始准使用。
081	高級脂肪族醇類 Higher Aliphatic Alcohols	本品可於各類食品中視實際需要適量使用。	一般認為安全無慮者始准使用。
082	高級脂肪族醛類 Higher Aliphatic Aldehydes	本品可於各類食品中視實際需要適量使用。	一般認為安全無慮者始准使用。
083	高級脂肪族碳氫化合物類 Higher Aliphatic Hydrocarbons	本品可於各類食品中視實際需要適量使用。	一般認為安全無慮者始准使用。
084	硫醇類 Thio-Alcohols	本品可於各類食品中視實際需要適量使用。	一般認為安全無慮者始准使用。
085	硫醚類 Thio-Ethers	本品可於各類食品中視實際需要適量使用。	一般認為安全無慮者始准使用。
086	酚類 Phenols	本品可於各類食品中視實際需要適量使用。	一般認為安全無慮者始准使用。
087	芳香族醇類 Aromatic Alcohols	本品可於各類食品中視實際需要適量使用。	一般認為安全無慮者始准使用。
088	芳香族醛類 Aromatic Aldehydes	本品可於各類食品中視實際需要適量使用。	一般認為安全無慮者始准使用。

編號	品名	使用食品範圍及限量	使用限制
089	内酯類 Lactones	本品可於各類食品中視實際需要適量使用。	一般認為安全無慮者始准使用。
090	L-半胱氨酸鹽酸鹽 L-Cysteine Monohydro-chloride	本品可於各類食品中視實際需要適量使用。	限用為香料。

備註：

1.香料含下列成分時，應顯著標示其成分名稱及含量。

2.飲料使用香料含下列成分時，應符合其限量標準。

品名	使用範圍	限量標準（mg/kg）
松蕈酸（Agaric acid）		20
蘆薈素（Aloin）		0.10
β-杜衡精（β- Asarone）		0.10
小檗鹼（Berberine）		0.10
古柯鹼（Cocaine）		不得檢出
香豆素（Coumarin）		2.0
總氫氰酸（Total Hydrocyanic Acid）	飲料	1.0
海棠素（Hypericine）		0.10
蒲勒酮（Pulegone）		100
苦木素（Quassine）		5
奎寧（Quinine）		85
黃樟素（Safrole）		1.0
山道年（Santonin）		0.10
苧酮（α與β）（Thujones, α and β）		0.5

3.可於各類食品中使用之各類食品範圍，不包括鮮乳及保久乳。

第（十一）類　調味劑

編號	品名	使用食品範圍及限量	使用限制
003	L-天門冬酸鈉 Monosodium LAspartate	本品可於各類食品中視實際需要適量使用。	限於食品製造或加工必須時使用。
004	反丁烯二酸 Fumaric Acid	本品可於各類食品中視實際需要適量使用。	限於食品製造或加工必須時使用。
005	反丁烯二酸一鈉 Sodium Fumarate	本品可於各類食品中視實際需要適量使用。	限於食品製造或加工必須時使用。
008	檸檬酸 Citric Acid	本品可於各類食品中視實際需要適量使用。	限於食品製造或加工必須時使用。
009	檸檬酸鈉 Sodium Citrate	本品可於各類食品中視實際需要適量使用。	限於食品製造或加工必須時使用。
010	琥珀酸 Succinic Acid	本品可於各類食品中視實際需要適量使用。	限於食品製造或加工必須時使用。
011	琥珀酸一鈉 Monosodium Succinate	本品可於各類食品中視實際需要適量使用。	限於食品製造或加工必須時使用。
012	琥珀酸二鈉 Disodium Succinate	本品可於各類食品中視實際需要適量使用。	限於食品製造或加工必須時使用。
013	L-麩酸 L-Glutamic Acid	本品可於各類食品中視實際需要適量使用。	限於食品製造或加工必須時使用。
014	L-麩酸鈉 Monosodium LGlutamate	本品可於各類食品中視實際需要適量使用。	限於食品製造或加工必須時使用。
015	酒石酸 Tartaric Acid	本品可於各類食品中視實際需要適量使用。	限於食品製造或加工必須時使用。
016	D&DL-酒石酸鈉 D&DL-Sodium Tartrate	本品可於各類食品中視實際需要適量使用。	限於食品製造或加工必須時使用。
017	乳酸Lactic Acid	本品可於各類食品中視實際需要適量使用。	限於食品製造或加工必須時使用。
018	乳酸鈉（溶液） Sodium Lactate （solution）	本品可於各類食品中視實際需要適量使用。	限於食品製造或加工必須時使用。
020	醋酸 Acetic Acid	本品可於各類食品中視實際需要適量使用。	限於食品製造或加工必須時使用。
021	冰醋酸 Acetic Acid Glacial	本品可於各類食品中視實際需要適量使用。	限於食品製造或加工必須時使用。

編號	品名	使用食品範圍及限量	使用限制
022	DL-蘋果酸（羥基丁二酸）DL-Malic Acid（Hydroxysuccinic Acid）	本品可於各類食品中視實際需要適量使用。	限於食品製造或加工必須時使用；嬰兒食品不得使用。
023	DL-蘋果酸鈉 Sodium DL-Malate	本品可於各類食品中視實際需要適量使用。	限於食品製造或加工必須時使用；嬰兒食品不得使用。
024	葡萄糖酸 Gluconic Acid	本品可於各類食品中視實際需要適量使用。	限於食品製造或加工必須時使用。
025	葡萄糖酸鈉 Sodium Gluconate	本品可於各類食品中視實際需要適量使用。	限於食品製造或加工必須時使用。
026	葡萄糖酸液 Gluconic Acid Solution	本品可於各類食品中視實際需要適量使用。	限於食品製造或加工必須時使用。
027	葡萄糖酸-δ内酯 Glucono-δ-Lactone	本品可於各類食品中視實際需要適量使用。	限於食品製造或加工必須時使用。
028	胺基乙酸 Glycine	本品可於各類食品中視實際需要適量使用。	限於食品製造或加工必須時使用。
029	DL-胺基丙酸 DL-Alanine	本品可於各類食品中視實際需要適量使用。	限於食品製造或加工必須時使用。
030	5'-次黃嘌呤核苷磷酸二鈉 Sodium 5'-Inosinate	本品可於各類食品中視實際需要適量使用。	限於食品製造或加工必須時使用。
031	5'-鳥嘌呤核苷磷酸二鈉 Sodium 5'-Guanylate	本品可於各類食品中視實際需要適量使用。	限於食品製造或加工必須時使用。
032	磷酸 Phosphoric Acid	本品可使用於可樂及茶類飲料；用量為0.6g/kg以下。	限於食品製造或加工必須時使用。
036	氯化鉀 Potassium Chloride	本品可於各類食品中視實際需要適量使用。	
037	檸檬酸鉀 Potassium Citrate	本品可用於各類食品中視實際需要適量使用。	
045	5'-核糖核苷酸鈣 Calcium 5'-Ribonucleotide	本品可於各種食品中視實際需要適量使用。	限於食品製造或加工必須時使用。
052	咖啡因 Caffeine	本品可使用於飲料；用量以食品中咖啡因之總含量計為320mg/kg以下。	限作調味劑使用。
059	茶胺酸 L-Theanine	本品可於各類食品中；用量為1g/kg以下。	限作調味劑使用。

編號	品名	使用食品範圍及限量	使用限制
060	檸檬酸二氫鈉 Sodium Dihydrogen Citrate	本品可於各類食品中視實際需要適量使用。	限於食品製造或加工必須時使用。

備註：

1. 本表爲正面表列，非表列之食品品項，不得使用該食品添加物。
2. 可於各類食品中使用之各類食品範圍，不包括鮮乳及保久乳。

第（十一）之一類　甜味劑

編號	品名	使用食品範圍及限量	使用限制
001	D-山梨醇 D-Sorbitol	本品可於各類食品中視實際需要適量使用。	1. 限於食品製造或加工必須時使用。 2. 嬰兒食品不得使用。
002	D-山梨醇液 70% D-Sorbitol Solution 70%	本品可於各類食品中視實際需要適量使用。	1. 限於食品製造或加工必須時使用。 2. 嬰兒食品不得使用。
003	D-木糖醇 D-Xylitol	本品可於各類食品中視實際需要適量使用。	1. 限於食品製造或加工必須時使用。 2. 嬰兒食品不得使用。
004	甘草素 Glycyrrhizin	本品可於各類食品中視實際需要適量使用。	不得使用於代糖錠劑及粉末。
005	甘草酸鈉Trisodium Glycyrrhizinate	本品可於各類食品中視實際需要適量使用。	不得使用於代糖錠劑及粉末。
006	D-甘露醇 D-Mannitol	本品可於各類食品中視實際需要適量使用。	1. 限於食品製造或加工必須時使用。 2. 嬰兒食品不得使用。
007	糖精 Saccharin	1. 本品可使用於瓜子、蜜餞及梅粉；用量以Saccharin計為2.0g/kg以下。 2. 本品可使用於碳酸飲料；用量以Saccharin計為0.2g/kg以下。 3. 本品可使用於代糖錠劑及粉末。 4. 本品可使用於特殊營養食品。 5. 本品可使用於膠囊狀、錠狀食品；用量以Saccharin計為1.2g/kg以下。 6. 本品可使用於液態膳食補充品，用量以Saccharin計為0.08g/L以下。	使用於特殊營養食品時，必須事先獲得中央主管機關之核准。

編號	品名	使用食品範圍及限量	使用限制
008	糖精鈉鹽 Sodium Saccharin	1. 本品可使用於瓜子、蜜餞及梅粉；用量以Saccharin計為2.0g/kg以下。 2. 本品可使用於碳酸飲料；用量以Saccharin計為0.2g/kg以下。 3. 本品可使用於代糖錠劑及粉末。 4. 本品可使用於特殊營養食品。 5. 本品可使用於膠囊狀、錠狀食品；用量以Saccharin計為1.2g/kg以下。 6. 本品可使用於液態膳食補充品，用量以Saccharin計為0.08g/L以下。	使用於特殊營養食品時，必須事先獲得中央主管機關之核准。
009	環己基（代）磺醯胺酸鈉 Sodium Cyclamate	1. 本品可使用於瓜子、蜜餞及梅粉；用量以Cyclamate計為1.0g/kg以下。 2. 本品可使用於碳酸飲料；用量以Cyclamate計為0.2g/kg以下。 3. 本品可使用於代糖錠劑及粉末。 4. 本品可使用於特殊營養食品。 5. 本品可使用於膠囊狀、錠狀食品；用量以Cyclamate計為1.25g/kg以下。 6. 本品可使用於液態膳食補充品，用量以Cyclamate計為0.4g/L以下。	使用於特殊營養食品時，必須事先獲得中央主管機關之核准。
010	環己基（代）磺醯胺酸鈣 Calcium Cyclamate	1. 本品可使用於瓜子、蜜餞及梅粉；用量以Cyclamate計為1.0g/kg以下。 2. 本品可使用於碳酸飲料；用量以Cyclamate計為0.2g/kg以下。 3. 本品可使用於代糖錠劑及粉末。 4. 本品可使用於特殊營養食品。 5. 本品可使用於膠囊狀、錠狀食品；用量以Cyclamate計為1.25g/kg以下。 6. 本品可使用於液態膳食補充品，用量以Cyclamate計為0.4g/L以下。	使用於特殊營養食品時，必須事先獲得中央主管機關之核准。
011	阿斯巴甜 Aspartame	本品可於各類食品中視實際需要適量使用。	限於食品製造或加工必須時使用。
012	甜菊醣苷 Steviol Glycoside	1. 本品可使用於瓜子、蜜餞及梅粉中視實際需要適量使用。 2. 本品可使用於代糖錠劑及其粉末。 3. 本品可使用於特殊營養食品。 4. 本品可使用於豆品及乳品飲料、發酵乳及其製品、冰淇淋、糕餅、口香糖、糖果、點心零食及穀類早餐，用量為0.05%以下。 5. 本品可使用於飲料、醬油、調味醬及醃製蔬菜，用量為0.1%以下。	使用於特殊營養食品時，必須事先獲得中央主管機關之核准。
013	甘草萃 Licorice Extracts	本品可於各類食品中視實際需要適量使用。	不得使用於代糖錠劑及粉末。

編號	品名	使用食品範圍及限量	使用限制
014	醋磺內酯鉀 Acesulfame Potassium	本品可於各類食品中視實際需要適量使用。	1. 使用於特殊營養食品時，必須事先獲得中央主管機關之核准。 2. 生鮮禽畜肉類不得使用。
015	甘草酸銨 Ammoniated Glycyrrhizin	本品可於各類食品中視實際需要適量使用。	不得使用於代糖錠劑及粉末。
016	甘草酸一銨 Monoammonium Glycyrrhizinate	本品可於各類食品中視實際需要適量使用。	不得使用於代糖錠劑及粉末。
017	麥芽糖醇 Maltitol	本品可於各類食品中視實際需要適量使用。	1. 限於食品製造或加工必須時使用。 2. 嬰兒食品不得使用。
018	麥芽糖醇糖漿（氫化葡萄糖漿） Maltitol Syrup（Hydrogenated Glucose Syrup）	本品可於各類食品中視實際需要適量使用。	1. 限於食品製造或加工必須時使用。 2. 嬰兒食品不得使用。
019	異麥芽酮糖醇（巴糖醇）Isomalt（Hydrogenated Palatinose）	本品可於各類食品中視實際需要適量使用。	1. 限於食品製造或加工必須時使用。 2. 嬰兒食品不得使用。
020	乳糖醇 Lactitol	本品可於各類食品中視實際需要適量使用。	1. 限於食品製造或加工必須時使用。 2. 嬰兒食品不得使用。
021	單尿甘酸甘草酸 Monoglucuronyl Glycyrrhetic Acid	本品可於各類食品中視實際需要適量使用。	不得使用於代糖錠劑及粉末。
022	索馬甜 Thaumatin	本品可於各類食品中視實際需要適量使用。	限於食品製造或加工必須時使用。
023	赤藻糖醇 Erythritol	本品可於各類食品中視實際需要適量使用。	
024	蔗糖素 Sucralose	本品可於各類食品中視實際需要適量使用。	使用於特殊營養食品時，必須事先獲得中央主管機關之核准。
025	紐甜 Neotame	本品可於各類食品中視實際需要適量使用。	使用於特殊營養食品時，必須事先獲得中央主管機關之核准。

編號	品名	使用食品範圍及限量	使用限制
026	羅漢果醣苷萃取物（Mogroside Extract）	本品可於各類食品中視實際需要適量使用。	限於食品製造或加工必須時使用。

備註：

1. 本表為正面表列，非表列之食品品項，不得使用該食品添加物。

2. 同一食品依表列使用範圍規定混合使用甜味劑時，每一種甜味劑之使用量除以其用量標準所得之數值（即使用量／用量標準）總和不得大於1。

3. 可於各類食品中使用之各類食品範圍，不包括鮮乳及保久乳。

第（十二）類　黏稠劑（糊料）

編號	品名	使用食品範圍及限量	使用限制
001	海藻酸鈉 Sodium Alginate	本品可使用於各類食品；用量為10g/kg以下。	
002	海藻酸丙二醇 Propylene Glycol Alginate	本品可使用於各類食品；用量為10g/kg以下。	
003	乾酪素 Casein	本品可於各類食品中視實際需要適量使用。	
004	乾酪素鈉 Sodium Caseinate	本品可於各類食品中視實際需要適量使用。	
005	乾酪素鈣 Calcium Caseinate	本品可於各類食品中視實際需要適量使用。	
006	羧甲基纖維素鈉 Sodium Carboxymethyl Cellulose	本品可使用於各類食品；用量為20g/kg以下。	
007	羧甲基纖維素鈣 Calcium Carboxymethyl Cellulose	本品可使用於各類食品；用量為20g/kg以下。	
008	酸處理澱粉 Acid Treated Starch	本品可於各類食品中視實際需要適量使用。	
009	甲基纖維素 Methyl Cellulose	本品可使用於各類食品；用量為20g/kg以下。	
010	多丙烯酸鈉 Sodium Polyacrylate	本品可使用於各類食品；用量為2.0g/kg以下。	
012	鹿角菜膠 Carrageenan	本品可於各類食品中視實際需要適量使用。	

編號	品名	使用食品範圍及限量	使用限制
017	玉米糖膠 Xanthan Gum	本品可於各類食品中視實際需要適量使用。	
018	海藻酸 Alginic Acid	本品可於各類食品中視實際需要適量使用。	
019	海藻酸鉀 Potassium Alginate （Algin）	本品可於各類食品中視實際需要適量使用。	
020	海藻酸鈣 Calcium Alginate （Algin）	本品可於各類食品中視實際需要適量使用。	
021	海藻酸銨 Ammonium Alginate （Algin）	本品可於各類食品中視實際需要適量使用。	
022	羥丙基纖維素 Hydroxypropyl Cellulose	本品可於各類食品中視實際需要適量使用。	
023	羥丙基甲基纖維素 Hydroxypropyl Methylcellulose （Propylene Glycol Ether of Methycellulose）	本品可於各類食品中視實際需要適量使用。	
024	聚糊精 Polydextrose	本品可於各類食品中視實際需要適量使用。	一次食用量中本品含量超過15公克之食品，應顯著標示「過量食用對敏感者易引起腹瀉」。
025	卡德蘭熱凝膠 Curdlan	本品可於各類食品中視實際需要適量使用。	
026	結蘭膠 Gellan Gum	本品可於各類食品中視實際需要適量使用。	
027	糊化澱粉（鹼處理澱粉） Gelatinized Starch （Alkaline Treated Starch）	本品可於各類食品中視實際需要適量使用。	
028	羥丙基磷酸二澱粉 Hydroxypropyl Distarch Phosphate	本品可於各類食品中視實際需要適量使用。	
029	氧化羥丙基澱粉 Oxidized Hydroxypropyl Starch	本品可於各類食品中視實際需要適量使用。	

編號	品名	使用食品範圍及限量	使用限制
030	漂白澱粉 Bleached Starch	本品可於各類食品中視實際需要適量使用。	
031	氧化澱粉 Oxidized Starch	本品可於各類食品中視實際需要適量使用。	
032	醋酸澱粉 Starch Acetate	本品可於各類食品中視實際需要適量使用。	
033	乙醯化己二酸二澱粉 Acetylated Distarch Adipate	本品可於各類食品中視實際需要適量使用。	
034	磷酸澱粉 Monostarch Phosphate	本品可於各類食品中視實際需要適量使用。	
035	辛烯基丁二酸鈉澱粉 Starch Sodium Octenyl Succinate	本品可於各類食品中視實際需要適量使用。	
036	磷酸二澱粉 Distarch Phosphate	本品可於各類食品中視實際需要適量使用。	
037	磷酸化磷酸二澱粉 Phosphated Distarch Phosphate	本品可於各類食品中視實際需要適量使用。	
038	乙醯化磷酸二澱粉 Acetylated Distarch Phosphate	本品可於各類食品中視實際需要適量使用。	
039	羥丙基澱粉 Hydroxypropyl Starch	本品可於各類食品中視實際需要適量使用。	
042	辛烯基丁二酸鋁澱粉 Starch Aluminum Octenyl Succinate	本品可使用於各類食品；用量為20g/kg以下。	
043	丁二酸鈉澱粉 Starch Sodium Succinate	本品可使用於各類食品；用量為20g/kg以下。	
044	丙醇氧二澱粉 Distarchoxy Propanol	本品可使用於各類食品；用量為20g/kg以下。	
047	乙基纖維素 Ethyl Cellulose	本品可於膠囊狀、錠狀食品中視實際需要適量使用。	
048	乙基羥乙基纖維素 Ethyl Hydroxyethyl Cellulose	本品可於膠囊狀、錠狀食品中視實際需要適量使用。	

編號	品名	使用食品範圍及限量	使用限制
049	果膠（Pectins）	本品可於各類食品中視實際需要適量使用。	嬰幼兒罐頭食品不得使用醯胺化果膠（amidatedpectins）。
050	關華豆膠（Guar gum）	本品可於各類食品中視實際需要適量使用。	
051	刺槐豆膠（Carob bean gum; Locust bean gum）	本品可於各類食品中視實際需要適量使用。	

備註：

1.本表為正面表列，非表列之食品品項，不得使用該食品添加物。

2.可於各類食品中使用之各類食品範圍，不包括鮮乳及保久乳。

第（十三）類　結著劑

編號	品名	使用食品範圍及限量	使用限制
001	焦磷酸鉀 Potassium Pyrophosphate	本品可使用於肉製品及魚肉煉製品；用量以Phosphate計為3g/kg以下。	食品製造或加工必須時始得使用。
002	焦磷酸鈉 Sodium Pyrophosphate	本品可使用於肉製品及魚肉煉製品；用量以Phosphate計為3g/kg以下。	食品製造或加工必須時始得使用。
003	焦磷酸鈉（無水）Sodium Pyrophosphate（Anhydrous）	本品可使用於肉製品及魚肉煉製品；用量以Phosphate計為3g/kg以下。	食品製造或加工必須時始得使用。
004	多磷酸鉀 Potassium Polyphosphate	本品可使用於肉製品及魚肉煉製品；用量以Phosphate計為3g/kg以下。	食品製造或加工必須時始得使用。
005	多磷酸鈉 Sodium Polyphosphate	本品可使用於肉製品及魚肉煉製品；用量以Phosphate計為3g/kg以下。	食品製造或加工必須時始得使用。
006	偏磷酸鉀 Potassium Metaphosphate	本品可使用於肉製品及魚肉煉製品；用量以Phosphate計為3g/kg以下。	食品製造或加工必須時始得使用。
007	偏磷酸鈉 Sodium Metaphosphate	本品可使用於肉製品及魚肉煉製品；用量以Phosphate計為3g/kg以下。	食品製造或加工必須時始得使用。
008	磷酸二氫鉀 Potassium Phosphate, Monobasic	本品可使用於肉製品及魚肉煉製品；用量以Phosphate計為3g/kg以下。	食品製造或加工必須時始得使用。

編號	品名	使用食品範圍及限量	使用限制
009	磷酸二氫鈉 Sodium Dihydrogen Phosphate	本品可使用於肉製品及魚肉煉製品；用量以Phosphate計為3g/kg以下。	食品製造或加工必須時始得使用。
011	磷酸氫二鉀 Potassium Phosphate, Dibasic	本品可使用於肉製品及魚肉煉製品；用量以Phosphate計為3g/kg以下。	食品製造或加工必須時始得使用。
012	磷酸氫二鈉 Sodium Phosphate, Dibasic	本品可使用於肉製品及魚肉煉製品；用量以Phosphate計為3g/kg以下。	食品製造或加工必須時始得使用。
013	磷酸氫二鈉（無水） Sodium Phosphate, Dibasic（Anhydrous）	本品可使用於肉製品及魚肉煉製品；用量以Phosphate計為3g/kg以下。	食品製造或加工必須時始得使用。
014	磷酸鉀 Potassium Phosphate, Tribasic	本品可使用於肉製品及魚肉煉製品；用量以Phosphate計為3g/kg以下。	食品製造或加工必須時始得使用。
015	磷酸鈉 Sodium Phosphate, Tribasic	本品可使用於肉製品及魚肉煉製品；用量以Phosphate計為3g/kg以下。	食品製造或加工必須時始得使用。
016	磷酸鈉（無水） Sodium Phosphate, Tribasic（Anhydrous）	本品可使用於肉製品及魚肉煉製品；用量以Phosphate計為3g/kg以下。	食品製造或加工必須時始得使用。

備註：本表為正面表列，非表列之食品品項，不得使用該食品添加物。

第（十四）類　食品工業用化學藥品

編號	品名	使用食品範圍及限量	使用限制
001	氫氧化鈉 Sodium Hydroxide	本品可於各類食品中視實際需要適量使用。	最後製品完成前必須中和或去除。
002	氫氧化鉀 Potassium Hydroxide	本品可於各類食品中視實際需要適量使用。	最後製品完成前必須中和或去除。
003	氫氧化鈉溶液 Sodium Hydroxide Solution	本品可於各類食品中視實際需要適量使用。	最後製品完成前必須中和或去除。
004	氫氧化鉀溶液 Potassium Hydroxide Solution	本品可於各類食品中視實際需要適量使用。	最後製品完成前必須中和或去除。
005	鹽酸 Hydrochloric Acid	本品可於各類食品中視實際需要適量使用。	最後製品完成前必須中和或去除。

編號	品名	使用食品範圍及限量	使用限制
006	硫酸 Sulfuric Acid	本品可於各類食品中視實際需要適量使用。	最後製品完成前必須中和或去除。
007	草酸 Oxalic Acid	本品可於各類食品中視實際需要適量使用。	最後製品完成前必須中和或去除。
008	離子交換樹脂 Ion-Exchange Resin	本品可於各類食品中視實際需要適量使用。	最後製品完成前必須中和或去除。
009	碳酸鉀 Potassium Carbonate	本品可於各類食品中視實際需要適量使用。	最後製品完成前必須中和或去除。
010	碳酸鈉（無水） Sodium Carbonate （Anhydrous）	本品可於各類食品中視實際需要適量使用。	最後製品完成前必須中和或去除。

備註：
1. 本表為正面表列，非表列之食品品項，不得使用該食品添加物。
2. 可於各類食品中使用之各類食品範圍，不包括鮮乳及保久乳。

第（十五）類　載體

編號	品名	使用食品範圍及限量	使用限制
001	丙二醇 Propylene Glycol	本品可於各類食品中視實際需要適量使用。	
002	甘油 Glycerol	本品可於各類食品中視實際需要適量使用。	

備註：
1. 本表為正面表列，非表列之食品品項，不得使用該食品添加物。
2. 可於各類食品中使用之各類食品範圍，不包括鮮乳及保久乳。

第（十六）類　乳化劑

編號	品名	使用食品範圍及限量	使用限制
001	脂肪酸甘油酯 Glycerin Fatty Acid Ester（Mono-and Diglycerides）	本品可於各類食品中視實際需要適量使用。	
002	脂肪酸蔗糖酯 Sucrose Fatty Acid Ester	本品可於各類食品中視實際需要適量使用。	
003	脂肪酸山梨醇酐酯 Sorbitan Fatty Acid Ester	本品可於各類食品中視實際需要適量使用。	

編號	品名	使用食品範圍及限量	使用限制
005	脂肪酸丙二醇酯 Propylene Glycol Fatty Acid Ester	本品可於各類食品中視實際需要適量使用。	
006	單及雙脂肪酸甘油二 乙醯酒石酸酯 Diacetyl Tartaric Acid Esters of Mono- and Diglycerides （DATEM）	本品可於各類食品中視實際需要適量使用。	
007	鹼式磷酸鋁鈉 Sodium Aluminum Phosphate, Basic	本品可於各類食品中視實際需要適量使用。	
008	聚山梨醇酐脂肪酸酯 二十 Polysorbate 20	本品可於各類食品中視實際需要適量使用。	
009	聚山梨醇酐脂肪酸酯 六十 Polysorbate 60	本品可於各類食品中視實際需要適量使用。	
010	聚山梨醇酐脂肪酸酯 六十五 Polysorbate 65	本品可於各類食品中視實際需要適量使用。	
011	聚山梨醇酐脂肪酸酯 八十 Polysorbate 80	本品可於各類食品中視實際需要適量使用。	
012	羥丙基纖維素 Hydroxypropyl Cellulose	本品可於各類食品中視實際需要適量使用。	
013	羥丙基甲基纖維素 Hydroxypropyl Methylcellulose （Propylene Glycol Ether of Methylcellulose）	本品可於各類食品中視實際需要適量使用。	
014	檸檬酸甘油酯 Mono- and Diglycerides, Citrated	本品可於各類食品中視實際需要適量使用。	
015	酒石酸甘油酯 Mono- and Diglycerides, Tartrated	本品可於各類食品中視實際需要適量使用。	

編號	品名	使用食品範圍及限量	使用限制
016	乳酸甘油酯 Mono- and Diglycerides, Lactated	本品可於各類食品中視實際需要適量使用。	
017	乙氧基甘油酯 Mono- and Diglycerides, Ethoxylated	本品可於各類食品中視實際需要適量使用。	
018	磷酸甘油酯 Mono- and Diglycerides, Monosodium Phosphate Derivatives	本品可於各類食品中視實際需要適量使用。	
019	琥珀酸甘油酯 Succinylated Monoglycerides（SMG）	本品可於各類食品中視實際需要適量使用。	
020	脂肪酸聚合甘油酯 Polyglycerol Esters of Fatty Acids	本品可於各類食品中視實際需要適量使用。	
021	交酯化蓖麻酸聚合甘油酯 Polyglycerol Esters of Interesterified Ricinoleic Acids	本品可於各類食品中視實際需要適量使用。	
022	乳酸硬脂酸鈉 Sodium Stearyl-2-Lactylate（SSL）	本品可於各類食品中視實際需要適量使用。	
023	乳酸硬脂酸鈣 Calcium Stearyl-2-Lactylate（CSL）	本品可於各類食品中視實際需要適量使用。	
024	脂肪酸鹽類 Salts of Fatty Acids	本品可於各類食品中視實際需要適量使用。	
025	聚氧化乙烯（20）山梨醇酐單棕櫚酸酯；聚山梨醇酐脂肪酸酯四十 Polyoxyethylene (20) Sorbitan Monopalmitate; Polysorbate 40	本品可於各類食品中視實際需要適量使用。	

編號	品名	使用食品範圍及限量	使用限制
026	聚氧化乙烯（20）山梨醇酐單硬脂酸酯 Polyoxyethylene (20) Sorbitan Monostearate	本品可於各類食品中視實際需要適量使用。	
027	聚氧化乙烯（20）山梨醇酐三硬脂酸酯 Polyoxyethylene (20) Sorbitan Tristearate	本品可於各類食品中視實際需要適量使用。	
028	聚氧乙烯（40）硬脂酸酯 Polyoxyethylene (40) Stearate（Polyoxyl (40) Stearate）	本品可於膠囊狀、錠狀食品中視實際需要適量使用。	
029	甘油二十二酸酯 Glyceryl Behenate	本品可於膠囊狀、錠狀食品中視實際需要適量使用。	
030	磷脂酸銨 Ammonium Phosphatide	本品可使用於可可及巧克力製品，用量在10g/kg以下。	
031	果膠（Pectins）	本品可於各類食品中視實際需要適量使用。	嬰幼兒罐頭食品不得使用醯胺化果膠（amidatedpectins）。
032	關華豆膠（Guar gum）	本品可於各類食品中視實際需要適量使用。	
033	刺槐豆膠（Carob bean gum; Locust bean gum）	本品可於各類食品中視實際需要適量使用。	

備註：
1. 本表為正面表列，非表列之食品品項，不得使用該食品添加物。
2. 可於各類食品中使用之各類食品範圍，不包括鮮乳及保久乳。

第（十七）類　其他

編號	品名	使用食品範圍及限量	使用限制
001	胡椒基丁醚 Piperonyl Butoxide	本品可使用於穀類及豆類；用量為0.024g/kg以下。	限防蟲用。
002	醋酸聚乙烯樹脂 Polyvinyl Acetate	1. 本品限果實及果菜之表皮被膜用；可視實際需要適量使用。 2. 本品可於膠囊狀、錠狀食品中視實際需要適量使用。	

編號	品名	使用食品範圍及限量	使用限制
003	矽樹脂 Silicon Resin	本品可使用於各類食品；用量為0.05g/kg以下。	限消泡用。
005	矽藻土 Diatomaceous Earth	1. 本品可使用於各類食品；於食品中殘留量不得超過5g/kg以下。 2. 本品可使用於餐飲業用油炸油之助濾，用量為0.1%以下。	1. 食品製造加工吸著用或過濾用。 2. 餐飲業使用於經油炸後直接供食用之油脂助濾時，應置於濾紙上供油炸油過濾使用，不得直接添加於油炸油中，並不得重複使用。
006	酵素製劑 Enzyme Product	本品可於各類食品中視實際需要適量使用。	限於食品製造或加工必須時使用。
007	油酸鈉 Sodium Oleate	本品限果實及果菜之表皮被膜用；可視實際需要適量使用。	
008	羥乙烯高級脂肪族醇 Oxyethylene Higher Aliphatic Alcohol	本品限果實及果菜之表皮被膜用；可視實際需要適量使用。	
009	蟲膠 Shellac	本品可於各類食品中視實際需要適量使用。	限食品製造或加工必須時使用。
010	石油蠟 Petroleum Wax	本品可於口香糖及泡泡糖、果實、果菜、乾酪及殼蛋中視實際需要適量使用。	使用於果實、果菜、乾酪及殼蛋時限為保護被膜用。
011	合成石油蠟 Petroleum wax, Synthetic	本品可於口香糖及泡泡糖、果實、果菜、乾酪及殼蛋中視實際需要適量使用。	使用於果實、果菜、乾酪及殼蛋時限為保護被膜用。
012	液態石蠟（礦物油） Liquid Paraffin （Mineral Oil）	1. 本品可使用於膠囊狀、錠狀食品；用量為0.7%以下。 2. 本品可於其他各類食品中使用；用量為0.1%以下。	限於食品製造或加工必須時使用。
013	聚乙二醇 Polyethylene Glycol 200-9500	本品限於錠劑、膠囊食品中使用；可視實際需要適量使用。	限於食品製造或加工必須時使用。
014	單寧酸 （Polygalloyl- glucose, Tannic acid）	本品可使用於非酒精飲料，用量為0.005%以下。	食品製造助濾用（Filteringaid）。
015	皂樹皮萃取物 Quillaia Extracts	本品可使用於調味飲料；用量為0.2g/kg或0.2g/l以下。	

編號	品名	使用食品範圍及限量	使用限制
016	聚乙烯醇 Polyvinyl Alcohol	本品可使用於錠狀食品之被膜；用量為2.0%以下。	
017	合成矽酸鎂 Magnesium Silicate （Synthetic）	1. 本品可使用於油脂之助濾，用量為2%以下。 2. 本品可於膠囊狀、錠狀食品中視實際需要適量使用。	1. 食品製造助濾用（Filteringaid）及防結塊劑（Anticakingagent）。 2. 餐飲業使用於經油炸後直接供食用之油脂助濾時應置於濾紙上供油炸油過濾使用，不得直接添加於油炸油中，並不得重複使用。
018	三乙酸甘油酯 Triacetin （Glyceryl Triacetate）	本品可於膠囊狀、錠狀食品中視實際需要適量使用。	限於食品製造或加工必須時使用。
019	聚乙烯聚吡咯烷酮 Crospovidone （Polyvinylpoly-pyrrolidone）	本品可於膠囊狀、錠狀食品中視實際需要適量使用。	限於食品製造或加工必須時使用。
020	硫酸月桂酯鈉 Sodium Lauryl Sulfate	本品可於膠囊狀、錠狀食品中視實際需要適量使用。	限於食品製造或加工必須時使用。

備註：
1. 本表為正面表列，非表列之食品品項，不得使用該食品添加物。
2. 可於各類食品中使用之各類食品範圍，不包括鮮乳及保久乳。

參考文獻References

1. Saravacos, G. D., & Maroulis. Z. B. (2011). "Mechanical Processing Operations." Food Process Engineering Operations, CRC Press, Taylor & Francis Group, LLC, p. 161.

2. Finnie, S., & Atwell. W. A. (2016). "Wheat and Flour Testing." Wheat Flour, 2nd ed., AACC International, Inc., p. 63.

3. Codex Alimentarius. Codex Standard 152-1985 "Wheat Flour."

4. Pagani, M. A. (2014). "Wheat Milling and Flour Quality Evaluation." Bakery Products Science and Technology, 2nd ed., John Wiley & Sons, Ltd., pp. 19-23.

5. Cauvain, S. P. (2017). "Raw Materials." Baking Problems Solved, 2nd ed., Elsevier Ltd., p. 67.

6. Carson, G. R. (2009). "Criteria of Wheat and Flour Quality." Wheat Chemistry and Technology, 4th ed., AACC International, Inc., pp. 97-98.

7. Posner, E. S. (2011). "The Flour Mill Laboratory." Wheat Flour Milling, 2nd printing, AACC International, Inc., pp. 86-87.

8. Tebben, L., Shen, Y., Li, Y. Trends in Food Science & Technology, Volume 81, November 2018, pp. 10-24.

9. Dexter, J. E., Williams, P. C., Martin, D. G., & Cordeiro, H. M. The effects of extraction rate and flour-sieve aperture on the properties of experimentally milled soft wheat flour. Canadian Grain Commission, Grain Research Laboratory, 1404-303 Main St., Winnipeg, Manitoba, Canada R3C 3G8. Contributi6n no.704, received 14 January 1993, accepted 13 September 1993.

10. Shelke K. Hoseney R. Faubion J. Curran S. "Age-Related Changes in the Cake-Baking Quality of Flour Milled from Freshly Harvested Soft Wheat." Journal of Cereal Chemistry, 69(2):141-144.

11. Bettge, A. D., & Morris, C. F. (2007). Oxidative gelation measurement and influence on soft wheat batter viscosity and end-use quality. Cereal Chemistry, 84(3), 237-242. doi:10.1094/CCHEM-84-3-0237

12. Delcour, J. A., & Hoseney, R. C. (2010). Principles of Cereal Science and Technology (3, illustrated.). AACC International.

13. Duyvejonck, A. E., Lagrain, B., Pareyt, B., Courtin, C. M., & Delcour, J. A. (2011). Relative contribution of wheat flour constituents to Solvent Retention Capacity profiles of European wheats. Journal of Cereal Science, 53(3), 312-318. doi:10.1016/j.jcs.2011.01.014

14. Hoseney, R. C. (1986). Principles of cereal science and technology (Vol. 327). St. Paul, Minnesota, USA; AACC.

15. Kweon, M., Slade, L., & Levine, H. (2011). Solvent Retention Capacity (SRC) Testing of Wheat Flour: Principles and Value in Predicting Flour Functionality in Different Wheat-Based Food Processes and in Wheat Breeding-A Review. Cereal Chemistry, 88(6), 537-552. doi:10.1094/CCHEM-07-11-0092

16. Oregon Agriculture & Fisheries Statistics. (2011, 2012). Retrieved May 23, 2013, from http://www.oregon.gov/ODA/docs/pdf/pubs/agripedia_stats.pdf

17. Chen, X. & Schofield, J. D. (1996). Changes in the Glutathione Content and Breadmaking Performance of White Wheat Flour During Short-Term Storage. Cereal Chem, 73(1):1-4

18. https://www.millioninsights.com

19. https://www.meticulousresearch.com

20. https://www.thefreedictionary.com/premix

21. https://www.thefreelibrary.com

22. https://www.healthline.com

23. https://www.flamangrainsystems.com

24. https://www.sciencedirect.com/science/article/pii/S0023643820310562
    Alessio Cappelli, Marco Mugnaini, Enrico Cini.(2020). Improving roller milling technology using the break, sizing, and reduction systems for flour differentiation.

25. Wheat and Flour Testing Method, Wheat Marketing Center, Inc.

26. 竹林やゑ子（1979）。洋菓子材料の調理科學。東京：柴田書店

27. 武田紀久子（1992）。小麥粉成分および特性がスポンジケーキの膨化に及ぼす影響，粉のエージングの影響。日本家政學會誌，43，765-771

28. 實用麵包製作技術（2007）。中華穀類食品工業技術研究所

29. 蛋糕與西點（2007）。中華穀類食品工業技術研究所

30. 小田聞多（1991）。新めんの本。食品產業新聞社，東京

國家圖書館出版品預行編目資料

圖解小麥製粉與麵食加工實務/李明清，施柱
甫，徐能振，楊書瑩，盧榮錦，顏文俊作. --
初版. -- 臺北市 : 五南圖書出版股份有限公
司, 2022.09
　　面 ； 公分
　ISBN 978-626-317-658-4(平裝)

1.CST: 麵粉 2.CST: 食品加工

439.21　　　　　　　111002295

5P28

圖解小麥製粉與麵食加工實務

作　　　者 — 李明清、施柱甫、徐能振、楊書瑩、
　　　　　　盧榮錦、顏文俊

總 經 理 — 楊士清

總 編 輯 — 楊秀麗

副總編輯 — 王正華

責任編輯 — 張維文

封面設計 — 姚孝慈

出 版 者 — 五南圖書出版股份有限公司

地　　　址：106台北市大安區和平東路二段339號4樓

電　　　話：(02)2705-5066　　傳　　真：(02)2706-6100

網　　　址：https://www.wunan.com.tw

電子郵件：wunan@wunan.com.tw

劃撥帳號：01068953

戶　　　名：五南圖書出版股份有限公司

法律顧問　林勝安律師事務所　林勝安律師

出版日期　2022年9月初版一刷

定　　　價　新臺幣450元

經典永恆・名著常在

五十週年的獻禮 —— 經典名著文庫

五南，五十年了，半個世紀，人生旅程的一大半，走過來了。

思索著，邁向百年的未來歷程，能為知識界、文化學術界作些什麼？

在速食文化的生態下，有什麼值得讓人雋永品味的？

歷代經典・當今名著，經過時間的洗禮，千錘百鍊，流傳至今，光芒耀人；

不僅使我們能領悟前人的智慧，同時也增深加廣我們思考的深度與視野。

我們決心投入巨資，有計畫的系統梳選，成立「經典名著文庫」，

希望收入古今中外思想性的、充滿睿智與獨見的經典、名著。

這是一項理想性的、永續性的巨大出版工程。

不在意讀者的眾寡，只考慮它的學術價值，力求完整展現先哲思想的軌跡；

為知識界開啟一片智慧之窗，營造一座百花綻放的世界文明公園，

任君邀遊、取菁吸蜜、嘉惠學子！